网络空间安全专业规划教材

总主编　杨义先　　执行主编　李小勇

可信计算理论与技术

李小勇　编著

北京邮电大学出版社
www.buptpress.com

内 容 简 介

全书共分为两篇:第一篇是可信计算技术部分,包括第1~8章,主要讨论可信计算的概念以及理论基础、可信平台模块、信任链构建技术、可信软件栈、可信计算平台、可信计算测评、远程证明技术和可信网络连接等可信计算领域的基础内容;第二篇是可信管理理论与技术部分,包括第9~15章,主要介绍了可信管理与计算领域的最新研究进展,主要包括可信管理的概念、可信模型的构建、电子商务领域的可信管理、P2P领域的可信管理、WSN领域的可信管理、云计算领域的可信管理以及边缘计算环境下的可信管理等。

本书可作为高等院校工科网络空间安全或信息安全类专业本科生的专业课教材,也可作为博士研究生和硕士研究生阶段的"可信计算""可信管理"等课程的教材和参考书,同时可作为从事可信计算、可信管理工作的科技人员的参考书。

图书在版编目(CIP)数据

可信计算理论与技术 / 李小勇编著. -- 北京 : 北京邮电大学出版社,2018.8
ISBN 978-7-5635-5503-1

Ⅰ. ①可… Ⅱ. ①李… Ⅲ. ①电子计算机－安全技术 Ⅳ. ①TP309

中国版本图书馆 CIP 数据核字(2018)第 163025 号

书　　　　名	可信计算理论与技术
著作责任者	李小勇　编著
责 任 编 辑	马晓仟
出 版 发 行	北京邮电大学出版社
社　　　　址	北京市海淀区西土城路 10 号(邮编:100876)
发 行 部	电话:010-62282185　传真:010-62283578
E-mail	publish@bupt.edu.cn
经　　　　销	各地新华书店
印　　　　刷	北京玺诚印务有限公司
开　　　　本	787 mm×1 092 mm　1/16
印　　　　张	17.75
字　　　　数	463 千字
版　　　　次	2018 年 8 月第 1 版　2018 年 8 月第 1 次印刷

ISBN 978-7-5635-5503-1　　　　　　　　　　　　　　　　定价:42.00 元

·如有印装质量问题,请与北京邮电大学出版社发行部联系·

作为最新的国家一级学科，由于其罕见的特殊性，网络空间安全真可谓是典型的"在游泳中学游泳"。一方面，蜂拥而至的现实人才需求和紧迫的技术挑战，促使我们必须以超常规手段，来启动并建设好该一级学科；另一方面，由于缺乏国内外可资借鉴的经验，也没有足够的时间纠结于众多细节，所以，作为当初"教育部网络空间安全一级学科研究论证工作组"的八位专家之一，我有义务借此机会，向大家介绍一下2014年规划该学科的相关情况，并结合现状，坦诚一些不足，以及改进和完善计划，以使大家有一个宏观了解。

我们所指的网络空间，也就是媒体常说的赛博空间，意指通过全球互联网和计算系统进行通信、控制和信息共享的动态虚拟空间。它已成为继陆、海、空、太空之后的第五空间。网络空间里不仅包括通过网络互联而成的各种计算系统（各种智能终端）、连接端系统的网络、连接网络的互联网和受控系统，也包括其中的硬件、软件乃至产生、处理、传输、存储的各种数据或信息。与其他四个空间不同，网络空间没有明确的、固定的边界，也没有集中的控制权威。

网络空间安全，研究网络空间中的安全威胁和防护问题，即在有敌手对抗的环境下，研究信息在产生、传输、存储、处理的各个环节中所面临的威胁和防御措施，以及网络和系统本身的威胁和防护机制。网络空间安全不仅包括传统信息安全所涉及的信息保密性、完整性和可用性，同时还包括构成网络空间基础设施的安全和可信。

网络空间安全一级学科，下设五个研究方向：网络空间安全基础、密码学及应用、系统安全、网络安全、应用安全。

方向1，网络空间安全基础，为其他方向的研究提供理论、架构和方法学指导；它主要研究网络空间安全数学理论、网络空间安全体系结构、网络空间安全数据分析、网络空间博弈理论、网络空间安全治理与策略、网络空间安全标准与评测等内容。

方向2,密码学及应用,为后三个方向(系统安全、网络安全和应用安全)提供密码机制;它主要研究对称密码设计与分析、公钥密码设计与分析、安全协议设计与分析、侧信道分析与防护、量子密码与新型密码等内容。

方向3,系统安全,保证网络空间中单元计算系统的安全;它主要研究芯片安全、系统软件安全、可信计算、虚拟化计算平台安全、恶意代码分析与防护、系统硬件和物理环境安全等内容。

方向4,网络安全,保证连接计算机的中间网络自身的安全以及在网络上所传输的信息的安全;它主要研究通信基础设施及物理环境安全、互联网基础设施安全、网络安全管理、网络安全防护与主动防御(攻防与对抗)、端到端的安全通信等内容。

方向5,应用安全,保证网络空间中大型应用系统的安全,也是安全机制在互联网应用或服务领域中的综合应用;它主要研究关键应用系统安全、社会网络安全(包括内容安全)、隐私保护、工控系统与物联网安全、先进计算安全等内容。

从基础知识体系角度看,网络空间安全一级学科主要由五个模块组成:网络空间安全基础、密码学基础、系统安全技术、网络安全技术和应用安全技术。

模块1,网络空间安全基础知识模块,包括:数论、信息论、计算复杂性、操作系统、数据库、计算机组成、计算机网络、程序设计语言、网络空间安全导论、网络空间安全法律法规、网络空间安全管理基础。

模块2,密码学基础理论知识模块,包括:对称密码、公钥密码、量子密码、密码分析技术、安全协议。

模块3,系统安全理论与技术知识模块,包括:芯片安全、物理安全、可靠性技术、访问控制技术、操作系统安全、数据库安全、代码安全与软件漏洞挖掘、恶意代码分析与防御。

模块4,网络安全理论与技术知识模块,包括:通信网络安全、无线通信安全、IPv6安全、防火墙技术、入侵检测与防御、VPN、网络安全协议、网络漏洞检测与防护、网络攻击与防护。

模块5,应用安全理论与技术知识模块,包括:Web安全、数据存储与恢复、垃圾信息识别与过滤、舆情分析及预警、计算机数字取证、信息隐藏、电子政务安全、电子商务安全、云计算安全、物联网安全、大数据安全、隐私保护技术、数字版权保护技术。

其实,从纯学术角度看,网络空间安全一级学科的支撑专业,至少应该平等地包含信息安全专业、信息对抗专业、保密管理专业、网络空间安全专业、网络安全与执法专业等本科专业。但是,由于管理渠道等诸多原因,我们当初只重点考虑了信息安全专业,所以,就留下了一些遗憾,甚至空白,比如,信息安全心理学、安全控制论、安全系统论等。不过值得庆幸的是,学界现在已经开始着手,填补这些空白。

北京邮电大学在网络空间安全相关学科和专业等方面,在全国高校中一直处于领先水平,从 20 世纪 80 年代初至今,已有 30 余年的全方位积累,而且,一直就特别重视教学规范、课程建设、教材出版、实验培训等基本功。本套系列教材主要是由北京邮电大学的骨干教师们,结合自身特长和教学科研方面的成果,撰写而成。本系列教材暂由《信息安全数学基础》《网络安全》《汇编语言与逆向工程》《软件安全》《网络空间安全导论》《可信计算理论与技术》《网络空间安全治理》《大数据服务与安全隐私技术》《数字内容安全》《量子计算与后量子密码》《移动终端安全》《漏洞分析技术实验教程》《网络安全实验》《网络空间安全基础》《信息安全管理(第 3 版)》《网络安全法学》《信息隐藏与数字水印》等 20 余本本科生教材组成。这些教材主要涵盖信息安全专业和网络空间安全专业,今后,一旦时机成熟,我们将组织国内外更多的专家,针对信息对抗专业、保密管理专业、网络安全与执法专业等,出版更多、更好的教材,为网络空间安全一级学科提供更有力的支撑。

杨义先

教授、长江学者
国家杰出青年科学基金获得者
北京邮电大学信息安全中心主任
灾备技术国家工程实验室主任
公共大数据国家重点实验室主任
2017 年 4 月,于花溪

Foreword 前言
Foreword

伴随信息革命的飞速发展,互联网、通信网、计算机系统、自动化控制系统、数字设备及其承载的应用、服务和数据等组成的网络空间,正在全面改变人们的生产生活方式,深刻影响人类社会历史发展进程。当今世界,网络深度融入人们的学习、生活、工作等方方面面,网络教育、创业、医疗、购物、金融等日益普及,越来越多的人通过网络交流思想、成就事业、实现梦想。然而,网络空间安全形势日益严峻,国家政治、经济、文化、社会、国防安全及公民在网络空间的合法权益面临严峻的风险与挑战。

首先,随着计算机网络的深度应用,最突出的安全威胁是:恶意代码攻击、信息非法窃取、数据和系统非法破坏,其中以盗取用户私密信息为目标的恶意代码攻击超过传统病毒成为最大的安全威胁。这些安全威胁根源在于没有从体系架构上建立计算机的恶意代码攻击免疫机制,因此,如何从体系架构上建立恶意代码攻击免疫机制,实现计算系统平台安全、可信赖的运行,已经成为亟待解决的核心问题。可信计算就是在此背景下提出的一种技术理念,它通过建立一种特定的完整性度量机制,使计算平台运行时具备分辨可信程序代码与不可信程序代码的能力,从而对不可信的程序代码建立有效的防治方法和措施。

本书第一篇是可信计算技术部分,包括第1~8章,主要讨论可信计算的概念及理论基础、可信平台模块、信任链构建技术、可信软件栈、可信计算平台、可信计算测评、远程证明技术和可信网络连接等可信计算领域的基础内容。

其次,随着对以 Internet 为基础平台的各种大规模开放系统(如云计算、网格计算、P2P 计算、电子商务、Ad hoc、普适计算、物联网等)的深入研究,系统表现为由多个软件服务组成的动态协作模型。在这些动态的和不确定的网络环境下,许多基于传统软件形态的安全技术和手段,尤其是安全授权机制,如访问控制表、公钥证书体系和 PKI 中的静态可信机制等,已不再适用于开放网络环境下系统的安全问题。为了弥补传统安全手段的不足,学者们提出了针对大规模开放网络环境的"可信管理"技术,该技术为确保分布式网络的可靠运行、资源的安全共享和可信利用提供了新的思路,并成为可信计算领域的研究热点。

本书第二篇是可信管理理论与技术部分,包括第9~15章,主要介绍了可信管理与计算领域的最新研究进展,主要包括可信管理的概念、可信模型的构建、电子商务领域的可信管理、

P2P 领域的可信管理、WSN 领域的可信管理、云计算领域的可信管理以及边缘计算环境下的可信管理等。

本书可作为高等院校工科网络空间安全或信息安全类专业本科生的专业课教材,也可作为博士研究生和硕士研究生阶段的"可信计算""可信管理"等课程的教材和参考书,同时可作为从事可信计算、可信管理工作的科技人员的参考书。

苑洁、雷敏、李继蕊、高云全、高雅丽、马鑫玉、程翔龙、牛强强、郭宁、武涵、荀爽、黄德玉、纪宇晨、王雪宁、胡默迪等参与了本书部分章节的资料收集和编写工作。

本书在编写过程中,由于时间仓促,加之作者水平有限,书中难免有谬误,敬请读者批评指正。同时,作者对本书被引用的参考文献的作者们表示衷心的感谢!

编著者

目录

Contents

第一篇　可信计算技术

第二篇 可信管理理论与技术

第一篇　可信计算技术

第 1 章

可信计算概论

可信计算(Trusted Computing)技术研究及其相关产业化应用已经成为当前信息安全领域关注的热点问题之一。国外可信计算起步较早,在组织机制、产业化应用和标准研发等领域都处于领先地位。尽管对于可信计算存在不同的认识,但是可信计算是目前公认的信息安全发展面临的重大机遇,是从一个全新的角度解决信息安全问题的途径。在云计算、物联网和移动互联网等新技术日益发展的今天及将来,可信计算也将成为新的发展趋势。

1.1 初识可信计算

现在使用的个人计算机、服务器及其他嵌入式计算设备软硬件结构比较透明,可能导致资源被任意使用,尤其是执行代码可修改,恶意程序可以被植入。病毒程序利用操作系统对执行代码不检查一致性的弱点,将病毒代码嵌入执行代码程序,实现病毒传播;黑客利用被攻击系统的漏洞窃取超级用户权限,植入攻击程序,肆意进行破坏;更为严重的是,系统对合法的用户没有进行严格的访问控制,从而合法用户可以进行越权访问,造成不安全事故。为了解决上述安全问题,从根本上提高安全性能,必须从芯片、硬件结构和操作系统等方面综合采取措施,由此产生出可信计算的基本思想,其目的是在计算和通信系统中广泛使用基于硬件安全模块支持下的可信计算平台(TCP,Trusted Computing Platform),以提高系统整体的安全性。

信息时代,保护信息的私密性、完整性、真实性和可靠性,提供一个可信赖的计算环境成为信息化的必然要求。为此,必须做到终端的可信,从源头解决人与程序、人与机器及人与人之间的信息安全传递,进而形成一个可信的网络,弥补当前以防火墙、入侵监测和病毒防范为主的传统网络安全系统存在的不足。

1.1.1 可信计算起源

可信计算的起源要追溯到 1971 年第一届国际容错计算会议的召开,到 1985 年美国国防部制定了第一个《可信计算机系统评估准则》。1999 年 10 月,为了解决 PC 结构上的不安全,从基础上提高其可信性,由惠普(HP)、IBM、英特尔和微软公司牵头组织了可信计算平台联盟(TCPA,Trusted Computing Platform Alliance),成员达 190 家。TCPA 定义了具有安全存储和加密功能的可信平台模块(TPM,Trusted Platform Module),致力于数据安全的可信计算,包括研制密码芯片/特殊的 CPU/主板或操作系统安全内核。2003 年 3 月,TCPA 改组为可信计算组织(TCG,Trusted Computing Group),TCG 在原 TCPA 强调安全硬件平台构建的宗旨基础上,更进一步增加了对软件安全性的关注,旨在从跨平台和操作环境的硬件组件和软件接口两方面,促进不依赖特定厂商开发可信计算环境。TCG 已发表与将发表在多种计算机平台上如何建立可信计算体制的执行规范及定义,包括体系结构、功能、界面等。对于特定的计算平台,如 PC/PDA/蜂窝电话及其他计算设备,TCG 将发表更详细的执行规范。

基于 TCG 标准的计算平台,将符合更高的可信标准和可靠性标准。TCG 将发表评估标准和准确的平台结构作为使用了 TCG 技术的设备的评估尺度。

可信计算系统在投入使用后,同样需要持续的操作完整性维护以达到可信度的持续改良。TCG 规范确保了完整性、私密性和真实性,防止了泄密和攻击对信息资产带来的风险。在可信计算领域,具有 TPM 功能的 PC 已经上市(IBM/HP 等),微软提出了支持 NGSCB(Next-Generation Secure Computing Base)的可信计算计划,并在操作系统 VISTA 上部分实现。英特尔为支持可信计算推出了相应的新一代处理器。2008 年 4 月底,中国可信计算联盟(CTCU)在国家信息中心成立。TCG 倡导的可信计算已逐步由理论转化为产业,进入实质性的实现阶段。

1.1.2　可信计算组织

TCG 旨在建立个人计算机的可信计算环境。该组织于 2003 年成立,并取代了于 1999 年成立的 TCPA。TCPA 专注于从计算平台体系结构上增强其安全性,并于 2001 年 1 月发布了可信计算平台标准规范。TCG 的目的是在计算和通信系统中广泛使用基于硬件安全模块支持下的可信计算平台,以提高整体的安全性。

TCG 组织制定了 TPM 的标准,很多安全芯片都是符合这个规范的。而且由于其硬件实现安全防护,正逐渐成为 PC,尤其是便携式 PC 的标准配置。TCG 的主要工作组包括以下几个。

认证工作组。该组定义可信计算平台的认证机制的规范,包括生物识别与认证、智能卡等。

硬件复制工作组。该组定义用于硬件复制设备的、开放的、与厂商无关的规范,硬件复制设备可利用 TCG 组件构建自己的可信根。

基础结构工作组。该组定义结构框架以及整合结构的接口标准和元数据。

移动工作组。该组定义可信的移动设备,包括手机/PDA 等。

PC 客户端工作组。该组为使用 TCG 组件的 PC 客户端提供公共的功能、接口及与安全性、私密性相关的必要支撑条件。

服务器工作组。该组为 TCG 技术实现服务器提供定义、规范、指南等。

软件栈工作组。该组为利用 TPM 的应用系统厂商提供一组标准的 API 接口,目标是对使用 TPM 功能的应用程序提供一个唯一入口;提供对 TPM 的同步访问;管理 TPM 的资源;适当的时候释放 TPM 的资源等。

存储工作组。该组重点制定专用存储系统的安全服务标准。

可信网络连接(TNC,Trusted Network Connection)工作组。该组的工作重点在端点接入网络时和接入之后端点的完整性策略符合性上。

可信平台模块(TPM)工作组。该组制定 TPM 规范,TPM 是可信基础,是其他工作组的基础。TCG 以 TPM 为核心,逐步把可信由 TPM 推向网络和各种应用。

虚拟化平台工作组。该组着重虚拟化平台上的可信计算。

1.1.3 可信计算与信息安全的关系

1. 信息安全技术

信息安全学科可分为狭义安全与广义安全两个层次,狭义的信息安全建立在以密码理论为基础的计算机安全领域,早期中国信息安全专业通常以此为基准,辅以计算机技术、通信网络技术与编程等方面的内容;广义的信息安全是一门综合性学科,从传统的计算机安全到信息安全,不但是名称的变更也是对安全发展的延伸,安全不再是单纯的技术问题,而是管理、技术、法律等问题相结合的产物。

从技术角度来看,信息安全指信息系统(包括硬件、软件、数据、人、物理环境及其基础设施)受到保护,不受偶然的或者恶意的原因而遭到破坏、更改、泄露,系统连续可靠正常地运行,信息服务不中断,最终实现业务连续性。信息安全主要包括以下五方面的内容,即需保证信息的保密性、真实性、完整性、未授权拷贝和所寄生系统的安全性。信息安全本身包括的范围很广,其中包括如何防范商业企业机密泄露、防范青少年对不良信息的浏览、个人信息的泄露等。网络环境下的信息安全体系是保证信息安全的关键,包括计算机安全操作系统、各种安全协议、安全机制(数字签名、消息认证、数据加密等),直至安全系统,只要存在安全漏洞便可以威胁全局安全。

信息安全的内涵在不断地延伸,从最初的信息保密性发展到信息的完整性、可用性、可控性和不可否认性,进而又发展为“攻(攻击)、防(防范)、测(检测)、控(控制)、管(管理)、评(评估)”等多方面的基础理论和实施技术。信息网络常用的基础性安全技术包括以下几方面的内容。

身份认证技术:用来确定用户或者设备身份的合法性,典型的手段有用户名口令、身份识别、PKI(Public Key Infrastructure)证书和生物认证等。

边界防护技术:防止外部网络用户以非法手段进入内部网络,访问内部资源;保护内部网络操作环境的特殊网络互联设备,典型的设备有防火墙和入侵检测设备。

访问控制技术:保证网络资源不被非法使用和访问。访问控制是网络安全防范和保护的主要核心策略,规定了主体对客体访问的限制,并在身份识别的基础上,根据身份对提出资源访问的请求加以权限控制。

加密技术:信息加密的目的是保护网内的数据、文件、口令和控制信息,保护网上传输的数据。数据加密技术主要分为数据传输加密和数据存储加密。数据传输加密技术主要是对传输中的数据流进行加密,常用的有链路加密、节点加密和端到端加密 3 种方式。链路加密的目的是保护网络节点之间的链路信息安全;节点加密的目的是对源节点到目的节点之间的传输链路提供保护;端到端加密的目的是对源端用户到目的端用户的数据提供保护。在保障信息安全各种功能特性的诸多技术中,密码技术是信息安全的核心和关键技术,通过数据加密技术,可以在一定程度上提高数据传输的安全性,保证传输数据的完整性。

主机加固技术:操作系统或者数据库的实现会不可避免地出现某些漏洞,从而使信息网络系统遭受严重的威胁。主机加固技术对操作系统、数据库等进行漏洞加固和保护,提高系统的抗攻击能力。

安全审计技术:包含日志审计和行为审计,通过日志审计协助管理员在受到攻击后查看网络日志,从而评估网络配置的合理性、安全策略的有效性,追溯分析安全攻击轨迹,并能为实时防御提供手段。通过对员工或用户的网络行为审计,确认行为的合规性,确保管理的安全。

检测监控技术:对信息网络中的流量或应用内容进行二层至七层的检测并适度监管和控制,避免网络流量的滥用、垃圾信息和有害信息的传播。

2. 信息安全与可信计算的互补性

信息安全与可信具有千丝万缕的联系。在日常生活中,可信是谈论得较多的话题,又可称为信任,可信赖性等。可信本身是一个多层次、多范畴的概念,它是一个相对的概念,比较模糊。在谈到信息安全时,可信同样有不同的理解与解释,在不同的上下文,在不同的应用领域,可能其内涵都不一样。"可信"既是信息安全的目标,也是一种方法。

传统的信息安全主要通过防火墙、病毒检测、入侵检测及加密等手段实现,以被动防御为主,结果不仅各种防御措施花样层出,防火墙越砌越高、入侵检测越做越复杂、恶意代码库越做越大,而且信息安全仍然得不到有效保障。而且传统的信息安全技术容易被旁路,存在自身的安全问题。可信的主要目的就是要建立起主动防御的信息安全保障体系。

可信计算技术可以弥补传统信息安全技术的不足[1-2]。可信是通过可信计算达到的一种状态。容错计算、安全操作系统、网络安全、信息安全等领域的研究使可信计算的含义不断拓展,由侧重硬件的可靠性、可用性,到针对硬件平台、软件系统服务的综合可信,再到可信网络连接、网络可信等,一步步适应了 Internet 应用不断发展的需要。

1.1.4 可信计算的研究背景

传统信息安全系统以防止外部入侵为主,与现今信息安全的主要威胁来自内部的实际情况不符合,采用传统的信息安全措施的最终结果是防不胜防,这是由于这些措施只封堵外围,没有从根本上解决产生不安全的问题,概括起来,信息安全事故产生的技术原因主要有以下几点。

(1) 目前的 PC 软硬件结构简化,可任意使用资源,特别是修改执行代码,植入恶意程序。

(2) 操作系统对执行代码不检查一致性,病毒程序可利用这一弱点将病毒代码嵌入执行代码中进行扩散。

(3) 黑客可利用被攻击系统的漏洞,从而窃取超级用户权限,并植入攻击程序,最后进行肆意破坏,攻击计算机系统。

(4) 用户未得到严格的控制,从而可越权访问,致使不安全事故的发生,所有这些入侵攻击都是从个人计算机终端上发起的。应采取防内为主内外兼防的模式来保护计算机,提高终端节点的安全性,建立具备安全防护功能的计算机系统。

为从终端上解决计算机系统的安全问题,需要建立信息的可信传递。计算机终端的"可信"可保障人与程序之间、人与机器之间数据的可信传递。鉴于此,"可信计算"提上了议事日程,这就是它的研究背景。所以,可信计算的核心就是要建立一种信任机制,用户信任计算机,计算机信任用户,用户在操作计算机时需要证明自己的身份,计算机在为用户服务时也要验证用户的身份。这样一种理念来自于人们所处的社会生活。社会之所以能够和谐运转,就得益于人与人之间建立的信任关系(Trust Relationship)。在计算机世界中需要建立一种二进制串的信任机制,就必须使用密码技术,从而密码技术成为可信计算的核心技术之一。近年来,体现整体安全的可信计算技术越来越受到人们的关注,这正是因为它有别于传统的安全技术,试图从根本上解决安全问题。

1.2　可信计算定义与关键技术

可信计算以硬件安全为基础,以身份认证、完整性度量、信任传递为核心机制,从而保证计算平台的可信性和完整性。这项技术将会使计算机更加安全、更加不易被病毒和恶意软件侵害,因此从最终用户角度来看也更加可靠。此外,可信计算将会使计算机和服务器提供比现有安全体系更强的计算机安全性。

1.2.1　可信计算的定义与原理

1. 可信计算的定义

可信计算组织 TCG 将可信定义为:一个实体如果它的行为总是以预期的方式,达到预期的目标,则这个实体就是可信的。

ISO/IEC 15408 标准将可信定义为:参与计算的组件、操作或过程在任意的条件下是可预测的,并能够抵御病毒和物理干扰。

可信计算学术界对可信的统一认识为:可信计算是指计算的同时进行安全防护,使计算结果总是与预期一样,计算全程可测可控,不被干扰。可以说,可信计算就是一种运算和防护并存的主动免疫的新计算模式。

这些定义将可信计算和当前的安全技术分开:可信强调行为结果可预期,但并不等于确认行为是安全的,这是两个不同的概念。例如,你知道你的计算机中了病毒,这些病毒会在什么时候发作,了解会产生什么样的后果,同时病毒也确实是按照预期运行的,那么这台计算机就是可信的。从 TCG 的定义来看,可信实际上还包含了容错计算领域中可靠性的概念。可靠性保证硬件或者软件系统性能可预测。可信计算的主要手段是进行身份确认,使用加密进行存储保护及使用完整性度量进行完整性保护。基本思想是在计算机系统中首先建立一个可信根,再建立一条信任链,一级认证一级,一级信任一级,把信任关系扩大到整个计算机系统,从而确保计算机系统的可信。由于引入了 TPM 这样的一个嵌入计算机平台中的嵌入式微型计算机系统,TCG 解决了许多以前不能解决的问题。TPM 实际上就是在计算机系统里面加入了一个可信第三方,通过可信第三方对系统的度量和约束来保证一个系统的可信。

2. 可信计算的原理

可信计算的核心思想是硬件安全模块支持下的可信计算平台。可信计算平台由可信根、硬件平台、操作系统和应用系统组成。可信硬件安全模块担任可信根(或称之为信任根)的角色,它是一个含有密码运算部件和存储部件的小型片上系统,通过密钥技术、硬件访问控制技术和存储加密等技术保证系统和数据的信任状态。数据通过可信根—硬件—操作系统—应用系统这条信任链能够保证其安全性。可信计算的核心问题可以归结为:信任问题。从初始的可信根到最后的可信应用,每个环节都是通过信任链的前一环节验证来确保身份是真实可信的。

图 1-1 给出了可信计算机的基本思想与原理[3]。

可信计算是计算机系统安全的一种一体化保证技术,强调从可信根出发,解决 PC 结构所引起的安全问题。其具有以下一些基本功能:

- 确保用户唯一身份、权限、工作空间的完整性/可用性;
- 确保存储、处理、传输的机密性/完整性;

- 确保硬件环境配置、操作系统(OS,Operating System)内核、服务及应用程序的完整性;
- 确保密钥操作和存储的安全性;
- 确保系统具有免疫能力,从根本上阻止病毒和黑客等软件的攻击。

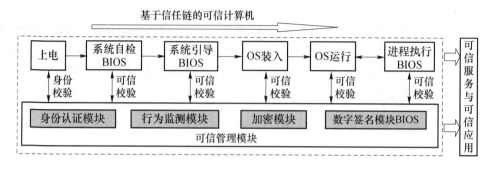

图 1-1　可信计算机的基本思想与原理

可信计算技术相关的一些基本概念如下。

（1）可信计算基

可信计算基（TCB, Trusted Computing Base）是计算机系统内保护装置的总体,包括硬件、固件、软件和负责执行安全策略的组合体。它建立了一个基本的保护环境,并提供一个可信计算系统所要求的附加用户服务。通常所指的 TCB 是构成安全计算机信息系统的所有安全保护装置的组合体（通常称为安全子系统）,以防止不可信主体的干扰和篡改。

（2）可信硬件

要构建可信计算平台,必须引入独立的硬件,其实现方式一般采用独立 CPU 设计的片上系统,同时辅以外部控制逻辑和安全通信协议。作为可信计算平台的基础部件,可信硬件自身的保护措施也是相当严格的,涉及命令协议的设计、算法的实现、存储部件的保护等。除此之外,硬件的实现还要考虑各种固件的可信设计,主要是对 BIOS 和各种 ROM 代码的改进。

（3）可信计算平台

平台是一种能向用户发布信息或从用户那里接收信息的实体。可信计算平台是能够提供可信计算服务的计算机软硬件实体,它能够提供系统的可靠性、可用性和信息的安全性。可信计算平台基于 TPM,以密码技术为支持、安全操作系统为核心。安全操作系统是可信计算平台的核心和基础,没有安全的操作系统,就没有安全的应用,也不能使 TPM 发挥应有的作用。

（4）可信根和信任链

可信根和信任链是可信计算平台的核心关键技术。一个可信计算机系统由可信根、可信硬件平台、可信操作系统和可信应用组成。信任链是通过构建一个可信根,从可信根开始到硬件平台、到操作系统、再到应用,一级认证一级,一级信任一级,从而把这种信任扩展到整个计算机系统,可信根的可信性由物理安全和管理安全确保。

图 1-2 所示为信任链的构建过程,一个可信计算机系统由可信根、可信硬件平台、可信操作系统和可信应用组成。任何可信都是建立在某一个层次上的,如果你能直接访问更低的层次,那么上一个层次的保护将是毫无作用的。传统的系统中,密钥和授权信息都直接存储在内存和硬盘之中,攻击者有很多的方法来获取它们。在可信计算的体系中,所有这些秘密数据都是由 TPM 来保护的。攻击者只有攻破 TPM 才能攻破系统的防护。这样,TPM 成为系统可信的最低层次,它提供了整个系统可信的基础。

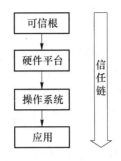

图 1-2　信任链的构建

1.2.2　可信计算技术体系

可信计算是针对目前计算系统体系不能从根本上解决安全问题而提出的,其主要思路是在 PC 硬件平台上引入安全芯片,首先构建一个信任链,提高终端系统的安全性。可信计算平台是构建在计算系统中并用来实现可信计算功能的支撑系统。可信计算密码支撑平台是可信计算平台的重要组成部分,提供数字签名、身份认证、消息加密、内部资源的授权访问、信任链的建立和完整性测量、直接匿名访问机制、证书和密钥管理等服务,为平台的身份可信性、完整性和数据保密性提供密码支持。可信计算的技术体系如图 1-3 所示。

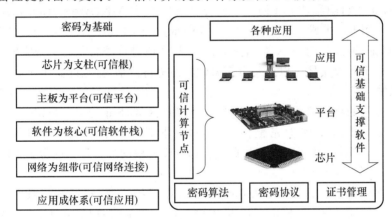

图 1-3　可信计算技术体系

可信计算平台是以 TPM 为核心,但它并不仅仅由一块芯片构成,而是把 CPU/操作系统/应用软件/网络基础设备融为一体的完整体系结构。TPM 是可信计算密码支撑平台的硬件模块,为可信计算平台提供密码运算功能,具有受保护的存储空间。可信软件栈(TSS,TCG Software Stack)处在 TPM 之上,应用软件之下,它提供了应用程序访问 TPM 的接口,同时对 TPM 进行管理。TSS 是可信计算密码支撑平台内部的支撑软件,为平台外部提供访问 TPM 的接口。由于引入了 TPM 这样的一个嵌入计算机平台中的嵌入式微型计算机系统,TCG 解决了许多以前不能解决的问题。如前所述,TPM 实际上就是在计算机系统里面加入了一个可信第三方,通过可信第三方对系统的度量和约束来保证一个系统的可信。

可信网络连接(TNC)的目的是确保网络访问者的完整性。TNC 通过网络访问请求,搜集和验证请求者的完整性信息,依据一定的安全策略对这些信息进行评估,决定是否允许请求者与网络连接,从而确保网络连接的可信性。

1.2.3　可信平台模块

可信平台模块安全芯片,是指符合 TPM 标准的安全芯片,它能有效地保护 PC、防止非法用户访问。TPM 实际上是一个含有密码运算部件和存储部件的小型片上系统,具备专用的运算处理器、随机数产生器、独立的内存空间、永久性存储空间和独立的总线输入输出系统。TPM 使用符合标准规定的密码算法,对外提供非对称密钥生成运算、非对称算法加解密运算、数字签名运算和随机数产生运算。

嵌有 TPM 的平台被称作可信计算平台。TPM 通过可信软件栈(TSS)为可信计算平台上的应用程序提供完整性度量、存储和报告,远程证明,数据保护和密钥管理 4 大核心功能。

1. 完整性度量、存储和报告

TPM 利用此功能实现可信计算的"可信传递"。在可信传递过程中,TPM 对影响平台完整性的实体进行度量,并将度量事件记入存储度量日志(SML,Stored Measurement Log),然后通过"扩展(Extend)操作"将度量值存储到其内部的平台配置寄存器(PCR,Platform Configuration Register)。实体询问时,TPM 忠实报告 PCR 中的值。此功能允许平台进入任何状态,但平台不能对其进入或退出这种状态进行隐瞒或修改。

2. 远程证明

TPM 拥有唯一的背书密钥(EK,Endorsement Key),可信计算平台用 EK 证书唯一标识其身份。为了保护平台隐私,TPM 使用平台身份证明密钥(AIK,Attestation Identity Key)作为 EK 的别名,利用 EK 生成 AIK,通过 PCA(Privacy Certificate Authorities)签发 AIK 证书完成平台身份认证,通过使用 AIK 对当前平台的 PCR 值进行签名完成平台完整性状态证明。通过这种功能,一个外部实体可以对平台完整性状态进行评估,并据此做出正确响应。

3. 数据保护

TPM 具有很好的物理防篡改性,它通过建立保护区域(Shielded Locations),实现对敏感数据的访问授权。用 PCR 保护完整性度量值,用非易失性存储器保护 EK、存储根密钥(SRK,Storage Root Key)及属主授权数据,用以 SRK 为根的加密保护区保护 EK 之外的密钥和平台数据。

特别地,还提供密封存储(Sealed Storage)的数据保护手段,包括 Seal 操作和 UnSeal 操作。在 Seal 操作,数据与用户指定的 PCR 组度量值一起加密存储;在 UnSeal 操作,只有当 PCR 组中的值与密封时的值相同时,操作才成功,确保密封数据只有在平台处于用户指定的配置环境时,才被解密使用。

4. 密钥管理

TPM 安全管理 7 类密钥的生成、使用和存储,包括背书密钥、存储密钥、签名密钥、身份证明密钥、绑定密钥、继承密钥和验证密钥。各类密钥的使用功能受 TPM 严格限制,以增强系统安全性。这些密钥按移植属性不同被分为可迁移密钥(Migratable Key)和不可迁移密钥(Non-migratable Key)。前者在一个 TPM 中生成,可以传送到另一个 TPM 中使用;后者在一个 TPM 中生成,只限在该 TPM 中使用。

总之,TPM 的上述 4 大核心功能为平台提供了一个可信赖的环境,保障了平台中信息的机密性、完整性、真实性和可靠性。

1.2.4　可信计算关键技术

可信计算主要包括 5 项关键技术[4],它们是构建一个完整的可信系统所必须考虑的技术要素,这些技术要素将使得整个系统遵从 TCG 规范。

1. 签注密钥

签注密钥是一个 2 048 位的 RSA 公共和私有密钥对,它在芯片出厂时随机生成并且不能改变。这个私有密钥永远在芯片里,而公共密钥用来认证及加密发送到该芯片的敏感数据。

2. 安全输入输出

安全输入输出是指计算机用户和他们认为与之交互的软件间受保护的路径。当前,计算机系统上的恶意软件有许多方式来拦截用户和软件进程间传送的数据。例如键盘监听和截屏。

3. 储存器屏蔽

储存器屏蔽拓展了一般的储存保护技术,提供了完全独立的储存区域。例如,储存器包含密钥的位置。由于操作系统自身也没有对被屏蔽储存区域的完全访问权限,所以入侵者即便控制了操作系统,信息也是安全的。

4. 密封存储

密封存储通过把私有信息和使用的软硬件平台配置信息捆绑在一起来保护私有信息。这意味着该数据只能在相同的软硬件组合环境下读取。例如,某个用户在其他的计算机上保存一首歌曲,而该计算机没有播放这首歌的许可证,就不能播放这首歌。

5. 远程认证

远程认证准许用户计算机上的改变被授权方感知。例如,软件公司可以避免用户干扰它的软件以规避技术保护措施。它通过让硬件生成当前软件的证明书,随后计算机将这个证明书传送给远程被授权方来显示该软件公司的软件尚未被干扰(尝试破解)。

信息安全具有 4 个侧面:设备安全、数据安全、内容安全与行为安全。可信计算为行为安全而生。据中国信息安全专家在《软件行为学》一书中的描述,行为安全应该包括:行为的机密性、行为的完整性、行为的真实性等特征。

1.3　可信计算应用与发展

可信计算是一项新兴的前沿技术,通过可信计算可完善传统计算机体系结构在安全方面的固有缺陷,取得革命性的突破,解决新形势下的安全问题。近年来在产业界的推动下,可信计算得到了快速发展。

1.3.1　可信计算的应用

1. 保护生物识别身份验证数据

用于身份认证的生物鉴别设备可以使用可信计算技术(储存器屏蔽,安全输入/输出)来确保没有木马软件安装在计算机上窃取敏感的生物识别信息。

2. 身份盗用保护

可信计算可以用来帮助防止身份盗用。以网上银行为例,当用户接入到银行服务器时使用远程认证,之后如果服务器能产生正确的认证证书那么银行服务器就将只对该页面进行服务。随后用户通过该页面发送他的加密账号、PIN 和一些对用户和银行都为私有的保证信息。

3. 保护系统不受病毒和木马软件的危害

软件的数字签名将使得用户识别出经过第三方修改可能加入木马软件的应用程序。例如,一个网站提供一个修改过的流行即时通信程序版本,该程序包含木马软件,操作系统可以发现这些版本里缺失有效的签名并通知用户该程序已经被修改。

4. 数字版权管理

可信计算将使公司创建很难完全避免数字版权管理系统。例如,下载的音乐文件,通过远程认证可使该音乐文件拒绝被播放,其只允许在执行着唱片公司规则的特定音乐播放器上播放。密封存储防止用户使用其他的播放器或在另一台计算机上打开该文件。音乐在屏蔽储存里播放,将阻止用户在播放该音乐文件时进行该文件的无限制复制。安全输入/输出阻止用户捕获发送到音响系统里的流。

5. 防止在线游戏作弊

可信计算可以用来打击在线游戏作弊。一些玩家修改他们的游戏副本以在游戏中获得不公平的优势;远程认证,安全输入/输出以及储存器屏蔽用来核对所有接入游戏服务器的玩家,以确保其正运行一个未修改的软件副本,尤其是可打击用来增强玩家能力属性或自动执行某种任务的游戏修改器。例如,用户可能想要在射击游戏中安装一个自动瞄准机器人,在战略游戏中安装收获机器人。对于游戏服务器无法确定这些命令是由人还是由程序发出的,推荐的解决方案是验证玩家计算机上正在运行的代码。

6. 核查远程网格计算的计算结果

可信计算可以确保网格计算系统的参与者返回的结果不是伪造的。这样大型模拟运算(如天气系统模拟)不需要繁重的冗余运算来保证结果不被伪造,从而得到想要的(正确)结论。

1.3.2 可信计算的发展

自可信计算诞生以来,其发展共经历了 3 个阶段:硬件可信阶段、综合可信阶段和深入发展阶段。

1. 硬件可信阶段

从 1960 年到 1970 年,以可信电路相关研究为核心发展起硬件可信概念。在该时期内,对信息安全性的理解主要关注硬件设备的安全,而影响计算机安全的主要因素为硬件电路的可靠性,所以该阶段研究的重点为电路的可靠性。根据该时期的可信研究,普遍把高可靠性的电路称为可信电路。

2. 综合可信阶段

从 1970 年到 1990 年,以"可信计算基"概念的提出为标志。在该时期,系统的可信性设计和评价成为关注的核心。1983 年美国国防部制定了世界第一个可信计算标准(TCSEC,Trusted Computer System Evaluation Criteria)。在 TCSEC 中第一次提出可信计算基(TCB)的概念,并把 TCB 作为信息安全的基础。TCSEC 主要考虑了信息的秘密性。

3. 深入发展阶段

1990 年至今,以 TPM 为主要标志。该阶段中,可信计算研究的体系化更加规范,规模进一步扩大,可信计算的产业组织、标准逐步形成体系并完善。TCG 的成立标志着可信计算技术和应用领域的进一步扩大。

就国内而言,我国的政府管理者对可信计算给予了极大的关注,近年来为可信计算提供了相当大的经费支持。国家高技术研究发展计划(863 计划)开展了可信计算技术的项目专题研究,国家自然科学基金委员会开展了"可信软件"的重大专项研究计划支持等。

1.3.3　可信计算存在的问题

1. 理论研究相对滞后

无论是国外还是国内,在可信计算领域都存在技术超前于理论,理论滞后于技术的状况。可信计算的理论研究落后于技术开发。至今,尚没有公认的可信计算理论模型;可信测量是可信计算的基础,但是目前尚缺少软件的动态可信性的测量理论与方法;信任链技术是可信计算平台的一项关键技术,然而信任链的理论,特别是信任在传递过程中的损失度量尚需要深入研究,需要把信任链建立在坚实的理论基础之上[3-4]。

2. 一些关键技术尚待攻克

目前,无论是国外还是国内的可信计算机都没能完全实现 TCG 的 PC 技术规范,如动态可信度量、存储、报告机制,安全输入/输出等。

3. 缺少操作系统、网络、数据库和应用的可信机制配套

目前 TCG 给出了可信计算硬件平台的相关技术规范和可信网络连接的技术规范,但还没有关于可信操作系统、可信数据库、可信应用软件的技术规范。网络连接只是网络活动的第一步,联网的主要目的是数据交换和资源共享,这方面尚缺少可信技术规范。我们知道,只有硬件平台的可信,没有操作系统、网络、数据库和应用的可信,整个系统还是不安全的。

4. 可信计算的应用需要开拓

可信计算的应用是可信计算发展的根本目的。目前可信 PC、TPM 芯片都已经得到实际应用,但应用的规模和覆盖范围都还不够,有待大力拓展。

5. 不适用于大规模开放系统

目前的可信测量只是系统开机时的系统资源静态完整性测量,因此只能确保系统开机时的系统资源静态完整性。这不是系统工作后的动态可信测量,尚不能确保系统工作后的动态可信性,因此,传统的可信计算技术不适用于网格计算、普适计算、P2P 计算、Ad hoc 等大规模的分布式应用系统。

思　考　题

1. 为什么说可信计算与信息安全是一种互补的技术?
2. TCG 对可信计算的定义是什么?
3. 可信计算主要有哪些应用领域?
4. TPM 的核心功能是什么?
5. 可信计算的发展分为几个阶段?

本章参考文献

［1］ Pearson S. Trusted computing platforms, the next security solution[J]. Hp Labs，2002.

［2］ 冯登国，秦宇，汪丹，等. 可信计算技术研究[J]. 计算机研究与发展，2011，48(8)：1332-1349.

［3］ 桂小林，李小勇. 信任管理与计算[M]. 西安：西安交通大学出版社，2011.

［4］ 张焕国，罗捷，金刚，等. 可信计算研究进展[J]. 武汉大学学报：理学版，2006，52(5)：513-522.

第 2 章

可信平台模块

在 Wedbush Morgan Securities 年度高层会议上,雅达利公司创建者之一的诺兰·布什内尔(Nolan Bushnell)称,游戏产业面临的盗版泛滥问题,再过不久将随着新型加密芯片的逐步普及而成为历史,一种名为"可信平台模块"(TPM)的加密芯片即将被使用在大部分计算机主板上。布什内尔在会议上说道:"这就意味着游戏产业将迎来一种全新的、绝对安全的加密方式,它无法在网络上被破解也不存在注册码被散播的危险,它将允许我们在那些盗版极为严重的地区开拓巨大的新市场。"布什内尔认为,电影和音乐的盗版很难被阻止,因为只要是"能看、能听的就可以复制"[1]。然而电子游戏的情况则完全不同,由于这类产品与代码的紧密联系性,使用可信平台模块芯片将能够完全阻止盗版游戏的运行。

2.1 可信平台模块概述

可信平台模块是安全界的一大创新之处,它可以存储、管理 BIOS 开机密码以及硬盘密码,对系统登录、应用软件登录进行加密,世界著名的企业都参与了标准的制定。

2.1.1 可信平台模块基本概念

可信平台模块(TPM)是一项安全芯片的国际标准,旨在使用设备中集成的专用微控制器安全硬件处理设备中的加密密钥。TPM 的技术规范由 TCG 的信息业联合体编写。国际标准化组织(ISO)和国际电工委员会(IEC)已于 2009 年将规范标准化为 ISO/IEC 11889[2]。国内因安全问题研究对应的可信密码模块(TCM,Trusted Cryptography Module)芯片,标准规范为"可信计算密码支撑平台功能与接口规范",而且已经成为国家标准,即 GB/T 29829—2013。与其相关的基本概念如下。

1. 可信(Trust)

密码学家布鲁斯·施奈尔(Bruce Schneier)认为"可信计算机并不意味着它是值得信赖的",可信意味着传达一个期望的行为,而这种行为并不是可以预测的。为了确定平台的期望行为,有必要确定平台的身份以及相关的平台行为。不同的物理平台可能拥有相同的行为(软硬件都拥有相同的行为),相同的物理平台在不同时期可能拥有完全不同的行为(软硬件配置的任何更改)。

TCG 基于标识(identify)平台的硬件和软件组件的方法来构建平台可信的安全机制。TPM 提供收集和报告这些标识信息(身份信息)的方法。这些标识实际上就是平台期望行为的一种表示。

2. 可信平台模块安全芯片

可信平台模块安全芯片是指符合 TPM 标准的安全芯片,它能有效地保护 PC、防止非法用户访问。该芯片必须具有产生加解密密钥的功能,以及充当保护 BIOS 和操作系统不被修改的辅助处理器。

3. 可信构建块

可信构建块(TBB,Trusted Building Block)是一个组件或者一系列组件,用来实例化一个可信根,是可信源的一部分。一个 TBB 是下列组件的组合:可信度量根核(CRTM,Core Root of Trust for Measurement),CRTM 存储和主板之间的连接,CRTM 和 CPU 之间的路径,TPM 和主板之间的连接,CPU 和 TPM 之间的路径。这个组合构成了平台可信报告根(RTR,Root of Trust for Reporting)。

4. 可信计算基

可信计算基(TCB)是一个基本的系统环境和资源(包含一些硬件和软件),是实现计算机系统安全保护的所有安全保护机制的集合,TCB 可以保护自己不被 TCB 之外的软硬件所破坏。在可信计算体系中,通常 BIOS,Bootloader 和 OS 被认为构成系统的 TCB;而 TPM 并不属于 TCB,不过 TPM 独立于该 TCB,可以用来确定系统的 TCB 是否被破坏,如果 TCB 被破坏,TPM 可以帮助防止系统进一步启动和运行。TPM 作为可信根,必须无条件地信任,而且其位于 TCB 的底层,对 TCB 有一定的保护作用。

5. 可信边界

TBB 和可信根形成一个可信边界(Trusted Boundaries),在可信边界内,度量、存储和报告可以实现一个最小的配置。在复杂的系统中,有必要用 CRTM 建立其他代码的可信,如度量其他代码并记录在 PCR 中。如果 CRTM 将系统控制权传给了其他代码,而没有考虑度量值是否匹配,那么认为可信边界被扩展了(可信引导的机制);如果 CRTM 在执行其他代码前,先验证其度量值是否是预期值,那么认为可信边界保持不变,因为被度量的代码是对 CRTM 的一个预期的扩展。显然,在可信引导情况下,随着信任链的扩展,信任边界也在扩展,因为信任链后面执行的代码并没有经过验证;而在安全引导情况下,可信边界是保持不变的,信任链后面执行的每段代码都是经过验证的,是可预期的[3]。如图 2-1 所示,加粗部分表示一个可信平台中的 TBB。

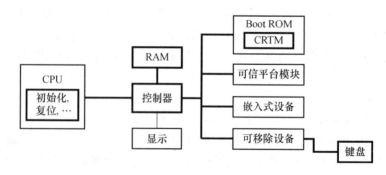

图 2-1　可信平台中的 TBB

6. 可信传递

可信传递(Transitive Trust)是一个过程,可信根建立一个可执行函数的初始可信,然后该函数中的可信用于建立下一个可执行函数的可信。即一级度量一级的概念。启动 TCB 时,采用安全引导的方式(度量后还要进行检测验证,才能传递信任);而 TCB 构建起来后,可以采用可信引导的方式,可信引导的度量值可以进行远程报告。系统从静态的根信任引导时的可信传递如图 2-2 所示。

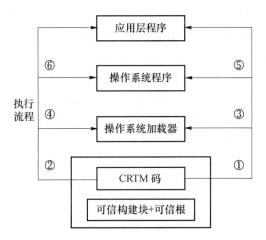

图 2-2　静态根信任引导可信传递

7. 可信权威(Trusted Authority)

当度量根(RTM,Root of Trust for Measurement)开始执行 CRTM 时,能够担保 TBB 正确性的实体只能是 TBB 的创建者,即典型的平台制造商。显然,平台制造商是一个有效 TBB 的权威机构,其信誉直接影响用户是否相信该 TBB。

随着可信传递链的增加,系统执行会从 CRTM 转到其他代码。如果是安全引导的方式,可信权威保持不变,即平台制造商在执行其他代码时,对其他代码进行了度量值的验证,证明其是可信的,安全引导方式下平台制造商可以担保这一点。

不过在现代计算平台体系下,固件和软件组件通常来自不同的提供方,平台制造商不可能知道运行在其平台上所有代码的签名者。这种情况下,平台制造商不可能长期保持为平台状态的权威,有以下两种方法(度量值或者签名)来评估平台的可信权威。

第一,代码被度量,度量值被记录到可信存储根(RTS,Root of Trust for Storage)中,代码的运行并没有考虑其度量值,这样可信权威就是 RTR 报告的代码的摘要值(即由代码的度量值来担保代码是否可信),而度量值由验证者(Verifier)来检查。实际上,可信权威变成了验证者。

第二,代码被签名,这样其可信权威的身份是已知的。如果可信权威身份记录在 RTS 中,就由该可信权威来担保这个代码的可信运行。

不过就算是可信权威,其产生的代码也可能存在漏洞或者脆弱性,因此需要支持撤销机制(Revocation)。对于使用度量值的情形,很难知道哪个代码被撤销了,最好使用一个中心数据库来记录所有被撤销代码的度量值。对于使用签名的情形,可以直接使用相关代码的哈希值联系厂商,看代码是否被撤销了。

2.1.2　可信平台模块发展进程

可信平台模块诞生于 20 世纪 90 年代末,随着计算机和互联网的日益普及,用户对计算机加密等安全措施的要求也越来越高。为了适应不断发展变化的形势,1999 年 10 月可信计算平台联盟（TCPA）成立，加入的厂商有 AMD、Compaq、HP、IBM、Intel、Microsoft 等，以共同推广 PC 的识别技术。TCPA 专注于从计算平台体系结构上增强其安全性，并于 2001 年 1 月发布了可信计算平台标准规范。到了 2003 年 3 月，TCPA 决定将推广范围扩大，改名为可信计算组织（TCG），从此吸引了 PC 行业之外的厂商积极响应，如 Nokia、Sony 等，并提出 TPM 规范。目前 TCG 已发展为成员超过 190 家，遍布全球各大洲主力厂商，在 IT 和通信业拥有广泛影响力的大型组织。

TCG 持续修订 TPM 规范。2003 年发布了 TPM 规范 1.2 版本，TPM 规范 2.0 版本的 1.07 修订版于 2014 年发布，面向公众审查，为以前发布的主要 TPM 规范提供更新的库规范，实现了 TPM 历史上的一次飞跃。TPM 规范修订 1.38 同属 TPM 2.0 版本，已于 2016 年 9 月发布。

随着可信计算的发展，可信平台模块不一定再是硬件芯片的形式，特别是在资源比较受限的移动和嵌入式环境中，可信执行环境（TEE，Trusted Execution Environment）的研究比较热，如基于 ARM TrustZone、智能卡等可以实现可信计算环境。另一个热点是物理不可克隆函数（PUF，Physical Unclonable Functions），其可以为可信计算提供物理安全特征，实现密钥安全存储、认证、可信根等功能，而且对应用到物联网、可穿戴设备、BYOD 等场景中具有很好的优势。关于这方面的标准可以参考"GlobalPlatform"[4]这个开放式联盟，其定义了关于卡、设备、系统等各个方面的规范，其中包含与可信计算联系比较紧密的 GP-TEE 规范。

2.1.3　可信平台模块部件

TPM 可以由硬件或软件实现，模型中更多地倾向于描述 TPM 规格中硬件的部分，但也不排除使用软件实现。TPM 的组成结构如图 2-3 所示。

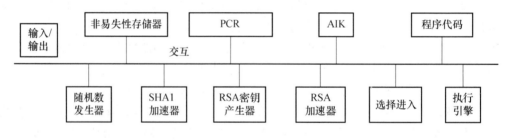

图 2-3　TPM 部件图

作为可信平台的构建模块，TPM 部件的正常工作是可信的。这样的信任源自很好的工程实践、生产过程和工业评审。工程实践和工业评审的结论体现在 CCC 认证的结果中。TPM 部件体系结构可以包括分离部件、通信接口和防篡改（攻击）封装 3 大类，详情如下[5]。

1. 分离部件

（1）输入/输出

输入/输出（I/O）部件处理通信总线上的数据流。它完成适合于内部和外部总线通信协议的编码解码操作，并将信息发送给适当的部件。与其他 TPM 功能需要访问控制一样，选择进入（Opt-in）部件严格控制着 I/O 部件的访问规则。

（2）非易失性存储器

非易失性存储器（Non_volatile Storage）用于存储 EK、SRK、所有者的授权数据和永久标志。PCR 可以使用非易失性存储器或易失性存储器实现。在系统启动或下电时，PCR 被复位。

TCG 指定 PCR 的最小数量为 16,寄存器 0~7 保留给 TPM 使用,8~15 供操作系统和应用程序使用。

（3）AIK

AIK 必须是永久不变的,但是推荐将 AIK 作为密钥段存储在永久不变的外部存储设备中,而不是永久不变地存储在 TPM 内部的非易失性存储器中。

TCG 希望 TPM 可以提供足够的易失性存储器空间用于同时读取多个 AIK 密钥段以加快计算速度。

（4）程序代码

程序代码包括用于测量平台设备的固件。简单地说,程序代码就是用于测量的 CRTM。在理想状态下,CRTM 存储在 TPM 的内部,但根据实现的需要,它可能需要装载于其他固件中。

（5）随机数发生器

TPM 应包含一个真随机数位发生器,用于产生随机数发生器的种子。

随机数发生器(RNG,Random Number Generator)用于密钥的生成,产生 nonce 和增强口令访问的熵。

（6）SHA1 加速器

SHA1 信息摘要加速器用于计算数字签名,产生密钥段和其他常规应用。

（7）RSA 密钥产生器

TCG 将 RSA 算法作为 TPM 中使用的标准算法。当前公开的 RSA 版本和长久的应用历史使得 TCG 将 RSA 算法作为最好的选择。

RSA 密钥产生器用于产生签名和存储密钥。TCG 需要 TPM 支持到 2 048 位模数的 RSA 密钥,并且要求几个密钥(如 SRK 和 AIK)必须至少是 2 048 位模数的。

（8）RSA 加速器

RSA 加速器用于使用签名密钥进行数字签名,使用存储密钥进行加密和解密,使用 EK 进行解密。

TCG 委员会希望包含 RSA 加速器的 TPM 模块不受制于进出口的约束。

（9）选择进入

TCG 的政策是希望 TPM 以消费者要求的状态交付使用,这样的功能由选择进入(Opt-in)实现。其包括从禁用(Disable)、休眠(Deactivated)到完全使能(Enabled),为取得拥有权做好准备。

Opt-in 机制包括确定物理存在状态的逻辑和接口,以及确保应用到其他 TPM 部件的禁用操作是否被执行。

（10）执行引擎

执行引擎(CPU)运行程序代码,完成 TPM 初始化和测量的操作。

2. 通信接口

TCG 的主要规范中没有特别指定通信接口类型或总线结构,而是由特定的平台决定的,对于 PC 而言就是采用 LPC 总线。

TCG 定义的连续串行传输实际上可以用任何一种总线或连接来实现。

3. 防篡改(攻击)封装

TCG 要求 TPM 必须进行物理保护以免受攻击。其中包括将 TPM 的物理模块(可能是多个分离的部件)绑定在平台的物理部件上(如主板),使其不容易被拆解或转移到其他平台上。但 TPM 能够进行攻击监测,且通过物理检查就可以探测到攻击。

TPM 软件的实现必须具有与硬件等价的防攻击能力,这样的机制也必须保证其安全性。

2.1.4 从 TPM 1.2 到 TPM 2.0

从 TPM 1.2 到 TPM 2.0[6]是可信计算发展史上的一次标准飞跃。2003 年 TCG 颁布了 TPM 1.2 规范,TPM 1.2 规范主要面向 PC 平台,其 103 版本于 2009 年被国际标准化组织(ISO)和国际电工委员会(IEC)接受为国际标准 ISO/IEC 11889。同时国际上上亿台的终端机器和笔记本式计算机都配备了 TPM 安全芯片。2014 年 TCG 推出 TPM 2.0 规范,TPM 2.0 芯片具有较大的灵活性,解决了 TPM 1.2 存在的很多安全问题,且满足更多场景的应用,其全部代替 TPM 1.2 芯片也将是一个必然趋势。TPM 1.2 芯片还占有部分市场,这是由于 TPM 2.0 芯片与 TPM 1.2 芯片并不兼容,在上层软件链成熟度还有待加强,因此,基于 TPM 1.2 的芯片还会被一些厂商持续使用一段时间。下面将总结从 TPM 1.2 到 TPM 2.0 的主要变化。

1. 在密码算法上的变化

源于国家安全问题,不同的国家使用的密码算法并不相同,如在国内主要使用 SM 系列加密算法,国际上主要使用的是 SHA1 和 RSA 加密算法。SHA1 算法的安全强度因被证明无法满足需求而被弃用。RSA 虽然是最经典的非对称加密算法,不过对 ECC 的使用增加也是一个趋势,在相同的安全强度下,ECC 的密钥长度比 RSA 要短很多。国内的 SM2 也是一种 ECC 算法,特别是对于直接匿名认证机制(DAA,Direct Anonymous Attestation),基于椭圆加密算法(ECC,Elliptic Curve Cryptography)算法的效率明显高于 RSA。2009 年的国际密码学会议上,曾经有一篇关于 768 比特 RSA 密钥的因式分解,使密码领域 TPM 1.2 使用 2 048 位的 RSA 强度饱受争议。在密码算法方面,TPM 1.2 与 TPM 2.0 的区别如下:

TPM 1.2 密码算法包括 RSA 加密、RSA 签名、RSA-DAA、SHA1、HMAC,其并没有要求支持对称算法;

TPM 2.0 密码算法包括 RSA 加密和签名、ECC 加密和签名、ECC-DAA、ECDH、SHA1、SHA256、HMAC、AES,而且厂商可以随意使用 TCG IDs 来增加新的算法,如在国内实现必须增加 SM2、SM3 和 SM4 算法,拥有一定的灵活性。

2. 面向平台的变化

TPM 1.2 主要面向 PC 平台,而类似的安全思维其实可以扩展到网络、服务器、云环境、移动设备和嵌入式产品等。TPM 安全芯片本身是以安全芯片的形式在主机上隔离出一个拥有独立处理能力和存储能力的区域,在这个程度上,虚拟技术、信任域、智能卡等本质上是一致的,不过安全性可能并不在一个层次。

TPM 1.2 的属主(owner)只有一个就是用户,而计算平台本身可能也需要使用 TPM。TPM 1.2 中,所有安全和隐私都在该 owner 的控制下。TPM 2.0 将这种控制功能进行了隔离,给出了 3 个控制域:安全域或存储域(owner 为用户,用户正常的安全功能)、隐私域(owner 为平台或用户,平台身份认证)和平台域(owner 为平台,保护平台固件的完整性)。

在 TPM 2.0 方面,如果 TPM 使用太困难,成本价格太高,用户恐怕不会愿意抛弃 TPM 1.2。

一个安全芯片嵌入到服务器上,体现不了多少成本;但是如果在空间有限的移动设备或者嵌入式设备上配备一个安全芯片,基本没太大的价值。因此,TPM 2.0 规范主要提供一个参考,以及可能实现的方式,但是并没有限制必须以安全芯片的形式存在,如可以基于虚拟技术或者 ARM TrustZone、Intel TXT 等进行构建,只要能提供一个 TEE,就可以进行构建。

3. 密钥

TPM 1.2 的背书密钥只有一个,就是 EK,出厂时厂商就将其预置在芯片内,更换都很困难。EK 经 takeowner 操作可以生成属主和唯一的 SRK,从而可以构建密钥的存储体系。

在 TPM 2.0 中,EK 属于隐私域,可以有多个,而且可以支持不同的非对称算法;SRK 属于安全域,也可以有多个和支持不同的算法。实际上 TPM 2.0 的 3 个控制域中,都支持多密钥和多算法。

TPM 2.0 的主密钥都是通过主种子,使用密钥派生算法 KDF 来生成。存储种子的空间比存储密钥的空间要小很多。TPM 2.0 中密钥的存储通常是通过对称加密,父密钥的强度不能低于子密钥的强度,否则子密钥的安全强度就无法达到其声称的规格。

4. PCR

PCR 主要用来存储系统启动和运行过程中的度量值,防止度量日志被篡改。PCR 值能保证每次系统启动时以相同的顺序执行相同的代码。

微软在 Windows 8 中就使用 PCR 来恢复 Unsealing Bitlocker 的密钥。如果系统启动过程中有任何微小的变化,都需要用户干预才能恢复,因此这个过程比较脆弱。[7]

5. 签名

TPM 2.0 的签名支持多种算法和各种复杂的签名机制,包含 DAA 和 U-Prove。不过,TPM 2.0 的签名原语设计得非常灵活高效。在一个复杂的签名机制中,直接使用签名私钥的部分只是整个签名计算的很小一部分,而且是一个自包含的操作。基于这些考虑,TPM 2.0 设计了灵活的签名机制,其他复杂的签名算法可以很容易使用其签名原语进行构造。

6. 授权

授权即是否允许软件进程访问 TPM 内部的资源(密钥、计数器、NV 存储空间等)。

TPM 1.2 拥有不同的机制来授权客体(Objects)的使用、委托使用和迁移等。而 TPM 2.0 提供了一个统一的框架来使用授权功能,授权功能可以通过各种独特的方式进行组合来增加灵活性。

TPM 1.2 的授权比较受限制,唯一的授权访问方式是基于口令(password)和 PCR 值。例如,为了使用 TPM 内部的一个密钥,软件需要证明其拥有某个 password 的知识(通过 Hash 的方式嵌入在可信命令中);而且可以将该密钥与特定的 PCR 状态封装在一起。这使得 TPM 1.2 的授权机制缺乏灵活性。通常一个计算机平台拥有多个用户,共享 TPM 密钥和数据是比较困难的。不同用户由于 password 不一样,他们知道的密钥集合也是相互独立的。系统管理员如何授权这些密钥的使用是一个难点。

TPM 2.0 允许使用明文密码和 HMAC 的授权,也允许使用多个授权限定符来构造任意复杂的授权策略。TPM 2.0 提出了增强的授权机制(EA,Enhanced Authorization),它是 TPM 2.0 的一个特色。

TPM 2.0 对密钥和数据的授权使用方式进行了扩展,授权会话变成了策略会话,多个授权方式可以通过布尔逻辑的形式进行组合。例如,在一个场景中,Alice 和 Bob 两个用户拥有不同的 password,现在想要让他们可以访问同一个密钥,可以创建一个策略"当且仅当 password(Alice)或 password(Bob),允许访问密钥"。软件进程可以先创建策略,在生成 TPM 密钥或者数据时指定该策略的哈希(Hash)值即可,TPM 不需要知道策略的详情,Hash 值足够。

7. TPM 芯片的使用

影响 TPM 1.2 使用的最大一个障碍是,PC 厂商将 TPM 默认为关闭状态。为了对 TPM 进行激活,用户必须进入固件(PC 上通常为 BIOS),找到管理 TPM 安全芯片的目录,将 TPM 激活。之所以有这个决定,主要是因为 TCG 早期受到了外面的质疑。质疑者认为使用 TPM 可能导致 PC 平台绑定特定的软件,而影响其他软件的使用,特别是厂商可以借此推广自己的软件。TCG 因此推荐默认情况下关闭 TPM,但这实际上是一种资源的浪费,普通人用不到,只能在面向特定安全领域的终端上安装此芯片。国内 TCM 在这方面做得还好,只是一些特定型号的安全主机才会配备 TCM 芯片,并不是每个 PC 平台都装。

要在 BIOS 中对 TPM 进行激活,而实际上大部分用户都没有用过 BIOS,这样势必导致大部分 TPM 永远沉睡在主板上。即便激活了 TPM 1.2,其状态是没有属主的(unowned),需要通过一个特定的命令来建立属主,往往第一个建立属主的人才是 TPM 的实际拥有者。在非属主状态,能使用的 TPM 很有限,没有 SRK,密钥也无法创建或者加载,PCR 状态也无法进行验证。在 TPM 1.2 中,固件(BIOS)无法验证启动状态(Boot State),固件可以使用哈希代码并扩展 PCR,但是检查具体的度量值只能靠更上层的操作系统或者应用程序[8]。

在 TPM 2.0 中对这些情况进行了修复。首先,TPM 默认状态应该是开启的。其次,增加了平台域,保证平台固件也可以操作完整的 TPM 资源,即固件可以创建密钥、加密数据、验证 PCR 值等。这意味着,平台固件和平台用户可以同时成为 TPM 的属主(owner)。固件开发者可以使用这种能力来保证一个安全的预引导环境,类似操作系统使用 TPM 的能力来保护其操作以及上层应用。

2.2 可信平台模块的技术基础

由于 TPM 机制的复杂性和规范性,它能有效保护 PC,防止非法用户访问。本节将从 3 个方面介绍 TPM 的技术基础。

2.2.1 公钥加密算法

传统对称密码算法的重要特点是加密和解密所用的密钥是相同的,而且密钥交换必须在秘密的信道上进行,这使得对称密码算法的使用受到限制。

1976 年,Diffie 等[9]在其划时代的文献"New Directions in Cryptography"中,首次提出了公钥密码算法的设想,为密码学研究开辟了新的空间,成为现代密码学的里程碑。公钥密码算法克服了对称密码的缺陷,能够通过公开的信道进行密钥交换。

在公钥密码算法中,加密密钥与解密密钥是不同的。用户可以公开其中的一个密钥(称为公钥,Public Key),秘密保存另一个密钥(称为私钥,Private Key)。一个安全的公钥密码算法,攻击者不能从公钥推导出私钥,或者从公钥推导出明文;也不能从公钥以及有限的明文、用私钥处理后得到的 PKI 理论与技术研究推导出私钥。由于公钥不能推导出私钥,公钥就可以通过公开信道传输发布。

利用公开密码算法进行加密通信的模型如图 2-4 所示。

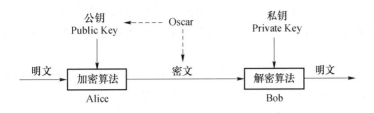

图 2-4　公钥密码算法

由于其非对称的特点,公钥密码算法也经常称为非对称密码算法(Asymmetric Cryptography)。常见的公钥密码算法有 RSA 和 Diffie-Hellman 2 个算法。

RSA 密钥广泛用于 TPM 的证书中。RSA 算法是由 Rivest、Shamir 和 Adleman 在 1978 年公开提出的一种公钥密码算法,该算法是第一个设计完善的公钥密码算法,也是第一个能同时用于加密和数字签名的算法,且易于理解和操作。RSA 是被研究得最广泛的公钥算法,从提出到现在已有 40 多年,经历了各种攻击的考验,逐渐为人们所接受。RSA 的安全性依赖于大数的因子分解,但并没有从理论上证明破译 RSA 的难度与大数分解难度等价,即 RSA 的重大缺陷是无法从理论上把握它的保密性能,因为大多数密码学界的研究者倾向于因子分解并不是 NPC 问题。RSA 的主要缺点如下。

(1) 产生密钥受到素数产生技术的限制,难以做到一次一密。

(2) 分组长度太大。为保证安全性,n 至少也要 600 bit 以上,造成运算代价很高,尤其是速度较慢,相较于对称密码算法慢了几个数量级;而且随着大数分解技术的发展,这个长度还在增加,不利于数据格式的标准化。

目前,安全电子交易(SET,Secure Electronic Transaction)协议要求 CA(Certificate Authority)采用 2 048 bit 的密钥,其他实体使用 1 024 bit 的密钥。

Diffie-Hellman 算法是第一个公钥算法,由美国的 Diffie 和 Hellman 于 1976 年提出,其安全性源于在有限域上计算离散对数比计算指数更困难,该算法主要用于密钥交换。这个机制的巧妙之处在于需要安全通信的双方可以用这个方法确定对称密钥,然后可以用这个密钥进行加密和解密。但是,这个密钥交换协议或算法只能用于密钥的交换,而不能进行消息的加密和解密。通常,双方确定要用的密钥后,要使用其他对称密钥操作加密算法实现加密和解密消息。

2.2.2　基于身份的密码体制

在传统的公钥密码体制中,签名者的公钥通常是某个集合上的一串随机比特。然而,这必然会导致这样一个问题:如何才能将签名人的身份与其对应的公钥关联起来? 传统的解决办法是通过一个权威机构为每一个公钥发行一个所谓的公钥证书(Public Key Certification),这个证书其实是权威机构对用户的公钥及其身份的一个签名,而所谓的权威机构就是通常所指的可信机构或者证书机构。在基于证书的公钥密码系统中,通常在使用一个用户的公钥之前,首先需要验证其证书的合法性、有效性及正确性。为了满足这一需求,必然需要大量额外的存储空间和计算开销来存储和验证用户的公钥证书。为了提高公钥密码系统效率,针对这一不足,Shamir 于 1984 年首次提出了一种基于身份的密码思想,他以另外一种方式解决了公钥的真实性问题,避免了基于证书的公钥密码系统中对证书的使用和验证过程。在基于身份的密码系统中,用户的公钥通常是一些公开的并可以唯一确定的身份信息。通常这些信息被称为用户的身份(如姓名、电话号码、邮箱地址、身份证号等),目的是简化密钥的管理。因此,在对密钥的管理有更高要求时,这种基于身份的公钥密码体系优于以数字证书为基础的公钥密码系统。

然而,在基于身份的密码系统中,存在密钥托管问题。用户的公钥是他们的身份,用户的私钥是通过他们的身份公钥计算得到,如果一个用户知道怎样通过自己的公钥计算自己的私钥,那么他也可以计算出其他用户的私钥,所以,在基于身份的系统中,用户的私钥不能由用户自己产生,而是由一个可信的第三方——私钥生成中心(PKG)产生。PKG 拥有系统唯一的主密钥,只有它可以利用主密钥和用户的身份计算用户的私钥。

2.2.3 TPM 密钥功能分类

TPM 密钥按功能可以细分为 7 种类型:背书密钥、身份证明密钥、存储密钥、签名密钥、绑定密钥、继承密钥和验证密钥。每种类型都附加了一些约束条件以限制其应用,不同类型的密钥有不同的用途。

1. 背书密钥

背书密钥(EK)是一个模长为 2 048 bit 的 RSA 公私钥对,EK 是一个永远不会暴露在 TPM 外部的非迁移的解密密钥。对于一个 TPM 或者一个平台而言,EK 是唯一的,代表着每一个可信平台的真实身份,用于解密所有者的授权数据和与产生 AIK 相关的数据。背书密钥从不用作数据加密和签名。它是平台信任的根基,EK 证书用于证明该平台是可信的。

EK 通常在 TPM 芯片生产过程中产生,目前产生 EK 有 2 种方式:一种是在 TPM 出厂之前由生产商使用 TPM 接口函数生成 EK,然后固化到 TPM 芯片中;另一种是在 TPM 生产过程中引入由外部模块生成的 EK。EK 证书一般是由 TPM 生产商或者可信第三方生成。

2. 身份证明密钥

由于 EK 唯一标识了一个 TPM,为了保证 EK 的安全,EK 的公钥对在 TPM 内部进行硬件保护,同时 TCG 规定需要尽量避免使用 EK。身份证明密钥(AIK)的目的就是代替 EK 来提供平台的证明,可以理解为 EK 的别名。

3. 存储密钥

存储根密钥(SRK)是存储密钥(Storage Key)的一个特例,是拥有最高权限的存储密钥。SRK 的私钥永久性驻留在 TPM 内部,从不被导出 TPM 之外,后续生成的密钥都直接或间接地由该密钥加密保护,它是 TPM 密钥存储体系的根,因此也被称为可信存储根。SRK 在建立 TPM 所有者时产生,因此,当清除 TPM 的所有者时,SRK 也同时被清除,所有被 SRK 直接或间接加密的数据都将无法使用。

4. 签名密钥

签名密钥(Signing Key)是非对称密钥,用于对应用数据和信息签名。签名密钥可以是可迁移或不可迁移的。可迁移密钥能够在 TPM 之间传递,通过迁移密钥传递保密数据。TPM 中的签名密钥都遵循 RSA 签名密钥的标准,它们有若干种不同长度。TPM 能够正确地进行处理的最大密钥长度是 2 048 bit[10]。

5. 绑定密钥

绑定密钥(Binding Key)用于加密保护 TPM 外部的任意数据,通常用于加密小规模数据(如对称密钥),这些数据将在另一个 TPM 平台上进行解密。因此,绑定密钥是可迁移的密钥对。

6. 继承密钥

继承密钥(Legacy Key)是在 TPM 外部生成的,该密钥既可以用于签名也可以用于加密,在用于签名或加密的时候输入到 TPM 内部,这些密钥用在一些需要在平台之间传递数据的场合。

7. 验证密钥

验证密钥(Authentication Key)用于保护运用 TPM 完成的传输会话,也可以用来对多个 TPM 间的传输或者对普通 PC 与装有 TPM 的可信平台间的远程通信的数据段进行对称加密[11]。

2.3 可信平台模块规范

2.3.1 认证

在 TPM 认证系统中,每个 TPM 都能产生一对模长 2 048 bit 的公私钥 EK,而且可信第三方 PCA(私有 CA)也知道 EK,那么如果在需要进行认证的时候,TPM 将再产生一个随机的公私钥 AIK,且 AIK 只有 TPM 本身知道,然后 TPM 用 EK 加密自己的 AIK 公钥,将 AIK 请求发送给 PCA。PCA 收到后,首先判断 EK 是否有效,如果无效,则拒绝。如果有效,那么 PCA 对 AIK 签名,证明该 TPM 确实拥有 AIK。然后 PCA 就可以将该证书发放给需要验证的一方。

可信平台认证的层次结构,包含以下 6 种类型的认证[12]。

1. 一个外部实体证明一个 TPM

担保"其真实性且该 TPM 是符合 TPM 2.0 规范的"。这种认证采取的形式为:嵌入在真实 TPM 内部的一个非对称密钥,以及担保其公钥的一个凭证。实际上,该非对称密钥即为 EK,而凭证为 EK 证书(Endorsement Certificate)。

2. 一个外部实体证明一个平台

担保"该平台包含一个 RTM,一个真实的 TPM,以及 RTM 和 TPM 之间的一条可信路径"。该认证采取的形式为:包含 TPM EK 公钥等信息的一个凭证,担保平台的凭证通常称为平台证书(Platform Certificate)。

3. 一个外部实体(通常称为认证 CA)证明 TPM 的一个非对称密钥对(认证密钥)

担保"一个密钥是由一个身份无法确定但真实的 TPM 所保护,并且该密钥拥有特定的属性",即该密钥来自一个真实的 TPM,但无法确定是哪个 TPM。该认证采取的形式为:包含该认证密钥对的公钥等信息的一个凭证。一个认证 CA 为了生成类型 3 的认证,一般会依赖类型 1 和类型 2 的认证。一个认证 CA 创建的凭证通常称为认证密钥证书(Attestation Key Certificate)。

不过要注意的是,认证 CA 类似 TPM 1.2 中的 Privacy CA,认证密钥类似 TPM 1.2 中的 AIK,认证密钥证书类似 TPM 1.2 中的 AIK 证书。认证 CA 主要是为了保证平台身份的隐私,即不泄露具体的平台信息。

4. 一个可信平台证明一个非对称密钥对

担保"一个密钥是由一个真实的 TPM 保护,该密钥拥有特定的属性,不过也无法确定是哪个 TPM"。该认证采取的形式为：平台 TPM 生成的一个签名，签名的信息是描述该密钥对的信息，签名的密钥为 TPM 保护的认证密钥，需要加上类型 3 的认证来担保该认证密钥。这种类型的认证通常使用命令 TPM2_Certify() 来完成。注意，签名的密钥即认证类型 3 中生成的认证密钥；被签名的密钥，即本类型中生成的密钥对。

5. 一个可信平台证明一个度量

担保"一个特定的软件/固件状态存在于一个平台上"。这种认证采取的形式为：对 PCR 中软件/固件度量值的一个签名，签名使用的密钥是 TPM 保护的认证密钥，需要加上类型 3 或者类型 4 中的认证形式来担保这个认证密钥。这种类型的认证称为"Quote"，通常使用命令 TPM2_Quote() 来完成。

这种认证类型需要注意的是，就算认证类型 5 中用于签名的密钥来自认证类型 4，其还是需要进一步使用类型 3 中的认证来认证类型 4，因此本质上还是借助类型 3 的认证。

6. 一个外部实体证明一个软件/固件度量

担保"一个特定的软件/固件状态"。这种认证采取的形式为：一个凭证，可以担保这样的信息（包含一个度量值及其表示的状态）。[12] 这种认证类型也通常称为第三方证明（Third-party Certification），通常谁发布了软件或者固件，其便可以为其做担保，可以生成关于其软件/固件状态的一个凭证。

总的来说，认证类型 3 和类型 4 需要使用一个密钥对"Shielded Locations（屏蔽区域或者保护区域）"的内容进行签名。一个认证密钥（AK，Attestation Key）是一种特殊类型的签名密钥，对其进行一定限制，可以防止伪造（对外部数据的签名可能与真实的认证数据拥有完全相同的格式）。对 AK 的限制主要是，其只能用于签名 TPM 生成的摘要值。而如何证明 AK 是由一个真实 TPM 保护的呢？只能通过认证类型 3 或者认证类型 4 进行证明。

2.3.2 可信根

可信根也叫信任根，可信根意味着必须无条件相信，一个可信根的行为是否表现为预期行为是无法知道的，不过如何实现可信根是可以知道的。平台厂商可以提供证书，保证可信根按照可信的方式实现。一般需要由资深专家对可信根 TPM 的实现进行评估，厂商给的证书可以标识厂商的身份以及该厂商生产的 TPM 芯片的评估担保等级（EAL，Evaluated Assurance Level）。通用标准（CC，Common Criteria）的 EAL 等级现在分为 7 级，等级越高代表该产品的安全越值得信赖。TCG 的 TPM 规范需要 3 个可信根：度量根（RTM）、存储根（RTS）和报告根（RTR）。该部分将在第 3 章中详细讲解。

2.3.3 认证密钥

认证密钥（AK）是 TPM 中的受保护密钥，主要用于签名，如 TPM2_Certify 和 TPM2_Quote 操作基本都是使用 AK。

1. AK 的使用

TPM 生成的消息总以一个特殊的值（称为 TPM_GENERATED_VALUE）作为消息头。当 TPM 对外部提供的消息进行摘要计算操作时，它首先检查消息的头部，保证其没有 TPM_GENERATED_VALUE 这样的值；摘要计算完成后，TPM 会生成一个票据（ticket），指示该消息并不是以 TPM_GENERATED_VALUE 开头。当一个 AK 用于对摘要值进行签名时，调用者（caller）需要提供票据（ticket），这样 TPM 就可以确定用来生成该摘要值的消息并不是伪造的 TPM 认证数据[13]。

　　注意,票据(ticket)中的摘要值必须与 AK 签名的摘要值一致。如果一个攻击者产生一个消息块,与 TPM 生成的 Quote 完全一致,那么该消息块将以 TPM_GENERATED_VALUE 开头来指示其是一个正确的 TPM Quote。当 TPM 对该消息块执行摘要计算时,其会注意到开头的值为 TPM_GENERATED_VALUE,这样 TPM 就不会为其生成票据(ticket),因此 AK 也不会用于对该摘要值进行签名。类似地,检测 AK 生成的认证消息的实体,必须验证签名的消息以 TPM_GENERATED_VALUE 开头,来确保消息确实是 TPM 生成的 Quote。

　　AK 签名的值可以反映 TPM 状态,不过 AK 也可以用于通用的签名目的。

　　最后,如果一个 AK 无法与其代表的平台进行关联,那么该 AK 提供给远程挑战者的值显然是不够的。这个关联需要使用一个身份证明(Identify Certification)过程才行。

2. AK 身份证明

　　任何能使用 TPM 创建密钥的用户都可以创建一个受限的签名密钥(通常为 AK)。

　　密钥创建者可以要求一个可信第三方,如认证 CA,为该密钥提供一个证书。认证 CA 可以向调用者(caller)请求一些关于该密钥的证据,即证据可以表明正在被认证的密钥确实来自 TPM(即 TPM-resident Key)。

　　要证明该 AK 确实来自 TPM,需要使用同一个 TPM 上已经被证明过的一个其他密钥(该密钥证书之前已经生成)。通常 EK 证书或者平台证书可以提供这个证据。

　　如果一个被证明的密钥可以签名(如 AK),那么其可以用于证明位于同一个 TPM 上的其他对象。这使得新生成的 AK 可以与一个已经被证明的密钥进行关联(TPM2_Certify)。CA 可以使用来自 TPM 的这种证明为新 AK 生成一个传统证书。

　　如果被证明的密钥是一个解密密钥,无法签名(如 EK),那需要使用另外的方法来使得新的密钥或者数据对象能被证明是可靠的。对于这种证明方法,被证明对象的身份以及解密密钥(如一个 EK)的证书被提供给 CA。根据解密密钥的证书,CA 可以确定解密密钥的公钥,然后 CA 为要被证明的对象生成一个条件证书。条件证书是指对证书执行了某个操作(如对称加密)。这个过程生成一个证书限定符(Credential Qualifier),该限定符需要发送给 TPM(包含解密密钥和正在被认证密钥的 TPM)。通用的证书限定符是加密证书的一个对称密钥,证书限定符需要被保护,保护算法会生成一个加密的二进制大对象(BLOB,Binary Large Object)、一个针对该 BLOB 的哈希消息认证码(HMAC,Hash-based Message Authentication Code)以及一个秘密值(只有解密密钥能恢复的秘密值)[14]。

　　TPM2_ActivateCredential()命令可以用来访问证书限定符,TPM 恢复出秘密值并使用其生成能够解密和验证 HMAC 以及加密 BLOB 的密钥。如果证书限定符成功地恢复,被证明的 AK 密钥会被加载到 TPM 中,而且其证书限定符的内容也会返回给调用者(caller)。调用者就可以使用获得的值完成密钥证明。

　　注意,保护证书限定符的过程与密钥导入(Key Import)过程几乎相同,为了防止误用,在密钥恢复阶段需要使用一个特定的值。对于证书限定符,其 KDF 过程使用"IDENTITY"标签,KDF 从一个种子值产生 HMAC 和对称加密需要的密钥。

　　TPM2_ActivateCredential()这个命令还可以将一个证书(或者凭证)与任何对象进行关联。而对于对象属性的选择由 CA 自由裁决。由于该对象的一个唯一标识包含在其完整性哈希值中,TPM 可以强制对对象凭证(credential)的访问,当且仅当对象满足 CA 设定的准则时,才能访问。

2.3.4　保护区域

当 TPM 内部对象的敏感部分不位于 TPM 的屏蔽区域(Shielded Location)时都是被加密的。这种加密无法防止对象被删除,但是可以防止对象泄露敏感部分的信息,不管存储在哪,其都是位于一个保护区域内。

长久保护存储的对象需要加载到 TPM 中使用,创建对象的应用管理把这些长久存储状态的对象转移到 TPM 中。由于 TPM 存储空间受限,不可能同时存下所有应用需要的所有对象。因此,TPM 支持对象上下文环境的交换,通过资源管理器(TRM,TPM Resource Manager)执行,使得 TPM 可以服务多个应用。对象在被发送给 TRM 之前,会被 TPM 进行加密,如果之后某个时间需要这个对象,TRM 会重新加载这个对象的环境到 TPM 中,类似计算机中高速缓存(cache)的行为。[15]

保护区域的加密使用了 TPM 内部的多个种子和密钥,这些种子和密钥不能离开 TPM 存在。其中一类为环境密钥(Context Key),它是一个对称加密密钥,用于加密需要临时移出 TPM 的数据,这样节省 TPM 空间,可以用来加载其他对象的工作集;另一类是主种子(Primary Seed),其永远不会离开 TPM 的敏感值,它是各种存储体系的根,保护各种应用持有的对象。一个主种子是一个随机数,用于生成其他对象的保护密钥,这些对象可能是存储密钥,包含保护密钥,可以进一步保护更多的对象(即树形结构)。主种子是可以改变的,不过一旦改变,其保护的所有对象都会失效。例如,存储主种子(SPS,Storage Primary Seed)[16]创建平台 owner 相关数据的存储体系,当平台 owner 改变时,这个主种子也随之改变。

2.3.5　完整性度量预报告

完整性度量(Integrity Measurement)是信任链构建的过程,它用杂凑函数计算代码的杂凑值,与存储的杂凑值对比,去发现代码是否改变,根据比对结果,系统做出相应的判断。完整性报告(Integrity Reporting)实际上就是基于安全芯片的远程证明过程。

可信度量根核(CRTM)是度量的开始点,它使得平台的初始度量值扩展到 TPM 的 PCR 中。为了让度量有意义,执行代码需要控制其正在运行的环境,使得记录在 TPM 的值可以代表平台的初始可信状态[17]。

重启系统会创建一个环境,该环境中平台是一个已知的初始状态,系统由 CPU 运行来自预设定好初始状态的代码。在这个时间点,该代码拥有对平台的独占控制,其可以对平台固件进行度量。从这些初始度量值开始,一个信任链可以被建立起来。由于每次系统重启,信任链都会被重建一次,而且初始可信状态是无法改变的,因此这种方法通常称为静态度量根(SRTM,Static RTM)。在一些处理器体系下,存在另一种初始化平台的方法。这种方法让 CPU 作为 CRTM,对其度量的内存部分采取保护机制,不用重启平台就可以开始一个新的信任链。因为在这种情况下,RTM 可以动态地重新建立,这种方法也称为动态度量根(DRTM,Dynamic RTM)。SRTM 和 DRTM 都在一个未知的状态下接管系统,并且将系统返回到一个已知的状态。DRTM 的优势在于其不需要重启系统就可以构建信任链。

完整性度量值可以代表平台可信状态任何可能的改变。度量的对象可以是任何有意义的东西,不过通常是"一个数据值、代码、数据的哈希值、对某个代码或数据的签名者的一个标识"。度量根(RTM)获取这些度量值,并将它们使用扩展操作(Extend)记录在 RTS 中。扩展操作使得 TPM 可以在一个相对较小的内存空间中积累(Accumulate)任意数量的度量值。

由于系统状态并不是一成不变的,PCR 不可能形成一个通用的固定值,RTM 会对系统所有独立的度量保持一个日志记录(log),而 PCR 值主要用于确定日志(log)的准确性,而每个日志条目可以被单独地评估,用来决定系统状态变化是否可接受[18]。

完整性报告是向远程方证明记录在 PCR 中完整性度量值的过程。完整性度量、日志和报告背后的原理是,一个平台可以进入任何可能的状态(甚至包含不良或者不安全的状态),但是需要对这些状态进行精确的报告。一个独立的过程可以用来评估完整性状态,并且确定一个合适的响应。

2.4　可信平台模块的应用

2.4.1　虚拟智能卡验证 Token

要求用户记住不同的口令(password)也是一件很烦恼的事情,简单的 password 很容易被猜出,而复杂的 password 用户难以记住。因此,对安全性要求较高的应用,很多都采用多因子认证的方式。典型的例子是双因子认证:something you have(一个硬件 Token),something you know(用户识别码或 password)[19]。如果不同的应用使用不同的 Token,将会增加用户的使用不便,而且对用户也是一笔不菲的开销。

Wave Systems 公司使用 TPM 来设计虚拟的智能卡(Virtual Smart Card)作为验证 Token,构建一个强安全性的双因子认证机制。在总成本上,Wave 比其他领先的 Token 制造公司要节省至少 50% 的成本:Token 或者智能卡需要购买一个额外的硬件,增加了时间和金钱的成本,而 TPM 芯片已经广泛地存在于各种终端设备中,购买和部署的成本都很低;另外,硬件令牌的管理也很麻烦,硬件 Token 丢失或者被偷,大约可以增加 30% 的成本,而 TPM 芯片绑定在主板上,丢失或者被盗的风险很小,除非整机被偷。

Wave 的双因子认证思路为基于 TPM 的虚拟智能卡是一个因子(something you have);用户的 PIN 码是第 2 个因子(something you know)[20]。Wave 使用配套的软件将硬件 TPM 变成一个虚拟智能卡,该智能卡嵌入到平台并且与平台绑定,能提供与传统智能卡相似的功能和相同的使用方式,在达到验证功能的同时,保持用户的使用习惯。

由于 TPM 是国际性的标准,其包含在大部分商业设备中。不管是谁制造了 TPM 芯片,Wave 的虚拟智能卡都能兼容和使用。

2.4.2　磁盘加密

在种类繁多的 TPM 磁盘加密应用中,最熟悉的莫过于 Microsoft 的 BitLocker 加密磁盘了。BitLocker 利用一些系统启动光盘或 U 盘就能进入一个特殊的 Windows PE 环境,从而编辑系统注册表、修改用户账号,甚至获取 NTFS 访问权限,杜绝这种脱机攻击的方法是不让攻击者接触到 PC。Windows 7 企业版及以上版本或旗舰版中的 BitLocker 功能可以保护整个磁盘不被脱机攻击,也不会被 Windows 外的其他任何系统所访问。因为它们将密钥以加密形式保存在 TPM 芯片中,这样一来要启动 Windows 或读取系统里的文件就必须提供 TPM 里的密钥[21]。

Thinkpad T 系列笔记本式计算机都具有受信任的平台模块(TPM 1.2),它们可以搭配

Windows 7 系统提供的 BitLocker 加密功能将其密钥存储在 TPM 芯片中,这样使破解密码更加困难,增强了安全性。通常,BitLocker 使用 128 位密钥的高级加密标准(AES)算法,若要获得更好的保护,可使用组策略或 BitLocker Windows 管理规范(WMI,Windows Management Instrumentation)提供程序将密钥增至 256 位[22]。

普通笔记本式计算机中的指纹识别技术一般是把指纹验证信息储存在硬盘中,而 Thinkpad 中的 TPM 安全芯片则是直接将指纹识别信息置于安全芯片中。安全芯片通过 LPC 总线下的系统管理总线与处理器进行通信,安全芯片的密码数据只能输入而不能输出,即关键的密码加密与解密的运算将在安全芯片内完成,最终只将结果输出到上层。一旦遭到暴力破解,安全芯片就启动自毁功能,这样保证了个人信息资料不会泄密。TPM 安全芯片和笔记本式计算机上的指纹识别模块搭配能达到最高的安全级别,即便是在无尘实验室对磁盘进行暴力拆解,也无法获得有效信息。

2.4.3　文件与密码保护

可信平台模块为文件安全性提供了新的、更可信的保护机制。它利用 TPM 核心的密钥存储和管理思想,借助文件系统过滤驱动技术,使 TPM 安全芯片除能进行传统的开机加密以及对硬盘进行加密外,还能对系统登录、应用软件登录进行加密。如 MSN、QQ、网游以及网上银行的登录信息和密码,都可以通过 TPM 加密后再进行传输,这样就不用担心信息和密码被人窃取。

除此之外,利用 TPM 芯片产生加密解密密钥的功能,能实现快速对文件密码的加密与解密。TPM 出现以前,若用户在存储、管理 BIOS 时忘记了密码,只要取下 CMOS 电池,给 CMOS 放电就清除密码了。如今这些密钥固化在芯片的存储单元中,即便是掉电,其信息也不会丢失。相比 BIOS 管理密码,TPM 安全芯片的实用性、安全性都有大幅度提高。目前,IBM 有一个专门的安全软件 IBM Client Security Software,它配合安全芯片使用,可以对用户的数据进行加密处理。它将密钥通过安全芯片加密后存储在安全芯片中,包括开机密码、硬盘密码、BIOS 密码、指纹信息等都存储在安全芯片中。IBM 通过用户输入问题的答案来恢复磁盘加密密钥,而不是通过生成随机数的方式。该密钥常使用密钥加密密钥(KEK,Key Encryption Key)进行加密,KEK 又由 TPM 来保护。正常使用的时候完全可以不管该密钥,也与安装的操作系统无关,安全芯片不需要任何的驱动程序。然而,一旦用户丢失了系统硬件的密码,如开机密码、BIOS 密码、硬盘密码,由于首先要破解安全芯片,所以就比一般的机器破解难度更高。

2.5　本 章 小 结

可信平台模块(TPM)是可信计算机系统的重要部分,TPM 是一个带密码运算功能的安全芯片,通过总线与 PC 芯片集结合在一起,能提供一系列的密码处理功能。企业拥有了 TPM 的核心计算能力,将对整个 IT 产业链,对经济社会信息化发展进程产生巨大的影响。随着研究的深入相信 TPM 标准将越来越完善。

本章首先介绍了 TPM 及与其相关联的一些概念,TPM 发展进程和 TPM 的模块部件。TPM 符合 TCG 新一代可信计算标准,方案已在微软、英特尔、Dell、IBM 等知名厂商规模商用,广泛应用于服务器、终端等设备;与之相对应的符合中国可信需求的解决方案为 TCM。TPM 1.2 与 TMP 2.0 均为 TMP 的经典规范版本,继而介绍了 TPM 1.2 到 TPM 2.0 的改进与区别。第 2 小节的内容均为 TPM 重要的技术基础,包括非对称加密的 RSA、基于身份的密码体制、密钥的功能分类。第 3 小节从认证、可信根、认证密钥(AK)、保护区域和完整性度预报告 5 个方面介绍了 TPM 规范,最后一节讲述了 TPM 现有的一些应用,包括虚拟智能卡验证 Token、保护密钥与软硬件加密等。

思 考 题

1. 什么是 TPM? 什么是可信计算基?
2. TCG 是什么组织? 最早成立时包括哪些组织?
3. TPM 有哪些部件? 每个部件之间是什么关系?
4. EK 是什么? 说明产生 EK 的方法。
5. 简述 TPM 1.2 与 TPM 2.0 的区别。
6. 什么是 RSA? RSA 大概流程是怎么样的?
7. 可信根是什么? TCG 的规范的可信平台需要哪几个可信根,分别有什么特点?
8. 完整性度量的概念是什么?
9. 简述 CRTM 的概念及特点。
10. TPM 有哪些应用?
11. TPM 因什么特性使其可以快捷且安全地加密文件?

本章参考文献

[1] 维库. 安全芯片[EB/OL]. (2011-03-30)[2018-04-30]. http://wiki. dzsc. com/6481. html.

[2] ISO. Information technology—security techniques—evaluation criteria for IT security—Part 1: Introduction and general model:ISO/IEC 15408-1:1999 [S/OL]. [2018-04-30]. https://www. iso. org/standard/27632. html.

[3] Trusted Computing Group. TPM Library Specification[EB/OL]. (2016-09-29)[2018-04-30]. https://trustedcomputinggroup. org/resource/tpm-library-specification/.

[4] GlobalPlatform. GlobalPlatform Specification[EB/OL]. (2018-01-01)[2018-04-30]. https://www. globalplatform. org/specifications. asp.

[5] CSDN. 可信平台模块(TPM)部件 [EB/OL]. (2014-01-01)[2018-04-30]. https://blog. csdn. net/health747474/article/details/17732771.

[6] 微月信. TPM 1.2 到 TPM 2.0 的变化[EB/OL]. (2014-12-10)[2018-03-30]. http://www. vonwei. com/post/TPMfrom1to2. html.

[7] TCG. TPM main specification:Part 1—Design principles:TPM Main Specification Level 2 Version 1.2, Revision 116 [S/OL]. [2018-03-20]. https://trustedcomputing-

group. org/wp-content/uploads/TPM-Main-Part-1-Design-Principles _ v1. 2 _ rev116 _ 01032011. pdf.

［8］ 宋成. 可信计算平台中若干关键技术研究［D］. 北京：北京邮电大学，2011.

［9］ Diffie W，Hellman M. New directions in cryptography［J］. IEEE Transactions on Information Theory，1976，22(6)：644-654.

［10］ Blaze M，Feigenbaum J，Keromytis A D. Keynote：trust management for public-key infrastructures［C］//International Workshop on Security Protocols. Berlin：Springer，1999：59-63.

［11］ Trusted Computing Group. TPM Library Specification［EB/OL］. (2016-09-29)［2018-03-30］. https：//trustedcomputinggroup. org/work-groups/trusted-platform-module.

［12］ TCG TPM 2.0 规范研读之：可信平台特征-认证［EB/OL］. (2014-12-30)［2018-04-30］. http://www. vonwei. com/post/attestation. html.

［13］ 秦戈，韩文报. 关于可信计算平台模块的研究［J］. 信息工程大学学报，2006，7(4)：341-343.

［14］ 云晓春，方滨兴. 基于部件设计的可靠性研究［J］. 计算机工程，1999，25(5)：6-8.

［15］ TCG. Trusted platform module(TMP)［EB/OL］. (2018-01-01)［2018-04-30］. https：//trustedcomputinggroup. org/work-groups/trusted-platform-modu.

［16］ Sarangdhar N V，Nemiroff D，Smith N M，et al. Trusted platform module certification and attestation utilizing an anonymous key system：9935773［P］. 2018-04-03.

［17］ Shepherd C，Arfaoui G，Gurulian I，et al. Secure and trusted execution：past，present，and future—a critical review in the context of the Internet of Things and cyber-physical systems［C］//Trustcom/BigDataSE/ISPA. Tianjin：IEEE，2016.

［18］ 刘川意，王国峰，林杰，等. 可信的云计算运行环境构建和审计［J］. 计算机学报，2016，39(2)：339-350.

［19］ Jøsang A. A model for trust in security systems［C］//The 2nd Nordic Workshop on Secure Computer Systems. Philadelphia：ACM，1997.

［20］ Poritz J，Schunter M，Herreweghen E V，et al. Property attestation—scalable and privacy-friendly security assessment of peer computers［J］. Biotechniques，2004，27(3).

［21］ 陈小峰，冯登国. 一种多信任域内的直接匿名证明方案［J］. 计算机学报，2008，31(7)：1122-1130.

［22］ 张焕国，覃中平，刘毅，等. 一种新的可信平台模块［J］. 武汉大学学报：信息科学版，2008，33(10)：991-994.

第 3 章

信任链构建技术

可信计算具有度量、存储和报告 3 大基本功能。其中度量功能又是上述 3 大功能的基础。实现度量功能的关键理论和技术是可信计算组织(TCG)所定义的信任链。因此,信任链在可信计算中具有核心基础地位。信任链的建立与传递涉及 3 个基本概念,一是可信根;二是可信传递;三是可信度量。其中,可信根是系统可信的锚节点(Anchor Node),从可信根开始,通过完整性度量和完整性存储技术对代码的可信赖性进行度量和记录,实现信任的链式传递,并最终从可信根扩大到整个系统。之后,利用完整性报告技术实现信任从终端到网络的传递[1]。

3.1 基 本 概 念

3.1.1 可信根

计算机可信根是高可信计算机系统的信任基点,是信任链的核心,也是所有系统行为完整性的测量基础,其自身的高安全性和高性能是整个信任链可信的基础。

TCG 认为一个可信计算平台必须包含 3 个可信根(分别对应可信计算的 3 大基本功能):可信度量根(RTM)、可信存储根(RTS)和可信报告根(RTR)。而可信根的可信性由物理安全和管理安全确保。

(1) RTM 是一个用于生成固有的可依赖的完整性度量值的计算部件,它可以测量任何用户定义的平台配置。RTM 通常被称为 CRTM 的一段代码。在平台启动后,主板上的启动代码 CRTM 是最先执行的、不会变化且可以修改的,所以它是一段可信的代码。随着平台的启动,启动代码通过一种“递归信任”的过程将信任扩展到整个平台。

(2) RTS 完成所有密钥的管理功能,包括密钥管理,密钥产生、加密和解密。RTS 保护数据和密钥,并且这些数据和密钥都是委托给可信平台模块(TPM)的。

(3) RTR 允许受 TPM 保护的区域中的数据可以被验证通过的需求者获取,这些数据包括非易失内存和平台配置寄存器(PCR)。其中 PCR 不仅记录数据被保存的次序,而且还要保存数据,并且这些数据的真实性还需要 RTR 用签名密钥签名证实。

TPM 芯片正是基于这种理念而被定义的,TPM 作为受保护活动的“可信根”,它认为如果从一个初始的“可信根”出发,在平台计算环境的每一次转换时,这种信任状态可以通过传递的方式保持下去不被破坏,那么平台上的计算环境始终是可信的,在可信环境下的各种操作也不会破坏平台的可信,平台本身的完整性得到保证,终端安全自然也得到了保证,这就是信任链的传递机制。

TPM 实际上是一个含有密码运算部件和存储部件的安全芯片,它提供了一系列密码处理功能,如 RSA 加速器、SHA1 算法引擎(Hash:散列算法模块)、RTC(随机数发生器)以及存放密钥等关键信息的 NVRAM 等。这些功能在 TPM 硬件内部执行,只提供 I/O 接口,TPM 外部的硬件和软件代理不能干预 TPM 内部密码函数的执行。

BIOS 是计算机启动最先执行的一段程序代码。它首先是进行加电自检(POST,Power-on Self Test),检测系统中一些关键设备是否存在以及其能否正常工作,例如,内存和显卡设备。然后 BIOS 测试所有内存,检测系统中安装的一些标准硬件设备,包括硬盘、CD-ROM、串口、并口、软驱等。再次,系统 BIOS 将开始检测和配置系统中安装的即插即用设备,同时为设备分配中断、DMA 通道和 I/O 端口等资源。系统 BIOS 的最后一项工作是根据用户指定的启动顺序从软盘、硬盘或光驱启动操作系统。BIOS 代码的执行是计算机系统非常重要的一环,它基本上实现了计算机硬件检测、配置和初始化。正因为 BIOS 是计算启动最先执行的代码,所以它的可信执行是可信计算的基础。幸运的是 BIOS 的发展历史以及 BIOS 生产厂商的信誉,使得 TCG 也认为 BIOS 是可信的,因此在实现可信计算的过程中不对其实施可信验证,它和 TPM 共同构成可信计算机系统的可信根。

3.1.2　可信传递

所谓可信传递,就是可信根确定其下一级功能的可信度。如果下一级通过认证是可信的,则可信范围就从可信根扩大到下一级功能;同样,第二级功能如果确定第三级功能可信,可信范围就扩大到第三级功能,这个过程不断重复。通过可信传递,可以实现系统可信范围的延伸,如图 3-1 所示。

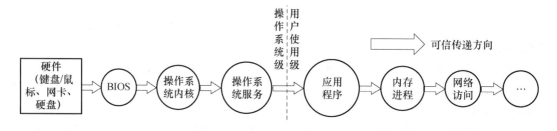

图 3-1　可信传递方向

从硬件级的设备开始,每一级都会对下一级功能进行可信认证,经过 BIOS、操作系统内核、操作系统服务然后进入用户级程序和进程等。只要最开始进行可信传递的硬件设备是可信的,那么只要传递过程的认证等操作没有问题,可信范围就经过这一流程扩大到用户使用的程序,网络连接等,最终使整个系统可信。

3.1.3　可信度量

可信度量就是对代码程序及其相关配置信息进行完整性验证。可信度量是可信计算的基础,即验证程序代码及其相关配置信息的完整性。TCG 给出了可信 PC 中的信任链,这个信任链以 TPM 芯片和 BIOS Boot Block 为可信根,通过可信传递按层级认证以确保整个系统资源的完整性。

可信度量过程的完整性认证分为两个方面。

(1) 完整性基准值的建立。信任链建立过程可分为:①获得可信认证中各个阶段的认证基准值;②把这些基准值存储到安全存储区域中;③为了保证计算机系统启动时的完整性和可信性,在启动过程中如果某些关键文件或软件信息发生更改,需要重新计算可信认证中各阶段的完整性基准值。这一过程发生在系统引导阶段,即从终端加电到操作系统装载;这一阶段 BIOS、操作系统装载器以及操作系统顺序比较固定,是一个单一链式过程,这一过程的可信度量被称为静态可信度量。

(2) 完整性认证,实现可信传递的过程。完整性认证过程是通过对实体认证计算结果和生成的完整性基准值相比较达到的。如果认证失败,说明被认证的实体对象被修改过,而且这种修改没有得到授权,因为得到授权的修改会重新计算完整性基准值。如果认证成功,说明被认证实体完整,没有被篡改,因此可认为该实体可信,可以将信任安全传递到下一级。这一过程的可信度量称为动态可信度量。

3.2　信任链的技术基础

3.2.1　信任链基础理论

理论来源于实践,反过来又指导实践。没有理论指导的实践最终是不能持久的。对于信任链的技术设计和实际使用时所要解决的工程细节问题一定要有成熟的理论支持和指导,因此在这里介绍可信计算实践中的一些可信计算理论和基本模型。

1. 信任链理论模型

对于终端平台,一个完整的系统可信传递过程要从可信根开始,系统控制权顺序由可信的 BIOS 传递到可信 BOOT,再到可信的操作系统(OS)加载器,从可信的 OS 加载器传递到可信的 OS,再从可信的 OS 传递到可信的应用。因此,我们需要建立信任链传递的"层次理论模型",确保信任逐层传递。在此过程中,可信传递从可信根到 OS 具有单一性和顺序性,只要保证了可信根的物理安全、可信传递过程中的时间隔离性和空间隔离性,建立信任链的"层次理论模型"应该是相对容易的。而在信任从 OS 传递到应用的过程中,信任的传递不仅涉及对应用程序的可信动态测量,而且必须考虑主体在应用程序(客体)上的行为是否能危害系统的安全,降低系统环境的可信度。其中的任意一个方面不能保证,信任链都不能传递或在传递过程中会出现损失。

在可信终端信任链的传递理论方面,本章参考文献[2]和[3]提出了从可信根到 OS 启动的可信保证策略。即在最终的运行实体 L_n 和初始的硬件平台 L_0 之间划分若干层次 L_1,L_2,…,L_{n-1},使 L_n 通过 L_{n-1},…,L_2,L_1 层最终能在 L_0 上运行。每一层又由若干模块组成,各层之间只有单向的依赖关系,即高层依赖于低层而低层不依赖于高层。按照这种层次式结构的理想状态,如果 L_0 层是可信的,并且保证低层在将控制权传递给高层前,对高层的可信度进行检查和确认,则信任也是逐层传递的。如果层与层之间保持静态隔离、动态隔离和时间隔离关系,那么可信传递的层次模型就是可以验证的。

目前,关于信任的度量理论与模型有很多,如基于概率统计的信任模型、基于模糊数学的信任模型、基于主观逻辑的信任模型、基于证据理论的信任模型和基于软件行为学的信任模型等,虽然这类理论模型的研究成果数量不算少,但这些理论都仅仅是针对信任的度量,没有涉及信任的传递和损失。在信任链传递过程中的信任损失度量理论方面,几乎还找不到相关的文献,而且这些相关的理论模型还不能直接应用于终端信任链。

2. 软件的动态可信度量理论

可信度量是可信计算的核心,对软件的动态可信度量理论的研究,首先要研究动态测量的软件结构模型和指标体系,以及和软件多维可信属性之间的关系;其次要研究适合该结构模型的编译环境;最后还要研究适合该结构模型的内存分配机制和代码加载机制。国内外对此研究的成果不多。

Jaeger T 等通过引入 CW-Lite 信息流模型[4],依据组件之间的依赖关系,改善了 PRIMA系统。此举使得基于信息流的系统完整性动态度量的研究得到进一步发展。动态度量考虑实体组件运行时的完整性问题。

文献[5]依据软件实体间的信任关系通常随协作的进行而不断变化,提出了一个适用于网构软件的可信度量及演化模型。该模型不仅对信任关系度量过程和信任信息传递及合并过程进行了合理抽象,而且还提供了一种合理的方法,用于促进协同实体间信任关系的自动形成与更新。该模型有助于解决开放环境下网构软件的可信性问题。

文献[6]提出了细粒度系统软件信任链研究,通过逐步扩展的策略,把一维信任链扩展为二维信任链,实现 OS 深度及维度扩展和完整性度量扩展,首先建立细粒度系统软件信任链模型,然后在此基础上建立完的细粒度信任链模型。该模型为实际应用的信任链理论建模确定了可行途径和理论手段,为信任链理论模型的研究建立了重要的基础。

文献[7]结合安全中间件和可信计算模型,在现有的 PC 体系下,提出了一种基于中间件的软件可信保护模型,模型体系如图 3-2 所示。该模型通用性强、易于实现,对于软件可信性保证的研究以及软件可信保护系统的建立具有一定的意义。

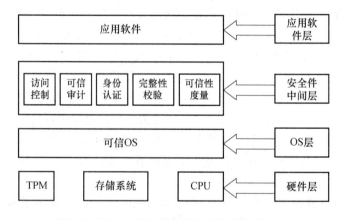

图 3-2 基于中间件的可信软件保护模型体系

一方面,现有的基于软件的动态可信度量理论模型的成果还很少,而且可信软件系统需要得到升级;另一方面,虽然 TCG 给出了可信网络连接和可信计算硬件平台的相关技术规范,但对于可信操作系统、可信应用软件、可信数据库还没有相关的技术规范。只有网络和硬件的可信,没有应用软件、数据库的可信,整个系统的安全性就得不到保证。

3. 基于传递和非传递无干扰的信任链模型[1]

近年来,无干扰模型在可信计算领域得到了广泛的应用。沈昌祥院士领导的研究团队[8-11]利用无干扰模型来分析进程和信任链组件传递的安全性;文献[10]建立了基于传递无干扰理论的信任链模型,并给出了系统 M 可信的基本条件;文献[8]则提出了基于进程的无干扰可信模型,利用传递无干扰研究进程动态运行时的可信性;文献[9]还指出信息流在组成信任链系统的各个安全域之间传递的时候必须是受限的,并提出了一种基于非传递无干扰模型的信任链安全性分析方法;文献[11]提出了一种容忍非信任组件的可信终端模型,通过域间无干扰给出了可信终端应满足的充分条件,尝试解决可信系统中应用非可信组件的问题。

围绕信任链完整性度量的有效性问题,文献[12]提出了一种基于操作无干扰的完整性度量模型,从动态的角度对系统的运行完整性进行度量。针对可信系统应满足的完整性无干扰条件,文献[13]给出了完整性条件下的无干扰模型,将软件动态行为视为原子行为的时序序列,给出软件动态行为在传递和非传递安全策略控制下可信性分析的判定条件。文献[6]认为TCG 描述的信任链是粗粒度的,提出了对 TCG 信任链进行细粒度划分的思路。

如表 3-1 所示,NTCM 模型(Non Interference-based Trusted Chain Model)以 Rushby 无干扰模型中的输出隔离性质和单步隔离性质为基础,描述了可信进程、可信状态和可信传递性质,将 Rushby 无干扰模型的域映射到进程。NITM 模型(Non Interference Trusted Model)则强调了进程间切换时可信验证的重要性,通过 Rushby 的状态机模型对操作完整性和系统完整性传递进行了严格定义,NITM 模型与 NTCM 模型在本质上是相同的,都是从传递无干扰的角度给出了系统 M 运行可信的条件。Rushby 曾指出:传递无干扰只是非传递无干扰的一个特例[14]。基于传递无干扰的信任链理论在实际使用中是受限的。文献[9]则给出了信任链非传递无干扰的条件,更加清楚地体现了 TCG 信任链只能逐层传递,而不能跨层传递的思想。

表 3-1　基于无干扰理论的信任链传递模型

NTCM 模型[10]	NITM 模型[8]	文献[9]提出的模型	TUC 模型[11]
① 系统 M 从可信根开始运行 ② 系统 M 中的进程满足单步隔离性和输出隔离性 ③ 系统 M 满足可信传递性质	① 进程 p 满足单步隔离性和输出隔离性 ② 进程 q 满足可信验证函数 verify(p,q) = true	① 视图隔离系统 M 满足输出一致性,弱单步一致性和局部干扰性 ② 系统域间满足非传递无干扰	① 可信域 D_T 是运行可信的 ② ($N_{10} \subset N_T$) $\wedge$ ($N_{10} \not\subset N_N$) ③ $N_T \cap$ write(D_N) = $\varnothing$

4. 基于可组合安全理论的信任链模型[1]

从保护数据机密性的角度出发,组合安全问题被认为是可信计算的另外一个主要科学问题。可组合安全性最早被 McCullough 在分析组合系统安全性时提出[15],单个组件是安全的,组合之后的系统也会出现不满足既定的端到端的安全属性的情况。

信任链组合系统不应出现直接或间接的信息泄露。要获得一个组合安全系统的构成需要对组合算子进行扩展,以便将两个系统通过并行方式进行语义操作,并同步内部互补动作。Focardi 等[16]提出使用并行算子和限制算子来实现安全进程代数中组合算子的功能。

针对静态可信度量根(SRTM)和动态可信度量根(DRTM)的信任链形式化建模和证明问题,Deepak[17-18]提出了基于协议组合逻辑和线性时序逻辑的形式化框架(LS^2, Logic of Secure System),用于对可信系统的架构层和实现层进行建模和分析,LS^2 包括标准的进程演算原语和强制性构造语句,对可信系统的描述更加接近实际系统。针对可信计算信任链系统接口层的抽象问题,Deepak 还对 rely-guarantee 推理进行扩展并提出了 assume-guarantee 推理[19],基于并发编程逻辑和迹语义对可信系统的机密性、完整性和认证性等安全属性进行了描述和推理。文献[20]给出了基于扩展 LS^2 的可信虚拟平台可信传递模型。Delaune 则针对 PCR 的扩展机制进行了理论分析[21]。

策略不可推断模型(NDS,Non Deducibility on Strategies)[22]提出了一类很强的可组合安全策略。NDS本质上强调了低安全级进程无法从视图中推断出高安全级进程的运行策略。文献[23]提出的可组合的强互模拟不可推断模型(SBNDC,Strong Bisimulation Non Deducibility on Composition)表示从低安全级进程的观察中得不到任何高安全级的信息。NDS和SBNDC都是无干扰理论的扩展和延伸,属于模型检验方法。与NDS和SBNDC模型相比,LS^2模型更侧重系统的严格时序性建模,但缺乏对信息流安全属性的定义。

3.2.2 信任链构建分类

在终端PC上,通过可信认证进行可信传递包括两个过程:一个是从终端加电至操作系统装载的静态可信认证,这种方式构建的是静态信任链;另一个是从操作系统至应用程序的动态可信认证,这种方式构建的是动态信任链。

1. 静态信任链

静态信任链是指从平台加电启动开始构建,以CRTM为可信根,经过BIOS、BootLoader、操作系统、应用程序等将可信性传递到整个系统的信任链机制。静态信任链以平台启动为起点,以平台停止为终点,包含了整个平台运行过程中所有载入并执行的程序。因此,静态信任链代表了平台完整的状态切换过程,为整个平台可信性提供判断依据。

所谓"静态"是指平台的一次运行对应于一个信任链,一个起点一个终点。平台运行中只能向下一级扩展信任链,无法重建、回溯。这种特性一方面确保恶意程序无法攻击信任链,无法通过重置、回溯手段篡改信任链。另一方面,一旦平台进入不可信状态,从信任链角度,平台以后所有的状态都是不可信,因为信任的传递中断了。并且即使通过杀毒、修复等手段清除了不可信因素,平台也将无法回到一个可信状态,这是静态信任链天生具有的局限性。

最初的TPM 1.1规范只支持静态信任链。TPM 1.1版的芯片共有16个PCR,这些PCR不仅具有安全存储的特性,而且只有在加电启动时才会被初始化为0,其他任何时候都不能被重置。这就满足了静态信任链不能重建和回溯的特性,因此其又被叫作"静态"PCR。并且,为了区分平台的各个模块,不同的PCR保存不同的模块的完整性。例如,PCR[0~7]这8个寄存器被用作保存操作系统启动前的信任链。每当某PCR被执行操作时,相应的完整性散列值会被同时保存在一个信任链列表中,这样验证者就能够知道各PCR值是如何来的,各PCR的用途如表3-2所示。

表3-2 PCR用法定义

PCR	功能描述
0	CRTM,BIOS和平台扩展
1	平台配置
2	ROM代码(可选)
3	ROM配置和数据(可选)
4	初始化装载代码(通常为主引导区)
5	初始化装载代码配置和数据
6	状态转换
7	保留

具体来说各个 PCR 值的完整性来源如下。

① CRTM 首先度量自己代码的完整性,将散列值扩展到 PCR0,然后度量 BIOS 的加电自检代码,包括厂家控制的嵌入式可选 ROM 和平台固件等主板的其他需要执行的程序代码。

② BIOS 执行过程中度量所用到的所有平台相关配置信息,包括硬件组件和配置方式,将散列值扩展到 PCR1。

③ 保存在非主平台适配器上的可选 ROM 被 BIOS 度量,散列值扩展到 PCR2。这些可选 ROM 中的一些对 BIOS 可见,另外一些利用了分页或者其他技术载入到内存,这部分代码由可选 ROM 在调用之前进行度量,一并扩展到 PCR2。

④ 类似 PCR1,可选 ROM 所使用的配置信息等数据,由可选 ROM 自己在使用前度量并扩展到 PCR3。例如,SCSI 控制器的磁盘配置信息。

⑤ 如果引导程序(IPL)从各种 ROM 代码返回到 BIOS,则 IPL 代码以及其载入的后续代码都要被度量并扩展到 PCR4。

⑥ IPL 所使用的配置信息等数据,由 IPL 在使用前度量并扩展到 PCR5。还有部分保存在 IPL 代码中的静态信息由 BIOS 来度量并扩展到 PCR5。

⑦ 当平台操作系统从启动或者休眠过程中恢复时,相关代码和数据在使用前要被度量并扩展到 PCR6。

⑧ PCR7 预留给平台生产商使用,那些运行在操作系统前的厂商定制程序可以使用该 PCR。

2. 动态信任链

由于静态信任链不能重置和回溯,在其链状的调用关系中,前面的所有程序都是后面程序可信的可信计算基(TCB)。如果任意程序不可信,整个平台都处于不可信状态。不仅如此,静态信任链有两个公认的缺点:①只能保证加载时软件的完整性,无法保证运行时的完整性,无法抵御运行时的攻击;②软件数量巨大并且具有不同的版本,需要巨大的特征数据库支持。而众所周知,防范软件攻击的主要手段是隔离,但因为软件的相关性导致不可能实现完全隔离,且内核中不存在隔离环境。因此,如果在必要的通信过程中,恶意程序破坏了内核,那么由内核提供隔离保护的其他程序也会受到攻击。

为了加强程序隔离,处理器厂商提出了通过硬件辅助加强隔离机制。例如,Intel 的可信运行技术(TXT),利用硬件(CPU、芯片)和软件(DRTM、虚拟化)技术防范软件攻击,主要目的是保证虚拟机操作系统(动态操作系统)的安全运行。DRTM 不依赖物理平台的重新启动就可以重置可信链,先创造一个由硬件保证的可信环境,再启动目标操作系统。其主要是通过强化的内存隔离机制,创造一个相对独立的执行环境,外部的不可信因素无法访问。例如,Intel 的 TXT 技术和 AMD 的 SVM 技术,当接收到一条硬件指令(SKINI-T、GETSEC)后,就禁止直接内存读取(DMA,Direct Memory Access)访问某个内存空间,并且关闭中断、禁止 debug,然后可信度量并执行某个保护在该内存空间中的程序,程序的堆栈空间同样分配在这个被隔离的空间中。如此便可以保证程序的安全运行。其具体的过程如图 3-3 所示。

首先,应用程序调用 CPU 的 DRTM 指令(SKINI-T、GETSEC)并指明要进行保护的内存空间地址。CPU 禁止 DMA 访问该内存地址段、禁止中断和 debug 命令。将程序载入 CPU 缓存并锁定缓存防止其中程序代码被篡改。然后设置 PCR[17～20]的值为 −1,这些又被叫作动态,除因为其用于构建动态可信任链外,还因为它们的值是可以在平台运行时被反复重置的。将缓存中的程序代码发送到 TPM 进行度量并扩展完整性到 PCR17。前面的各项保护措施就是为了完成程序的可信度量。

一旦程序被可信地载入内存并被可信度量,恢复设备状态,运行敏感代码或者载入并度量运行新的代码,将完整性分别扩展到 PCR[17~20],直到程序结束退出保护状态,也就是恢复 DMA、开启中断和 debug。

DRTM 机制的一个优点就是缩小了 TCB,即使操作系统不可信,得益于硬件实现的隔离机制,敏感代码也能够被安全运行。然而,DRTM 依赖的某些特性,如 Intel CPU 需要支持 TXT,而 AMD CPU 则需要支持 SVM 却成为一种限制。这种限制是动态信任链构建的一个障碍,但随着技术的发展,计算机架构和芯片技术的更新换代,这类问题迟早会被解决。

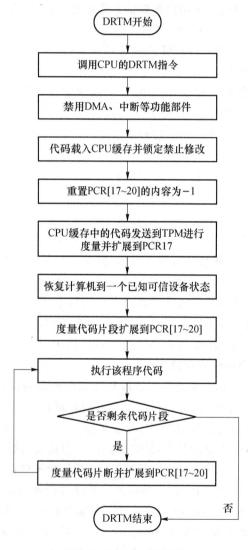

图 3-3　DRTM 工作流程

3.3　信任链的应用

3.3.1　技术方案

1. TCG 方案

如图 3-4 所示[24]，TCG 制定的可信计算规范通过硬件实现的可信根来建立信任链，以 TMP 和 BIOS 启动模块(BIOS Boot Block)为可信根，将 CRTM 作为起点。CRTM 可以认为是引导 BIOS 的程序，是一段简单可控的代码模块，认为是绝对可信的。具体过程为：

① 启动计算机，开始运行 CRTM；

② CRTM 开始度量 BIOS 的完整性，并保存其度量基准值，随后把控制权交给 BIOS；

③ BIOS 随即初始化，并开始度量主引导区的完整性，保存度量基准值，装入主引导区，随后把控制权交给主引导区；

④ 主引导区度量 OS 加载器的完整性，保存度量基准值，装入 OS 加载器，随即把控制权交给 OS 加载器；

⑤ OS Loader 度量 OS 的完整性，保存度量基准值，装入 OS，随即把控制权交给 OS；

⑥ OS 度量 Application 的完整性，保存度量基准值，装入 Application，随即把控制权交给 Application；

⑦ 应用软件 Application 运行。

如此以逐级度量，逐级信任的方式传递信任链，从根本上保证了计算机系统的安全。

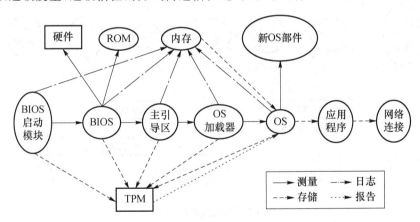

图 3-4　TCG 的信任链传递方案

尽管 TCG 的这种信任链传递模型能保证一定的可信性，但仍存在一些不足之处。

(1) 信任链较长。信任链越长，信任的损失就可能越大。

(2) 计算量大。信任度值采用迭代计算 Hash 值的方式获得，这样导致在信任链中加入或删除一个部件及软件更新，PCR 值都得重新计算。

(3) 实现技术薄弱。RTM 是一个软件模块，存储在 TPM 之外，容易受到恶意攻击。

2. 第三方测试方案

如图 3-5 所示[25]，第三方信任链技术方案以可信平台模块芯片和第三方测试模块为可信根,采用第三方的测试模块,而 TCG 采用 BIOS Boot Block 作为测试模块。第三方信任链技术方案与 TCG 方案的主要不同点在于测试模块发生了变化。拥有计算机核心技术的跨国公司一般都采用 TCG 方案。但大多数国家没有计算机核心系统软件技术,无法采用 TCG 方案,它们在设计可信平台模块和可信平台的测试模块时都可以采用第三方的测试方法。

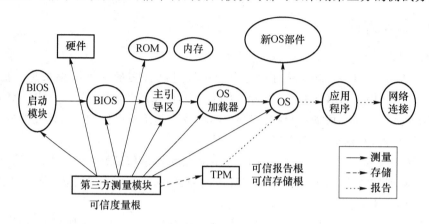

图 3-5　第三方的信任链传递方案

3. 多代理扩展方案

多代理扩展方案如图 3-6 所示[25]。

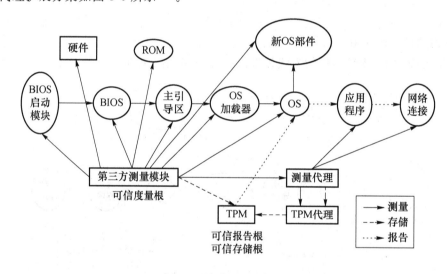

图 3-6　多代理扩展方案

这种信任链技术方案也是以可信平台模块芯片和第三方测试模块为可信根。其主要不同点在于对网络应用和本地应用进行测试时增加了可信平台模块代理和测试代理,工作原理与前两种方案基本相同。前两种方案在报告和测试的方法上会遇到一些选择问题,这种选择的困难表现在报告服务集中模式和可信测试上。多代理扩展方案是这样的方案:当芯片测试控制在操作系统以内时,报告根和测试根委托的代理可以实现所有的应用系统。

4. 3 种方案的比较

表 3-3 是对 TCG 方案、第三方测试方案和多代理扩展方案的比较[25]。

表 3-3　3 种方案的比较

	可信度量根	可信报告根	可信存储根	可扩展性	使用范围
TCG 方案	TPM	TPM	TPM	一般	拥有计算机核心技术的跨国公司的安全方案
第三方测试方案	第三方测量模块	TPM	TPM	较好	大多数国家的安全方案
多代理扩展方案	第三方测量模块，测量代理	TPM，TPM 代理	TPM	好	跨国公司、大多数国家和中小企业的安全方案

3.3.2　应用系统

信任链应用系统从实现上分为静态信任链系统和动态信任链系统，后者更多地被用于构建可信云计算平台。基于平台架构的攻击对信任链系统具有较大的破坏作用。现有的信任链应用系统在具体实现与规范说明之间存在较大差异[1]。

1. 基于静态可信根的信任链应用系统

国内外众多学者在信任链应用系统方面进行了不懈努力，出现了一些具有代表性的基于静态可信根的信任链应用系统，如 TrustedGRUB 系统、完整性度量架构 IMA[26]、Dadi 云计算基础设施安全系统[27]、ISCAS 信任链系统[28]等。表 3-4 给出了前 3 种静态信任链应用系统的对比说明。

表 3-4　3 种静态信任链应用系统对比

静态信任链应用系统	先进性	局限性
TrustedGRUB	① 支持第 1 代 GRUB 信任链传递的系统 ② 支持对用户指定的任意文件进行完整性度量	① 不支持第 2 代 GRUB ② 过于依赖 INT 1A 终端提供的可信计算服务，存在着 BIOS 攻击安全问题
IMA	① Linux 下的完整性度量架构，将信任链拓展至操作系统和应用程序 ② 支持对 Linux 内核模块、可执行程序、动态链接库和脚本文件的完整性度量	① 加载时刻度量，不能精确反映程序的运行时刻行为 ② 需要完全信任软件度量列表，缺少可信第三方验证
Dadi	① 支持第 1 代 GRUB 全信任链度量的系统可创建软件层的 SML ② 信任链可传递至 Xem 和 VM	对 GRUB 的全信任链度量存在着和 TrustedGRUB 系统类似的安全隐患

除上述系统外，也出现了其他信任链应用系统。如在移动终端中得到实际应用的星型信任链系统，IBM 研究人员设计实现的 TPod 可信引导、GNU 组织实现的可信启动补丁等。

2. 基于动态可信根的信任链应用系统

Kauer 针对 SRTM 存在的安全问题，提出了 OSLO(Open Secure Loader)方案，使用 DRTM 来缩短信任链并简化 TCB[29]，通过增加 SKINIT 指令来实现对启动过程进行认证，使用 SKINIT 指令来创建 DRTM，替代了基于 BIOS 的 SRTM 和信任链。Kauer 还开发出了针对 AMD 处理器的原型系统，对多重引导器中的所有引导模块进行度量，并通过 locality2 将度量结果存储到 PCR19 中。McCune 提出了 Flicker 保护框架[30]，该框架不需要信任 BIOS、OS

以及支持 DMA 的设备,TCB 仅包含了 TPM、芯片组、CPU 和 PAL,并保证 PAL 被执行在一个完全隔离的环境,提供细粒度的代码执行证明。Intel 开发了可信启动系统 tboot,与普通的 Linux 度量过程不同的是,tboot 在度量 Linux 内核之前度量 Xen 的完整性。这 3 种动态信任链应用系统之间的对比如表 3-5 所示。

表 3-5 3 种动态信任链应用系统对比

动态信任链系统	先进性	局限性
OSLO	① 实现动态完整性度量的系统,支持 AMD 平台,简化后的 TCB 不需要包含 BIOS 和 BootLoader ② 可防范 BootLoader 攻击、TPM 重启攻击和 BIOS 攻击 ③ 支持 DMA 保护和创建 ACPI event-log	仅对于 Linux 多重引导器的认证启动
Flicker	① 在 BIOS、OS 和 DMA 设备都不可信的情况下,仍然可以保证敏感代码执行的隔离安全 ② 相比 OSLO 的 TCB,Flicker 实现了最小化 TCB	① 需要应用开发人员提供 PAL,并定义 PAL 与应用之间的接口 ② 需要 Linux 内核中增加额外的 flicker module
tboot	通过 Intel TXT 技术度量内核或虚拟机监视器,比传统 GRUB 启动更加安全	预存在 chipset 中的公钥杂凑值难以更换,认证代码模块只能在特定平台上运行

3. 信任链远程证明技术

远程证明是指外部用户对平台的保护能力、隔离区域及平台可信根进行验证,实现对信息准确性进行保证的过程。通俗地讲,远程证明就是可信计算平台为证明平台的可信性向挑战者报告平台配置信息,挑战者对接收到的平台配置信息进行验证的过程。

远程证明的实现有两个关键步骤:可信计算平台提供的证据和证据到达挑战者的过程是可信的;挑战者具有合理的证据评估机制。

(1)证据可信性保证

在进行远程证明时,必须要确保用于远程证明的证据生成到验证之间的所有路径都是可信的,防止证据被伪造或者篡改,否则度量得到的结果就是不可信的,不能作为评测依据。要想保证证据的可信性,应该存在如图 3-7 所示的证据的可信传递路径。

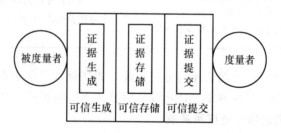

图 3-7 证据的可信传递路径

证据的可信传递路径包括证据的可信生成、可信存储和可信提交。

① 证据的可信生成:证据的生成源是可信的,即证据的生成源是没有遭受未授权修改的。

② 证据的可信存储:证据生成后能够得到可信的存储,以防受到未授权的修改,也就是保

证证据的完整性。

③ 证据的可信提交：证据从可信的存储区域通过可信的传送路径发送给挑战者，即保证证据在传送过程中也是可信的。

需要注意的是，证据仅供远程证明可信性度量使用，可公开但不能修改。

（2）度量可信性保证

要想实现度量的可信性，首先要明确可信的概念。信任是在某个相对安全可靠的上下文中，尽管可能存在不良后果，主体仍然认为其他主体能够按照预定方式执行某些动作的可度量的信念。只有信任的程度达到一定的标准才能够被挑战者接受，所以可以将可信问题转化为对信任进行度量并判断是否满足预定条件的问题。

为了对信任进行度量，必须对其清晰地定义出度量的需求，然后根据需求制定出相应的度量目标，根据目标细化出度量的内容，根据度量的内容制定度量机制，根据实际的度量内容给出度量的结果，因此可信度量流程如图 3-8 所示。

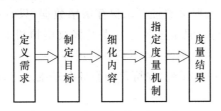

图 3-8　度量流程模型图

4. 云计算环境下的信任链应用系统

云服务的推广使用需要云计算的可信性[31]。但云计算提供给用户（Tenant）的运行环境是以虚拟机作为载体的[32]，用户的运行环境和数据都存放在云端，从而失去了对物理环境的直接控制，云计算是否可信是云服务需要面对的重要问题。若要保证用户使用的云服务是可信的，则面临以下两个问题。

（1）在云计算模式下，控制权在云提供商（Cloud Provider）和用户之间进行了分割。云提供商单方面申明可信很难让用户信服。所以用户运行环境的可信性，对于用户或独立第三方而言应该是可验证的。云提供商为了吸引潜在用户，也倾向于证明自己是可信的。然而，用户以虚拟机终端远程连接虚拟机进行管理和使用，或管理运行在云提供商的平台之上的程序或任务，其对运行虚拟机的物理硬件或云平台信息的了解是有限的，更很难知晓云平台是怎样组织和实现的。

（2）传统的可信计算技术利用可信任基和可信任链（Trusted Chain），通过审计验证可保证服务器的启动过程是安全可信的。但云计算面临的问题在于：用户的运行环境以虚拟机为载体，但仅仅保证服务器的可信启动是不够的，还要保证虚拟机运行环境安全可信，没受到恶意篡改或窃听。解决此问题的一种方法是扩展可信任链，将其扩展到虚拟机内部，如 vTPM（virtual Trusted Platform Module）[33]。然而，扩展可信任链的方法基于一个基本假设，即所有在用户环境中安装的内核模块和应用程序都需要事先指定并已知其执行代码的完整性信息（多是对内核或应用程序的执行代码计算其 Hash 摘要值），但实际上这是不现实的。

构建可信的云计算运行环境，目前主要有两种方式。

（1）第一种方式是从虚拟机管理器出发，设计可信虚拟机管理器（TVMM，Trusted Virtual Machine Monitor），把虚拟机管理器作为 TCB，然后扩展可信任链，将其扩展到虚拟机内部。

Terra 系统[34]在可信的虚拟机管理器上运行不同的虚拟机系统,使得不同应用程序的运行环境也不相同。该系统由 Garfinkel 等[34]在非开源商用虚拟机管理器 VMware GSX 上设计实现,不利于推广。

私有虚拟架构(PVI,Private Virtual Infrastructure)是一种新的策略管理与安全模型,由 Krautheim[35]主要针对云计算提出,这种管理与安全模型通过划分云计算中服务提供商和客户的安全责任,降低了各自的安全风险。

Khan 等[36]利用 Eucalyptus 云平台,通过远程验证虚拟机(VM,Virtual Machine)尤其是存储控制器(SC)的完整性来保证与虚拟机绑定的虚拟存储环境也是可信的。这种可信计算机制不考虑对用户数据的保护,并且由于数据的动态变化,从而该机制无法真正保护数据的完整性、隐私性等。

Cheng 等[37]基于 Xen,在假定云服务提供商不可信的前提下,设计和实现了一种可信的虚拟机运行平台。用户可以按照完整性要求保存敏感数据,只有用户信任的程序才能访问敏感数据,并提供内存保护机制。但是这种方案需要修改虚拟机监控器(VMM,Virtual Machine Monitor),故带来很高的复杂性,且不具有通用性。

(2)第二种方式是扩展可信任链,在可信的服务器基础之上,将可信任链扩展到虚拟机内部,如 vTPM。

Berger 等[33]通过 Xen 虚拟机管理器,利用硬件虚拟化技术在虚拟化平台上为每个虚拟机创建一个虚拟的 TPM 实例,在 dom0 端通过虚拟 TPM 管理器管理虚拟机中虚拟的 TPM 实例,并响应其发出的请求。

Stumpf 等[38]通过硬件 TPM 复用的方式,在硬件 TPM 上为每个虚拟机构建各自不会相互干扰的 TPM 使用环境。这种方式使机制关系非常复杂,可信任链加长。

England 等[39]采用虚拟机共享 TPM 的方式,通过修改虚拟机管理器实现,导致可信任链较长,其验证比较烦琐。Kursawe 等[40]指出设计和实现 TPM 应尽量简单,认证方式不能过于复杂。他们重新定义可信边界,设计和实现了 μTPM,降低了使用的复杂度,并且支持不同的运行环境。但这种方式中部分数据容易暴露 μTPM 的硬件信息,如远程认证签名数据。

3.4 本章小结

现阶段对信任链传递研究越来越广泛,其亟待研究的领域包括以下两个方面。

1. 信任链传递理论基础研究

① 信任链理论。信任的传递理论与模型,信任传递的损失度量等。

② 可信性的度量理论。信任的属性与度量,动态可信应用软件、可信数据库的技术规范,软件的动态可信性度量理论与模型等。

2. 信任链传递技术研究

① 信任链技术。信任的传递方式,完整的信任链和信任的延伸等。

② 信任的可信度量认证。包括静态可信度量认证机制和动态可信度量认证机制,信任的度量、存储和报告机制,软件动态可信测量等。

可信计算是解决信息安全问题中一种新思路的代表,提出了实施主动防御的策略,从计算机终端来保证信息安全的源头。可信根和信任链是可信计算方法思想的基础和灵魂,信任链传递是可信计算技术的基本问题。如果信任链理论与技术能够得到较深入的研究,那么可信计算技术就会得到较大的发展。可信计算技术是一种行之有效的信息安全技术。可信计算机与普通计算机相比,安全性大大提高,但可信计算机也不是百分之百安全的。

思　考　题

1. 什么是信任链? 信任链有哪几个基本概念?

2. 可信根有哪几种,分别有什么作用?

3. 信任链在可信计算环境中的作用?

4. 信任链是如何传递信任的?

5. 静态信任链的认证运行在系统运行的什么阶段?

6. 为什么在有了静态可信认证的技术后还要进行动态可信认证? 动态可信认证如何保证信任链的可信?

7. 目前的信任链的实现方案有哪些? 各自的使用场景和局限是什么?

本章参考文献

[1]　徐明迪,张焕国,张帆,等. 可信系统信任链研究综述[J]. 电子学报,2014,42(10):2024-2031.

[2]　蔡谊. 支持可信操作平台的安全操作系统研究[D]. 武汉:海军工程大学,2005.

[3]　谭良. 可信操作系统若干关键问题的研究[D]. 成都:电子科技大学,2007.

[4]　Jaeger T,Sailer R,Shankar U. PRIMA:policy-reduced integrity measurement architecture[C]// Eleventh ACM Symposium on Access Control Models and Technologies. Lake Tahoe:ACM,2006:19-28.

[5]　王远,吕建,徐锋,等. 一个适用于网构软件的信任度量及演化模型[J]. 软件学报,2006,17(4):682-690.

[6]　石文昌,单智勇,梁彬,等. 细粒度信任链研究方法[J]. 计算机科学,2008,35(9):1-4.

[7]　蔡增玉,甘勇,刘书如,等. 一种基于中间件的可信软件保护模型[J]. 计算机应用与软件,2010,27(2):71-72.

[8]　张兴,陈幼雷,沈昌祥. 基于进程的无干扰可信模型[J]. 通信学报,2009,30(3):6-11.

[9]　张兴,黄强,沈昌祥. 一种基于无干扰模型的信任链传递分析方法[J]. 计算机学报,2010,33(1):74-81.

[10]　赵佳,沈昌祥,刘吉强,等. 基于无干扰理论的可信链模型[J]. 计算机研究与发展,2008,45(6):974-980.

[11]　秦晰,常朝稳,沈昌祥,等. 容忍非信任组件的可信终端模型研究[J]. 电子学报,

2011，39(4)：934-939.

[12] 邱罡，王玉磊，周利华. 基于无干扰理论的完整性度量模型[J]. 四川大学学报：工程科学版，2010，42(4)：117-120.

[13] 张帆，陈曙，桑永宣，等. 完整性条件下无干扰模型[J]. 通信学报，2011，32(10)：78-85.

[14] Rushby J. Noninterference，transitivity，and channel-control security policies[M]. Menlo Park：SRI International，2005.

[15] McCullough D. Noninterference and the composability of security properties[C]// 1988 IEEE Symposium on Security and Privacy. Washington DC：IEEE，1988：177-186.

[16] Focardi R，Gorrieri R. Classification of Security Properties[J]. Journal of Computer Security，1995，3(1)：5-33.

[17] Datta A，Franklin J，Garg D，et al. A logic of secure systems and its application to trusted computing[C]// IEEE Symposium on Security and Privacy. Washington DC：IEEE Computer，2009：221-236.

[18] Garg D，Franklin J，Kaynar D，et al. Towards a theory of secure systems[R]. Pittsburgh：Carnegie Mellon University，2008.

[19] Garg D，Franklin J，Kaynar D，et al. Compositional system security in the presence of interface[C]//Conference on Mathematical Foundation of Programming Semantics. [S. l.]：[s. n.]，2010：49-71.

[20] 常德显，冯登国，秦宇，等. 基于扩展 LS^2 的可信虚拟平台信任链分析[J]. 通信学报，2013(5)：31-41.

[21] Delaune S，Kremer S，Ryan M D，et al. Formal analysis of protocols based on TPM state registers[C]// IEEE 24th Computer Security Foundations Symposium. Cernay-la-Ville：IEEE，2011：66-80.

[22] Wittbold J T，Johnson D M. Information flow in nondeterministic systems[C]// IEEE Computer Society Symposium on Research in Security and Privacy. Oakland：IEEE，1990：144.

[23] 徐明迪，张焕国，赵恒，等. 可信计算平台信任链安全性分析[J]. 计算机学报，2010，33(7)：1165-1176.

[24] 左双勇. 信任链传递研究进展[J]. 桂林电子科技大学学报，2010，30(4)：320-325.

[25] 谭良，徐志伟. 基于可信计算平台的信任链传递研究进展[J]. 计算机科学，2008，35(10)：15-18.

[26] Sailer R，Zhang X，Jaeger T，et al. Design and implementation of a TCG-based integrity measurement architecture[C]// Conference on USENIX Security Symposium. San Diego：USENIX Association，2004：16.

[27] 张焕国，赵波. 可信计算[M]. 武汉：武汉大学出版社，2011：184-193.

[28] 冯登国. 可信计算——理论与实践[M]. 北京：清华大学出版社，2013：135-138.

[29] Kauer B. OSLO：improving the security of trusted computing[C]// USENIX Security Symposium. Boston：USENIX Association，2007.

［30］ McCune J M，Parno B J，Perrig A，et al. Flicker：an execution infrastructure for TCB minimization［C］//ACM SIGOPS Operating Systems Review. New York：ACM，2008，42(4)：315-328.

［31］ 刘川意，王国峰，林杰，等. 可信的云计算运行环境构建和审计［J］. 计算机学报，2016，39(2)：339-350.

［32］ Armbrust M，Fox A，Griffith R，et al. Above the clouds：a berkeley view of cloud computing［R］. Berkeley：University of California，2009.

［33］ Berger S，Cáceres R，Goldman K A. vTPM：virtualizing the trusted platform module ［C］//15th Conference on USENIX Security Symposium. Vancouver：USENIX Association，2006：305-320.

［34］ Garfinkel T，Pfaff B，Chow J，et al. Terra：a virtual machine-based platform for trusted computing ［C］//ACM SIGOPS Operating Systems Review. New York：ACM，2003：193-206.

［35］ Krautheim F J. Private virtual infrastructure for cloud computing［C］//2009 Conference on Hot Topic in Cloud Computing. San Diego：ACM，2009.

［36］ Khan I，Rehman H，Anwar Z. Design and deployment of a trusted eucalyptus cloud ［C］// 2011 IEEE International Conference on Cloud Computing. Washington DC：IEEE，2011：380-387.

［37］ Cheng G，Jin H，Zou D Q，et al. Building dynamic and transparent integrity measurement and protection for virtualized platform in cloud computing［J］. Concurrency and Computation：Practice and Experience，2010，22(13)：1893-1910.

［38］ Stumpf F，Eckert C. Enhancing trusted platform modules with hardware-based virtualization techniques［C］//2008 Second International Conference on Emerging Security Information，Systems and Technologies. Washington DC：IEEE，2008：1-9.

［39］ England P，Loeser J. Para-virtualized TPM sharing［C］//International Conference on Trusted Computing and Trust in Information Technologies：Trusted Computing—Challenges and Applications. Berlin：Springer，2008：119-132.

［40］ Kursawe K，Schellekens D. Flexible μTPMs through disembedding［C］//4th International Symposium on Information，Computer and Communications Security. Sydney：ACM，2009：116-124.

第 4 章

可信软件栈

在整个可信计算平台(TCP)体系中,可信平台模块(TPM)是可信根,由信任链把信任关系从可信根扩展到整个可信计算平台,是可信计算的基本思想[1]。可信软件栈(TSS)为上层的可信计算应用提供访问 TPM 的接口。可信计算组织(TCG)的 TSS 技术规范[2]给出了 TSS 的设计体系结构和接口定义,这成为众多厂商在可信计算平台上实现 TSS 的依据。根据 TSS 在可信计算平台中的地位及作用,本章首先系统地介绍了 TSS 的基本定义和体系结构;然后详细介绍了 TSS 各层模块的功能及接口实现;接下来分析一个开源的 TSS 实现——TrouSerS;最后以实例来分析 TSS 在远程证明和数字版权管理(DRM,Digital Rights Management)签名验证中的应用过程。

4.1　TCG 软件栈

在整个可信体系中,整体平台的可信根是 TPM,通过信任链从可信根分别逐级地传输给了 BIOS、可信计算应用环境以及操作系统。但由于自身原因,TPM 芯片的计算能力以及所存储的资源都是很有限的,它不能独自实现可信计算的全部功用,必须借助于 TSS。TSS 能够为位于上层的可信计算应用程序提供访问 TPM 的接口服务,还可以管理 TPM。所以,从协调软硬件协同的视角来分析,硬件平台除配置 TPM 芯片设施、TPM 芯片外,同时还应提供相关的软件支持,如设备驱动、设备应用接口等。

文献[3]给出了 TSS 的定义:TSS 是可信计算平台中对 TPM 的支撑软件,为应用程序访问 TPM 提供支持,并能对 TPM 进行管理。根据 TSS 在嵌入式系统中的用途,它也被认为是一种软件系统,因此,TSS 是可信嵌入式系统(可信系统)中不可或缺的一部分。TSS 1.2 规范中给出 TSS 的 3 层软件模块结构,如图 4-1 所示。

在图 4-1 的结构中,TSS 主要包括可信设备驱动库(TDDL,TCG Device Driver Library)、可信核心服务层(TCS,TCG Core Service)和可信服务提供者(TSP,TCG Service Provider) 3 个部分。其中,TDDL 负责与 TPM 进行交互;TCS 提供公共服务的集合,完成 TSS 的主要内部功能实现;TSP 充当本地和远程应用的可信代理。这 3 个部分相辅相成、互相协作,实现 TSS 模块的功能。

根据 TCG 制定的 TSS 1.2 规范[2],TSS 的设计目标大致包括以下 4 项:

(1) 为上层应用调用 TPM 函数功能提供一个实体点;

(2) 提供一种对 TPM 的同步接入访问方式;

(3) 按标准构建字节流隐藏应用程序所构建的命令流;

（4）管理 TPM 资源。

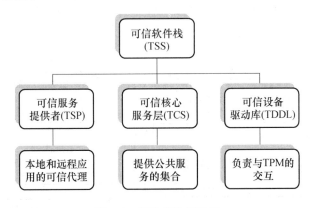

图 4-1　TSS 模块层级图

显然，TSS 是可信芯片与应用软件之间交互的桥梁，并简化了可信芯片的使用。开发者只需要关注可信芯片的相关概念以及 TSS 向上层提供的接口，无须了解芯片内部的复杂性，这样就很容易编写代码来实现基于可信芯片的应用功能。

4.2　TSS 体系结构

4.2.1　TSS 体系结构

根据 TSS 1.2 规范[2]，在描述 TSS 结构之前，首先定义用户系统中存在的两种平台模式：内核模式和用户模式。

内核模式是操作系统的设备驱动程序和核心组件驻留的地方。该区域的代码用于维护及保护用户模式下运行的应用程序，通常需要某种类型的管理权限才能修改或更新。内核模式没有执行区分。

用户模式是用户应用程序和服务执行的地方。这些应用程序和服务通常是根据用户的请求加载和执行的，但可能会作为启动序列的一部分被加载。操作系统提供了一个或多个保护区域，以便不同的应用程序或服务之间执行相互保护。用户模式下主要有两种应用。

① 用户应用程序根据用户请求或利益驱使选择执行。由于其代码由用户提供并初始化，并且可能由用户执行，因此它没有在平台上执行的其他代码具有可信性。

② 系统服务通常在操作系统初始化的过程中作为启动脚本的一部分开始执行，或由服务器请求执行。系统服务为用户应用提供通用的可信服务。由于其代码在各自进程中执行，与用户应用分开并由操作系统激发执行，因此它被认为比用户应用可靠，并且可能与内核模式可执行文件一样具有可信性。在 Windows 操作系统中它被称为系统服务，在 UNIX 操作系统中它被称为 daemon（守护进程）。

TSS 体系结构自下向上可划分为 3 层，如图 4-2 所示。

图 4-2 是更加详细的 TSS 模块层级结构图，各个层次都定义了规范化的函数接口。其中，TDDL 负责与 TPM 的交互，TCS 用于提供公共服务的集合，TSP 主要作为本地和远程应用的可信代理。作为为 TPM 提供基本资源的主要部分，TSS 每层功能模块分别由一些组件

组成以提供特定功能。需要强调的是,TSS 结构不依赖任何平台与操作系统[4]。无论什么样的操作系统和系统平台,都不会影响平台与 TSS 模块的接口关系[5]。

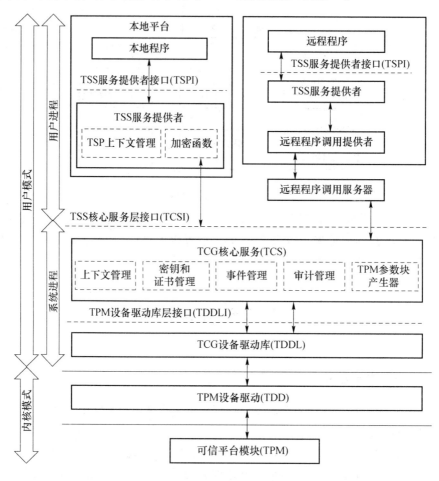

图 4-2　TSS 结构体系图

TPM 设备驱动(TDD,TPM Device Driver)由制造商提供,嵌入能够理解 TPM 具体行为的代码,并在内核模式下载入和运行。因为用户模式的执行不能访问内核模式的执行,制造商也要提供 TCG 设备驱动库,由 TSS 打开 TPM 设备驱动器。除 TSS 外,此驱动不允许任何程序与 TPM 设备有附加的连接。

TCG 设备驱动库(TDDL)提供标准的驱动接口,根据 TSS 1.2 规范[2],所有的 TPM 访问都需要该标准接口;同时它提供用户模式和内核模式的转换。

TSS 核心服务(TCS)模块提供所有如密钥管理等基础或复杂的功能来管理有限的 TPM 资源。TSS 核心服务在用户模式下被执行调用,且通过由 TCG 设备驱动库提供的接口与 TPM 交互。其接口旨在为控制和请求来自 TPM 的服务提供简单直接的方法。

TSS 服务提供者(TSP)作为最高层功能模块,为应用程序提供了丰富的面向对象的标准接口。TSS 服务提供程序接口旨在从 TCS 获得许多 TCG 服务,如 TPM 字节流生成、密钥管理等。

目前,TSS 体系中各层的功能已经可以通过软件仿真器如 TPM-Emulator 实现。最初,TPM-Emulator 隶属于 Linux 平台上,目前,它的最新版本已可以在多种平台上运行,如

Linux、OpenBSD、Windows 以及 Darwin。

总之，与 TPM 相比，所有 TPM 以外的模块、组件和接口都被认为是不可信的[2]。下面就 TSS 3 层体系结构进行具体介绍。

4.2.2　TCG 设备驱动库

1. 功能实现

TDDL 是一个提供与 TPM 设备驱动进行交互的标准接口库，所有的 TPM 访问都需要该标准接口。

TDDL 以用户模式运行，并通过调用应用程序完成处理过程（如 TSS 核心系统服务）。如果平台环境提供内核和用户模式分离，则 TDDL 必须驻留在用户模式下。TDDL 提供一个小的 API 集合来打开和关闭设备驱动、发送和接收数据块、查询设备驱动的属性和取消已经提交的 TPM 命令。TDDL 采用经典的内存分配方式，即为每一个接口调用响应的 I/O 参数分配内存。相应地，应用程序调用负责任何对 TDDL 调用的内存分配。在大多数平台运行中，TDDL 在 TSS 应用程序初始化时即被装载。

一般来说，TPM 供应商会随 TPM 驱动附带 TDDL，以使 TSS 实现者能够很方便地和 TPM 进行交互。TPM 供应商将负责完成接口库与实际 TPM 设备之间的接口定义，同时，可在该库和任意核心模式的 TPM 或软件 TPM 模拟中选择信息和资源配置机制。

TDDL 设计的优点在于：

① 确保任意的 TPM 能与不同方法实现的 TPM 服务模块（TSM，TPM Service Module）交互；

② 提供给 TPM 应用程序独立于操作系统的接口；

③ 允许 TPM 供应商提供 TPM 模拟器作为用户模式组件；

④ 提供了用户模式和内核模式的转换。

2. 接口设计

TDDL 的接口是 TDDLI（TDDL Interface）。TDDLI 由 3 种类型的功能组成。

① 维护功能（打开，关闭，状态获取）：维护与 TDD 的通信。

Tddli_Open 为建立与 TPM 设备驱动的连接。当该函数响应成功后，TPM 设备驱动就会为应用程序调用的 TPM 命令请求做好准备。此函数必须在调用 Tddli_GetStatus，Tddli_GetCapability，Tddli_SetCapability，Tddli_TransmitData 之后调用。

Tddli_Close 为断开与 TPM 设备驱动的连接。当该函数响应成功后，TPM 设备驱动程序就会回收用于连接 TPM 设备驱动程序库的所有资源。

Tddli_Cancel 为取消 TPM 命令。其前 TPM 命令必须为 Tddli_TransmitData 调用的结果。

Tddli_GetStatus 为查下一步 TPM 驱动程序和设备状态。通过调用该函数，应用程序可以确定 TPM 子系统的正常状态。

② 间接函数（功能获取和设置）：获取/设置 TPM/TDD/TDDL 的属性。

Tddli_GetCapability 为查询 TPM 硬件、固件和设备驱动程序属性，如驱动会话等。

Tddli_SetCapability 为设置 TPM 硬件、固件和设备驱动程序属性中的参考值。

③ 直接功能（发送，取消）：发送/取消向 TPM 发送命令。

Tddli_TransmitData 为直接发送一个 TPM 命令到 TPM 设备驱动程序，致使 TPM 执行相应的操作。

由于 TPM 不需要多线程化,TDDL 将成为单个实例(单线程模块),并假定 TPM 命令串通过应用程序调用来实现。TDDL 期望 TPM 命令序列化由 TCS 执行。TDDL 的单线程性质的例外是 Tddli_Cancel 操作,Tddli_Cancel 允许 TCS 发送中止操作给 TPM[6]。

3. TPM 设备驱动

TDD 模块位于操作系统的内核层,用于直接驱动硬件,主要负责把上一层即 TDDL 传入的字节流发送给 TPM,然后把 TPM 的返回数据回传给 TDDL。TDD 模块及它与实际 TPM 设备间的接口将由 TPM 制造商和操作系统来确定。TDD 模块和 TPM 在物理层进行通信,依赖于 TPM 的访问接口和操作系统的驱动编写模型,由于一次只能处理一个请求,所以只允许一个进程进行访问[7]。

4.2.3 TCG 核心服务

1. 功能实现

由于 TSP 不能直接与 TPM 交互,TCS 为所有在同一平台上的 TSP 提供了一个公共的服务集合。通过其标准服务接口可以非常直接、简便地控制和请求服务,使用安全芯片提供的功能。TCS 提供存储、管理和保护密钥等操作,同时也提供与平台相关的隐私保护。另外,也有一些通用服务可以在平台的服务提供者之间共享,TCS 提供线程来访问 TPM。

TCS 介于 TSP 层和 TDDL 层之间,以系统服务的形式存在。在架构上,TCS 以 Tcsi 为接口;在服务中,TCS 主要负责会话上下文管理、密钥管理、事件管理,并通过参数块产生器与底层进行通信。TPM 支持多线程,所以 TCS 也允许多个 TSP 访问自己。

由于每个 TPM 只有一个 TCS 实例,因此 TCS 的主要任务是复用 TPM 访问。TCS 为本地和远程使用者提供唯一资源入口,它对 TPM 的有限资源进行了抽象,可以提供更高程度的虚拟化[8]。把 TCS 作为一个"软件 TPM",通过这种抽象很大程度上弥补了 TPM 的一些缺陷,其优点包括:

(1)可以对多个 TPM 待处理的操作进行排队;

(2)对 TPM 有限资源进行管理,可看作是无限的资源;

(3)将输入输出的数据进行相应的转换;

(4)可以对资源提供本地的或者远程的调用方式。

同时,为了保证一些并发程序可并行使用本地的 TPM 资源,TCS 不仅需要将 TSS 核心服务提供给 TSP,还要能提供给其他远程系统上的应用程序。通过软件验证和对特定状态下 TPM 功能控制,TPM 远程证明能实现两个远程计算机之间的验证,从而保证不同系统上软件间通信的安全性。在这样的需求背景下,TCS 提供本地和远程服务。任何服务提供商都必须被允许连接 TCS 并从 TCS 获得服务。

2. 接口设计

TCS 接口(TCSI,TCS Interface)定义包含在与 TSS 1.2 规范一起发布的 TCS. WSDL 文件中。TSS 核心服务向 TSP 层提供 TCSI 访问接口,可以组织多个应用程序访问 TPM。TCSI 允许多线程访问 TCS,它的每个操作都是原子的。在大多数环境中,它作为一个系统进程驻留,与应用程序和服务提供程序进程分开。如果环境规定 TCS 驻留在系统进程中,则服务提供者与 TCS 之间的通信将通过远程过程调用(RPC,Remote Procedure Call)进行。如果未使用传输会话,则服务提供商与 TCS 之间的信道将不在过程保护范围内,因此不应将未受保护的数据(如原始认证数据)直接传输到 TCS。

(1) 结构体及接口描述

① 存储管理

TCSI 接口允许多线程访问 TCS,其每个操作都是原子操作。TCS 接口包含了所有 TCS 向上层提供的功能接口函数。内存管理模型使用 RPC 标准定义 TCS 接口,在 IDL 文件中,参数前的修饰表明了内存分配的策略。

[in]参数:主调函数进行内存管理。数据从主调函数传给被调函数。主调函数在功能调用之前分配内存,当数据使用完成后释放内存空间。

[out]参数:被调函数进行内存管理。数据从被调函数传给主调函数。被调函数负责在返回前分配内存,主调函数当处理完返回数据后立即释放内存。对于缓冲区数据,需要使用指向指针的指针。

[in,out]参数:数据在两个方向传递。主调函数和被调函数负责分配和释放各自分配的内存。

② 接口动态性

TPM 的参数产生功能作为 TCS 平台系统服务的一部分被集成到该平台中。这个系统服务作为一个独立于任何过程的服务器来提供服务。TCS 接口动态性一直保持到功能的实现。同步或异步动态性能是否实现依赖于平台自带的 RPC 支持的类型。

③ 数据类型

TSS 1.2 规范中描述了 Tcsi 中所要求的数据类型的声明[2]。Tspi 函数的参数数据类型一般为 32 bit 的缓冲区。一个标志位参数类型的定义会涉及其对象的属性。如果为一个标志位参数也提供此缓冲区,则在其中暗示了所涉及对象的属性。无符号整数表示的句柄用来定位一个实例对象。

④ TCS_LOADKEY_INFO

TCS_LOADKEY_INFO 可使 TSS CS 密钥管理器服务(TSS CS Key Manager Service)能够在必要的母钥需要授权时提供信息,加载已登记的密钥。

(2) 接口设计

① TCS 上下文管理

TCS 上下文管理(TCSCM,TCS Context Manager)包括上下文抽象数据对象内存管理的权限管理等。TCS 上下文管理提供动态管理来有效使用服务提供者和 TCS 资源,每个处理都为一组 TCG 的相关操作集提供上下文。TCS 上下文管理在有效地使用 TSP 和 TCS 资源方面上提供了动态句柄。也就是说,当应用程序与 TCS 层交互时,需从 TSP 层的句柄 Tspi_context 获得与之对应的 TCS 层句柄 Tcsi_context,然后通过 Tcsi_context 执行 TCS 层的内存管理和其他操作。当 TSP 层推出应用程序请求时,TCS 层的 Tcsi_context 就会销毁服务提供者内的不同线程共享同一个上下文,每个服务提供者将获得一个独立的上下文。

② TCS 密钥和证书管理(TCSKCM,TCS Key & Credential Manager)

可信性与平台、用户和个别应用程序有关。与平台相关联的密钥(如签署密钥)和凭证(如平台证书)包含标识特定平台的信息,被认为是隐私敏感的。TCS 密钥和证书管理负责管理、存储与平台相关的密钥和证书,并能为被授权的应用程序访问。所有需要在 TCS 密钥管理服务内部管理的密钥必须在 TCS 持久存储的数据库中注册,每个注册的密钥将被其通用唯一识别码(UUID,Universally Unique Identifier)引用。随着 TSM 系统不断地被使用,会生成越来越多的密钥,而 TCM 里面的空间有限,所以 TCS 中定义了一个密钥永久存储区(PS,Persistent Storage)。将所有 TSM 密钥存放在 PS 中,由 TCS 的密钥管理服务机制统一调度。密钥由父密钥进行加密保护,以存储根密钥(SRK)为根,形成一个树形的存储体系对密钥进行管理。其中,TCS 不负责 SRK 加载,SRK 被保存在 TCM 中。

③ TCS 事务管理

TCS 事务管理(TCSEM,TCS Event Manager)组件主要管理事件日志的记录以及相应平台配置寄存器(PCR)的访问。PCR 操作类提供了对 PCR 进行选择、读、写等操作的简便方法。该类可用于建立系统平台的信任级别,由于它们与平台相关联、与应用程序并无关联,所以应用程序和访问提供者应保留这些结构的副本。由于服务器和其他的应用软件可以检测到日志的篡改,所以事务日志不需要存入 TCG 保护区域中,且添加和回复日志的操作也不需要受到特殊保护。TCG 可以按照自认为合适的方式重新分配事务日志的存储位置,也可以自行维护额外的数据结构以便能快速随机存储这些事务[9]。

④ TPM 参数块生成器

TPM 参数块生成器(TPBG,TPM Parameter Block Generator)是 TCS 内的回调函数块,在外部通过 Tcsi 接口访问,不允许应用程序直接访问 TPM 设备。TPBG 用来连载、同步和处理 TPM 命令。该块把 TPM 的输入字节流转化成输出字节流,通过 TCG 平台服务使 TCG 应用程序使用 TPM 命令。TPBG 也包含了一些内部接口,如密钥、信任状管理器、事件管理器等函数块,在与这些 TCS 块交互的时候需要支持 TPM 数据管理和 TPM 设备的输入输出操作。

4.2.4 TCG 服务提供者

1. 功能实现

TSP 位于 TSS 的最高层,是应用程序访问和使用 TPM 资源的接口,应用程序可依靠 TSP 执行 TPM 提供的大部分可信功能。该模块还提供其他少量辅助功能,如签名验证。任何想要使用 TPM 功能的应用程序都必须使用 TSP 提供的接口 TSPI(TSP Interface),TSP 在任何进程使用它时作为库被载入。

TSP 和应用程序都位于用户层,并且在用户进程空间内,使得每一个应用程序看起来好像拥有一个专属自己的 TSP,为空间程序与 TPM 之间的数据传输提供保护。TSP 层以共享对象或动态链接库的方式直接被应用程序调用。通过 TSP 提供的面向对象的接口服务,应用程序可以在特定的 TPM 上存取数据和服务。现有的 TPM 内执行的服务类包括如下几个[5]:

① 完整性集成和报告服务(包括 TPM 管理和 Hash 功能);

② 密码服务(包括密钥管理和数据加解密);

③ 可信认证服务(包括上下文管理、策略管理和 PCR 管理)。

2. 接口设计

TSPI 采用面向对象的设计思想,对外提供了 TPM 的所有功能和它自身的一些功能,如密钥存储和弹出关于授权数据的对话框。它驻留在与应用程序相同的进程中,在某些执行服务中,它通过比较一些敏感数据(如授权数据)与应用程序本身的数据来进行可信确认。TSP 通过 TSPI 负责对应用程序间的信息和数据传输提供保护。通常地,Tspi 函数通过选择一个特定的类的实例来处理一个或者多个句柄参数[2]。

(1)Tspi 定义类

① 上下文类(Context Class)

上下文包含了 TSP 对象执行环境的信息,如对象的一致性和与 TSS 软件模块的交互。

TSP 环境中的对象与操作系统中维护可执行程序的进程上下文中的对象类似。

② 决策类

TSP 的决策类(Policy Class)可用作为不同的应用程序配置决策环境和行为。应用程序可以使用 TSP 决策基础为授权提供特殊的保密处理。

③ TPM 类

TPM 类(TPM Class)的目的是为 TPM 的子系统描述其所有者,TPM 的所有者与 PC 环境中的管理员是同一级别的,所以每个上下文中只能有一个 TPM 的实例。此对象自动与用来处理所有者授权数据的决策对象连接。另外它还提供基本的控制和汇报功能。

④ 密钥类(Key Class)

TSS 服务提供者定义的密钥类型描述了 TCG 密钥处理和函数的一个入口。密钥对象的每个实例代表了一个特殊的密钥结点,结点是 TSS 密钥路径的一部分。一个需要授权的对象可以分配给一个决策对象来控制密钥管理。

⑤ 加密数据类

加密数据类(Encrypted Data Class)用于实现外部(如用户或应用程序)生成数据与 TCG 系统平台的绑定。

⑥ PCR 合成类(PCR Composite Class)

TCG 系统的 PCR 的内容可用来为系统建立一个置信等级(Confidence Level),它提供了一种很好的方式来处理 PCR 值。

⑦ 非易失性对象类(NV RAM Class)

NV RAM 是 TSS 1.2 规范中的 Tspi 新增类,它取代了 TSS 1.1 中不够灵活的数据完整寄存器(DIM)。

⑧ 哈希类(Hash Class)

哈希值代表了与某一特定字符集合对应的唯一值。这个类提供了一种密码安全方式在数字签名中来使用哈希函数。

TSS 1.2 规范中的其他新增类还有可迁移数据类和直接匿名认证类。

可迁移数据类与被认证的可迁移密钥(CMK)一起使用,在传输数据块和属性时用来存储可迁移数据块。

有 3 种不同类型的类可以用来表示在直接匿名认证(DAA,Direct Anonymous Attestation)协议中使用的密钥和证书,包括 TSS_HDAA_CREDENTIAL、TSS_HDAA_ISSUER_KEY 和 TSS_HDAA_ARA_KEY。由 DAA 密钥和证书使用的密钥数据类型可由 Tspi_SetAttribData 和 Tspi_GetAttribData 设置并获取类型的属性。

(2) 对象关系

对应 Tspi 定义类,应用程序需要用到的工作对象主要包括上下文对象、策略对象、TPM 对象、PCR 合成对象和 Hash 对象等,每一个 Tspi 接口函数都按此命名,以便程序员知道正在操作的是哪种类型的对象。

应用程序是通过 TSP 和 TPM 建立联系的。一个应用程序只能建立一个 TSP 会话,即只能产生一个上下文句柄。但 TSP 可以和多个应用程序建立会话,从而可以让多个应用程序使用底层硬件。TPM 和上下文对象是一一对应的关系。由于每个 TPM 最多只能有一个拥有者,而且 TPM 对象是 TPM 拥有者的,所以证明数据的策略(Policy)对象也只能有一个。由于 TPM 中有多个 PCR,并且用户需要的摘要数据有多种,因此一个上下文可以创建多个 Hash

对象与 PCR 对象。其他对象关系则可类推。由此可见,如果使用的对象无须进行互相证明,则其间的关系并不复杂[5]。

在具体应用进程中,当用户需要为使用的每一个决策提供授权数据时,一个决策可以使用 Tspi_Policy_AssignToObject() API 应用程序编程接口分配给某几个指定对象,每个对象将会使用分配给它的决策对象处理授权命令及调用需要的对象接口函数。也就是说,此进程是由内部决策函数和工作对象的接口函数来共同完成的。

（3）具体接口实现

TSP 中各种接口函数都与不同的对象类型相关联,因此在每个函数的名字前面都会指明其所属的对象类型(表 4-1)。TSP 还包括一些 TCM 所不提供的辅助函数,用于应用程序的功能实现。

在实际的应用进程中,TSS 的 3 层体系结构之间存着这样的关系:最上层的 TSP 向用户的应用程序提供接口,负责把来自应用程序的参数打包传给 TCS 模块,由 TCS 模块提供具体的功能函数(如密钥管理),它把来自 TSP 模块的参数进行分析和操作后写成一个 TPM 可以识别的字节流,通过 TDDL 传到 TPM 里面,TPM 接收到字节流以后进行相应的操作,把结果以字节流的形式通过 TDDL 返回 TCS,TCS 对字节流分析后把结果传给 TSP,最后 TSP 又把结果返回给应用程序。各功能模块间的接口调用关系[10]如图 4-3 所示。

表 4-1　Tspi 常用类

类名	成员属性和方法	功能
Context （上下文对象）	Tspi_Context_Create() Tspi_Context_Close() Tspi_Context_Conncct() Tspi_Context_FreeMemory() Tspi_Context_CreateObject() Tspi_Context_CloseObject() Tspi_Context_LoadKeyByBlob()	创建上下文 关闭上下文 连接上下文 释放上下文相关内存 创建对象 关闭对象 从数据块中载入密钥
Policy （策略对象）	Tspi_Policy_SetSecret() Tspi_Policy_AssignToObject()	设置授权秘密 为对象设置策略
PcrComposite （PCR 合成对象）	Tspi_PcrComposite_SelectPcrIndex() Tspi_PcrComposite_SetPcrValue() Tspi_PcrComposite_GetPcrValue()	选择 PCR 序号 设置 PCR 值 获得 PCR 值
Key （密钥对象）	Tspi_Key_LoadKey() Tspi_Key_UnloadKey() Tspi_Key_GetPubKey() Tspi_Key_CreateKey() Tspi_Key_GetAttribData()	载入密钥 卸载密钥 获得密钥公钥 创建密钥 从密钥对象中获取数据
Hash （哈希对象）	Tspi_Hash_Sign() Tspi_Hash_VerifySignature() Tspi_Hash_SetHashValue() Tspi_Hash_GetHashValue()	签名 验证签名 设置 Hash 值 获取 Hash 值

续 表

类名	成员属性和方法	功能
TPM （TPM 对象）	Tspi_TPM_GetRandom() Tspi_TPM_Quote() Tspi_TPM_PcrExtend() Tspi_TPM_PcrRead() Tspi_TPM_CollateIdentityRequest() Tspi_TPM_MakeIdentity() Tspi_TPM_ActivateIdentity()	获得随机数 使用 AIK 对 PCR 值签名 对 PCR 值扩展 读 PCR 值 初始化 AIK 创建 AIK 激活 AIK
Encdata （加密数据对象）	Tspi_Encdata_GetAttribData() Tspi_Encdata_SetAttribData()	获得加密数据对象数据 设置加密数据对象数据
NV （非易失性存储器对象）	Tspi_NV_DefineSpace () Tspi_NV_WriteValue () Tspi_NV_ReadValue()	NV 空间初始化 数据写入 读取数据

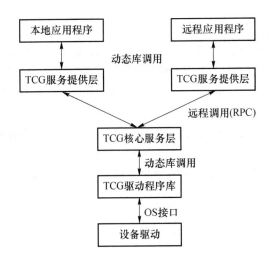

图 4-3　TSS 子模块间的接口调用关系

4.3　开源 TSS 实现——TrouSerS

4.3.1　主要功能实现

TrouSerS 是一个基于 CPL 许可的开源 TCG 软件栈实现（C 语言），由 IBM 研发并维护，可用于编写使用 TPM 硬件的应用程序。使用 TrouSerS 提供的 TSS API 可以获取一系列 TPM 服务，如 RSA 密钥的创建、存储和使用（如登录、验证、加解密等）、扩展 TPM 的 PCR 记录度量日志信息等。下面对 TrouSerS 常用工具及接口进行介绍。

作为成熟的开源 TSS 实现，TrouSerS 主要实现了 TSP 共享库、TSP 守护进程 tcsd 及 TDDL 库，同时提供密钥等资源的持久存储[10]。具体实现过程如下。

（1）TrouSerS 将 TSP 实现为一个共享库 libtspi.so,它使应用程序能够在本地或远程与 TCS 守护进程/系统服务 tcsd 进行通信;同时,TSP 还管理着与应用及 tcsd 通信时的各种资源,并在需要时透明地与 tcsd 交互。

（2）TCS 守护进程 tcsd 是一个用户空间的守护进程,它作为唯一访问 TPM 的入口,在系统启动时就被加载并打开 TPM 设备驱动,同时所有 TPM 操作都要基于 TSS 栈[2]。基于 TSS 规范架构中的 TCS 模块,tcsd 管理着 TPM 资源并处理来自本地和远程的 TSP 请求。

（3）TrouSerS 通过静态库 libtddl.a 实现了 TDDL 模块的功能,提供 Tddli 接口供上层 TCS 调用,同时提供接口用于硬件的底层交互。

（4）TSS 提供两种不同的用于密钥的持久存储(PS),PS 被看作一个密钥数据库,库中每个密钥都有一个 UUID 索引。区别来说,用户的持久存储应由 TSP 维护,而系统的持久存储将由 TCS 控制,并在所有应用生命周期、tcsd 重启和系统重置时都保持有效。

为了更好地理解其功能实现,下面将介绍 TrouSerS 的几个常用工具,同时也是其重要的组成模块。

4.3.2 常用工具

1. TPM Tools

TPM Tools 是 TrouSerS 提供的一套用来管理和应用 TPM 硬件的程序,它帮助平台管理员用命令来管理和检测一个平台上的 TPM。TPM Tools 通过 TSP 接口中的 libtspi.so 库进入 TSS。基于面向对象的设计,由 libtspi.so 提供的 Tspi 定义了如下几个主类。

① 上下文类

上下文类(Context) 代表本地或远程 TCG 平台到 TCS 的一个连接。该类方法提供了管理资源、内存和其他对象的功能。同时,它还提供 TCS 和数据库的连接。Linux 环境中,TCS 和 TSP 的交互由 TCP sockets 实现,TCS 守护进程监听 30003 号端口[9]。

② 策略类

策略类(Policy) 负责配置策略。

③ 密钥类

密钥类(Key) 负责 TCG 密钥操作及管理。

TrouSerS 遵循 TPM 规范,除上述主类外,它提供的其他类结构及功能与 4.2.4 小节的 Tspi 定义类阐述基本一致。

2. TPM Manager

TPM Manager 为开源的 TPM 管理软件提供一个易于使用的图形用户界面(图 4-4)。目前,TPM Manager 能够在 Linux 下使用,发行的 TM 是由 Sirrix AG 和 Ruhr University Bochum 开发,基于 GNU GPL V2 的许可[9]。

由图 4-4 可知,TPM Manager 结构自上向下分别是 GUI 层和 MicroTSS 层。

GUI 层提供给用户基于 KDE 和 QT 窗口框架的接口部件,它提供了一个图形界面,并通过 MicroTSS 层来使用 TPM 函数。GUI 层在逻辑上的实现基于 QT 的类——TPM_ManagerWidget,它的基类 TPM_ManagerWidgetBase 由 QT 的设计者创建。

MicroTSS 层提供一个简单而面向对象的连接 TPM 底层功能的接口。MicroTSS 提供的抽象概念支持第三方修改过的 TSS 执行。MicroTSS 层提供抽象的接口连接 TPM 并隐藏了执行的细节。和其他工具一样,TPM Manager 依赖于 TrouSerS 的 TSP 共享库 libtspi.so 所提供的 Tspi 接口实现 TPM 管理。

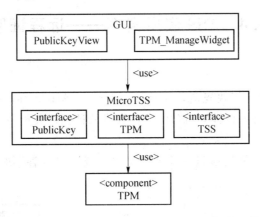

图 4-4　TPM Manager 结构

3. OpenSSL TPM Engine

OpenSSL 作为一个遵循安全套接层协议和传输层安全协议的开源工具包,同时包含了必需的安全操作。它基于 Eric A. Young 和 Tim J. Hudson 开发的 SSLeay 库。OpenSSL 库支持以引擎对象的形式创建、处理和使用密码模块,引擎对象被动态装载后可实现 TPM 对 OpenSSL 的扩展。OpenSSL 引擎能够提供的保密功能包括密钥和证书的存储、对称密码算法和改进的 RSA 算法等。

作为 TrouSerS 的项目组成,OpenSSL TPM Engine 实现 OpenSSL 引擎 API 通过 TPM 来完成密码学操作。如图 4-5 所示,OpenSSL 通过执行 OpenSSL Engine API 的接口函数,命令 TPM 执行加密操作,TPM 引擎通过 TSS 来连接 TPM 和 OpenSSL。也就是说,OpenSSL TPM Engine 使用了 TSS 中的共享库 libtspi. so 以实现和 TPM 的通信。而所有必须要管理和执行 OpenSSL 引擎的函数则都在 openssl/engine. h 头文件中被定义。

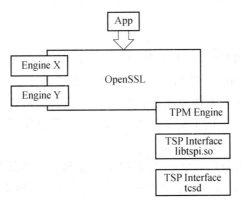

图 4-5　OpenSSL 与 TPM 通信

其他具体信息可通过查看 TrouSerS 官方文档(http://trousers. sourceforge. net/)详细了解。

4.4 TSS 应用实例——远程证明

1. TCG 远程证明

根据 TCG 的可信平台模块规范，远程证明(Remote Attestation)是指在计算机网络中，一台计算机(挑战者)依据另一台计算机(证明者)提供的证据对其配备 TPM 平台的完整性做出承诺的一种活动。

由以上可知，远程证明是通过一个典型的"挑战"—"应答"协议来实现的[9]，如图 4-6 所示。

图 4-6 远程证明简化模型

TCG 提出的远程证明是一种基于平台的软硬件配置信息建立信任的机制。根据近年来众多针对 TCG 架构下的证明问题的研究，通常是从平台身份及完整性证明的角度出发，通过对配备 TPM 的证明者提供的平台相关身份证书及指定 PCR 的报告等进行计算验证，综合证据得到客观结论。因 PCR 中存储的度量值是利用 Hash 函数获得的二进制值，因此，TCG 这种对平台配置信息的证明又称二进制证明。

简言之，就可信计算平台而言，其远程证明是一个综合完整性校验和身份证明的过程，且同时需要向挑战者提供一份可信的平台状态报告[9]。下面分别就 TSS 1.1 中的 Privacy CA (Certificate Authority)协议及 TSS 1.2 中的直接匿名认证协议(DAA)在远程证明中的应用做详细介绍。

2. Privacy CA 协议

在 TCG 的远程证明过程中，一个平台(挑战者)向另一个配备 TPM 的可信平台(证明者)发送一个挑战证实的消息和一个随机数，要求获得一个或多个 PCR 值，以便对证实者的平台状态进行验证。当一个 TCG 实体要向远程挑战者证明其当前真实的软硬件配置时，最简单的方式是通过每个 TPM 唯一的 EK 私钥对 PCR 签名并发送给挑战者，挑战者验证签名后信任平台，且判断其配置信息 PCR 为可信。

然而，对于可信平台的身份认证，不仅需要个人隐私来证明其身份，更重要的是尽可能少地暴露个人隐私[5]。上述方法虽很容易实现证明，但无法实现匿名。因为每个平台使用者的 EK 固定唯一，当其与不同的验证方多次进行上述协议时，其通信可被第三方关联，平台用户的行为将很有可能被跟踪，从而无法保护平台使用者的隐私。因此，TCG 组织在 TSS 规范 1.1 中提出了以 Privacy CA 认证 ID 密钥 AIK 的方案，规定 EK 不用于身份认证，TPM 使用 EK 为每次证明产生一对不同的 RSA 签名密钥 AIK，使用其作为 EK 别名。由于 TPM 每次对 PCR 签名可以使用不同的 AIK，且每次证明互相独立、互不相关，从而保证了证明的匿名性。

于是，为了证明 AIK 的合法性，证明者必须首先向可信的第三方 Privacy CA 申请一个

AIK 证书。CA 验证其 AIK 请求的合法性后,利用私钥对 AIK 签名。根据 TCG 规范[2],可信平台利用 AIK 完成对挑战者定制的 PCR 值的签名操作后,附加上对应的度量日志(SML)表项,同 AIK 证书一起打包发送给挑战者。挑战者具体验证过程包括根据度量日志重算 Hash 值、AIK 证书验证以及签名值与期望值的匹配 3 个步骤。具体流程如图 4-7 所示。

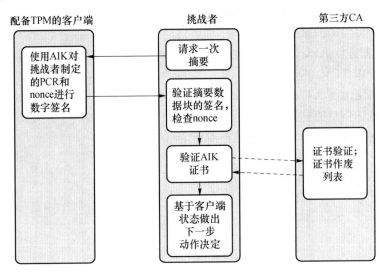

图 4-7　Privacy CA 远程证明流程

(1) 发起"挑战"

远程挑战者产生一个随机数 nonce 对配备 TPM 的证明者客户端发起挑战请求,指定要求的一个或多个 PCR 编号;当位于可信计算平台上的平台代理收到其挑战者的挑战请求时,它开始收集存储度量日志文件。

(2) AIK 证书签发

客户端与 TSS 交互,创建 AIK 密钥;与三方 Privacy 通信,申请 AIK 证书签发。

① 创建 AIK 密钥(图 4-8),并组织 AIK 请求,通过第三方 Privacy CA 的公钥加密发送给 Privacy CA。

② Privacy CA 验证 AIK 请求中的合法性(包括检查 EK 证书的合法性),签署 AIK 证书并使用客户端 EK 公钥加密后返回给客户端证明者(图 4-9),客户端通过 TPM 调用 Tspi_TPM_ActivateIdentity 函数和 Tspi_Context_RegistryKey 函数完成 AIK 证书的激活和保存,且通常会将其注册到 PS 中。同时,TPM 将通过调用 Tspi_TPM_Quote 函数完成 AIK 对指定 PCR 的签名。

(3) 做出"应答"

经过签名的 PCR 和对应的度量日志的摘要以及 AIK 证书被反馈给挑战者。

(4) 验证阶段

收到证明者证据后,挑战者分别进行了如下验证和评估。

① 验证 AIK 签名的合法性。挑战者通过和 Privacy CA 通信,确认证明者的身份是否为 CA 所签发,AIK 证书是否仍有效。此过程与(2)中 Privacy CA 验证身份证书的流程大致相同,具体可参考图 4-8。

② 摘要数据块的签名并检查 nonce(图 4-10)。获取 PCR 值后将其与 nonce 串联计算其哈希值,得到 $SHA1(PCR \| nonce)$;另外使用 AIK 证书的公钥解密已签名的 PCR 值,得到

RSA_DecAIK(Quote)，若存在 SHA1(PCR ‖ nonce)＝＝RSA_DecAIK(Quote)，则 AIK 签名是合法的；否则怀疑 PCR 值是否已被篡改，以此对比确认证据的完整性。

③ 依次检查存储度量日志的每一个度量值以确保目标平台上不存在可疑进程。

从证明流程来看，TCG 的这种 Privacy CA 方案存在以下不足。

第一，在保证 Privacy CA 可信的同时，还需及时响应大量在线 AIK 证书的创建请求，这必将成为可信平台验证的瓶颈[11]。

第二，验证方进行 AIK 证书验证时需要验证 Privacy CA 证书的合法性，Privacy CA 与验证方可能合谋泄露 TPM 平台的身份。

④ 针对以上隐患，TCG 在 TSS 1.2 规范中提出了直接匿名验证(DAA)，使验证者在无须对方暴露真实身份信息的前提下确认通信对方是真正的 TPM 宿主，更大程度地避免了平台的身份隐私暴露及挑战者的恶意合谋或跟踪行为。

图 4-8　AIK 密钥生成流程

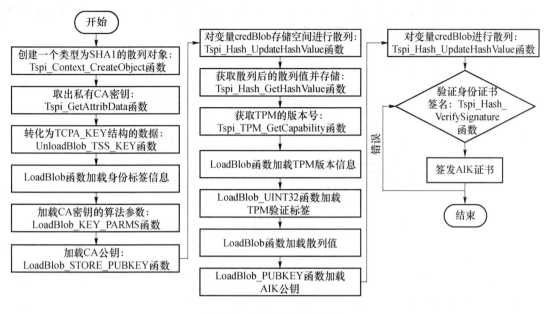

图 4-9　AIK 证书签发流程

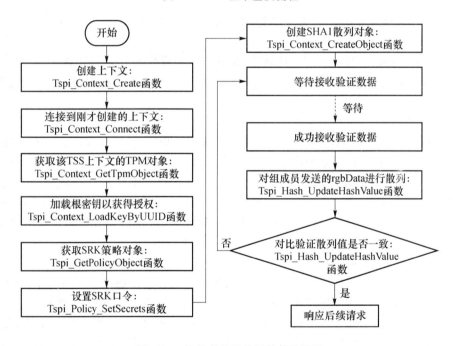

图 4-10　挑战者处理验证数据的流程

3. 直接匿名认证协议

TPM 之间身份证明的核心问题是既要实现互相证明又要保持匿名性。针对 Privacy CA 在此处的不足,TSS 1.2 中提出了直接匿名认证(DAA)协议,使挑战者在对方不暴露真实身份信息的前提下确认其 TPM 宿主(Host)身份。

DAA 协议基于 TPM 平台、DAA 签署方、DAA 验证方 3 个实体,包括加入(Join)和签名/验证(Sign/Verify) 2 个步骤(图 4-11)。

（1）TPM 生成一对 RSA 密钥并通过 EK 向 DAA 签署方提供合法身份信息，DAA 签署方验证 TPM 平台身份后并为其签署 DAA 证书；

（2）TPM 平台使用 AIK 及 DAA 证书签名与 DAA 验证方交互，通过"零知识证明[5]"，验证方可以在请求者不暴露真实身份信息的前提下对 DAA 证书进行验证。

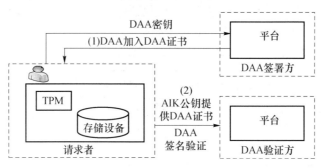

图 4-11　直接匿名认证协议

作为 Privacy CA 的一种可替代方案，DAA 有以下显著优点。

第一，证明过程中，DAA 证书只需发行一次，同时 TPM 和 DAA 签署方交互一次，可生成多个 AIK 证书，突破了 Privacy CA 的响应瓶颈；

第二，DAA 验证方在进行证书验证过程中并不需要了解 Privacy CA 信息，避免了恶意合谋。

但同时 DAA 协议本身仍存在一些缺陷，使其难以适应较为复杂的计算环境。采用 DAA 实现的每次远程证明至少需要运行 3 次零知识证明运算，包括大量的模指数运算，复杂度高，因此仍缺乏一定的实用性。

4. 相关研究进展

远程证明协议最早由 TCG 在 TPM 架构概览规范中提出，并迅速成为研究热点之一。由于 TCG 架构下的现有证明方案如 Privacy CA 和 DAA 都不能很好地适应复杂的计算环境，阻碍了可信计算在分布式环境中的发展，故针对 TCG 证明方案存在的问题先后有大批科研工作者进行了大量研究工作，这些努力证明了问题从简单的基于二进制的证明方法逐步发展为更加适应复杂环境下的基于动态特征的证明问题研究。根据已公开发表的研究文献，现有的研究成果大致包括：基于配置、属性和行为的 3 种远程证明协议。

关于配置远程证明协议，王等[13]于 2009 年讨论了基于配置的远程证明安全协议的设计与验证方法，并提出了一种改进的基于"推"式的远程证明协议。在他们的研究工作中，将远程证明模型分为包括直接证明、"拉"式证明、"推"式证明和代理证明 4 类的证明模型。

属性远程证明技术的支持者指出远程证明方法不应该像 TCG 所描述的那样，依赖于平台的软硬件配置，而应该利用平台的属性来评估平台的可信状态，即在平台属性和配置之间做映射[12]。关于属性的远程证明协议，冯等[14]于 2010 年在国产可信密码安全芯片 TCM 上设计了一种基于属性的远程证明协议。闫等[15]结合二进制和属性远程证明两种方法提出一种动态属性可信证明协议，该协议不仅能够保护平台隐私，而且具有动态性。周等[16]针对二进制远程证明中的平台配置信息泄露问题，设计了一种新的属性远程证明机制，此方案具有属性证书状态校验机制灵活、方案整体计算代价小以及随机预言模型下可证明安全性等多个优势。

关于行为远程证明协议，Zhang 等[17]利用一棵行为树提出了一种基于行为的远程证明方法。庄等[18]针对软件行为设计了一种动态度量方法，该方法为平台的动态度量提供了解决思路。此外，研究人员在基于语义和基于模型驱动的远程证明方面也做了一些研究工作。

4.5　本章小结

本章就可信软件栈(TSS)的结构组成及应用实现做了详细介绍。

在 4.1 节中简要介绍了 TSS 在可信计算平台中的地位、基本组成及设计目标。TSS 位于平台底层的 TPM 之上,应用层之下,是可信平台的支撑软件,它为上层应用提供访问 TPM 的接口,同时对 TPM 进行管理,在 TSS 的支持下,不同的应用都可以方便地使用 TPM 所提供的可信计算功能。TSS 1.2 规范定义了 TSS 的 3 大主要功能模块,分别是 TCG 设备驱动库(TDDL)、TCG 核心服务(TCS)、TCG 服务提供者(TSP)。

在 4.2 节中先自下向上地分析了 TSS 的体系结构,随后就每层分别从功能实现和接口设计的角度进行详细解读。TPM 设备驱动(TDD)由设备商提供,嵌入能够理解 TPM 具体行为的代码并在内核模式下载入和运行;TDDL 提供标准的驱动接口,所有的 TPM 访问都需要该标准接口;TCS 提供所有如密钥管理等基础或复杂的功能来管理有限的 TPM 资源;TSP 作为最高层功能模块,为应用程序提供了丰富的面向对象的标准接口。作为 TSS 为支持 TPM 提供基本资源的主要部分,每层功能模块分别由一些组件组成以提供特定功能。各个模块都定义了规范化的函数接口,各函数间存在相应的调用关系。

在 4.3 节中就开源 TSS 实现——TrouSerS 的功能设计及常用工具进行了简要介绍。TrouSerS 是由 IBM 研发并维护的一个基于 CPL 许可的开源的 TSS 实现,它的常用工具包括 TPM Tools、TPM Manager 和 OpenSSL TPM Engine。其中,TPM Tools 是由 TrousSerS 提供的帮助平台管理员用命令来管理和检测一个平台上的 TPM 的应用工具;TPM Manager 为开源的 TPM 管理软件提供的一个易于使用的图形用户界面;OpenSSL TPM Engine 能够提供包括密钥和证书的存储在内的一系列保密功能。

在 4.4 节中结合前两节的知识,就 TSS 分别在远程证明和 DRM 签名验证中的应用进行了详细解读。TPM 用自己唯一的签署密钥 EK 对 PCR 签名,这是以数字签名为基础的身份证明方案常采用的方案。这种方法很容易实现证明,但无法实现匿名。如果不同的验证者相互串通,平台用户的行为就可通过其 EK 进行跟踪。TSS 1.1 规范中提出 Privacy CA 方案,但它无法实现大量在线认证证书创建要求的高响应能力,同时容易发生验证方的串谋导致隐私泄露,故 TSS 1.2 规范中提出直接匿名认证(DAA)方案,很好地解除了 Privacy CA 的应用瓶颈。同样的改进方案也适用于 DRM 签名验证并取得良好效果。然而,TCG 架构下的证明方案并不能够适应复杂的计算环境,阻碍了可信计算在分布式环境中的发展。故针对 TCG 远程证明方案存在的限制问题先后有大批科研工作者进行了大量研究工作,这些努力将证明问题从简单的基于二进制的证明方法逐步发展为更加适合复杂环境下的基于动态特征或基于行为的证明问题研究。

思　考　题

1. 用图示说明 TSS 的层级结构。
2. TSS 有哪些功能模块? 它们之间是什么关系?
3. TCS 提供了哪些核心服务?

4. TouSerS 的常用工具有哪些？分别有什么用途？试寻找其他开源 TSS 实现并做简要介绍。

5. 为什么不能用 EK 直接作为签名密钥？

6. 什么是 AIK？简述 Privacy CA 远程证明中 AIK 证书的签发流程。

7. 简述 DAA 远程证明的流程，并对照 TSS 1.2，查找其 TSS 接口调用情况。

本章参考文献

[1] Shen C X, Zhang H G, Feng D G, et al. Survey of information security[J]. Science China：Information Sciences，2007，50(3)：273-298.

[2] Trusted Computing Group. TCG software stack (TSS) Specification，Version 1.2 [S/OL]. [2018-04-10]. https://trustedcomputinggroup. org/wp-content/uploads/TSS_version_1.2_Level_1_FINAL. pdf.

[3] 何凡，张焕国，严飞，等. 基于模型检测的可信软件栈测试[J]. 武汉大学学报：理学版，2010(2) 129-132.

[4] 赵佳. 可信认证关键技术研究[D]. 北京：北京交通大学，2008.

[5] 闫建红. 可信计算的远程证明与应用[M]. 北京：人民邮电出版社，2017.

[6] 崔日云. 基于国产平台的可信软件栈研究[D]. 北京：北京工业大学，2014.

[7] 关巍. 可信软件栈中 TSP 的研究与应用[D]. 沈阳：东北大学，2010.

[8] 田俊峰，杜瑞忠，蔡红云. 可信计算与信任管理[M]. 北京：科学出版社，2014.

[9] 邹德清，羌卫中，金海. 可信计算技术原理与应用[M]. 北京：科学出版社，2011.

[10] 冯登国. 可信计算——理论与实践[M]. 北京：清华大学出版社，2013.

[11] 谭良，陈菊. 一种可信终端运行环境远程证明方案[J]. 软件学报，2014，25(6)：1273-1290.

[12] 付东来. 基于可信平台模块的远程证明关键技术研究及其应用[D]. 太原：太原理工大学，2016.

[13] 王丹，魏进锋，周晓东. 远程证明安全协议的设计与验证[J]. 通信学报，2009，30(11A)：29-35.

[14] 冯登国，秦宇. 一种基于 TCM 的属性证明协议[J]. 中国科学：信息科学，2010，40(2)：189-199.

[15] 闫建红. 一种基于属性证书的动态可信证明机制[J]. 小型微型计算机系统，2013，34(10)：2349-2353

[16] 周福才，岳笑含，白洪波，等. 一种高效的具有灵活属性证书状态校验机制的 PBA 方案[J]. 计算机研究与发展，2013，50(10)：2070-2081.

[17] Zhang H G, Wang F. A behavior-based remote trust attestation model[J]. Wuhan University Journal of Natural Sciences，2006，11(6)：1819-1822.

[18] 庄碌，蔡勉，李晨. 基于软件行为的可信动态度量[J]. 武汉大学学报：理学版，2010，56(2)：133-137.

第 5 章

可信计算平台

在前几章中,我们主要介绍了可信的定义,可信平台模块(TPM)以及可信软件栈(TSS)。本章将结合前几章的内容,详细介绍可信计算平台(TCP)的概念、体系结构以及应用。

5.1 可信计算平台概述

5.1.1 定义与发展

从行为角度来说,如果一个实体的行为问题以所期望的方式,朝着预期的目标发展[1],我们则认为它是可信的。而所谓平台是一种能向用户发布信息或从用户那里接收信息的实体。

可信计算平台是一种能提供可信计算服务的计算机软硬件实体,它基于 TPM,以密码技术为支持、安全操作系统为核心,能够保证系统的可靠性、可用性和信息的安全性,是信息安全领域中起关键作用的体系结构[2]。可信计算平台的基本思路是:首先构建一个可信根,可信根的可信性由物理安全和管理安全确保,再建立一条信任链,从可信根开始到硬件平台,再到操作系统,再到应用,一级认证一级,一级信任一级,从而把这种信任扩展到整个计算机系统。

可信计算最早出现在 20 世纪 80 年代。1983 年,美国国防部制定了《可信计算机系统评价准则》(TCSEC,Trusted Computer System Evaluation Criteria)[3],提出了可信计算机和可信计算基(TCB)的概念,并把 TCB 作为系统安全的基础,奠定了可信计算发展的基础。之后,美国国防部又提出了可信网络解释(TNI,Trusted Network Interpretation)和可信数据库解释(TDI,Trusted Database Interpretation)作为补充。

近年来,可信计算事业发展很快。1999 年可信计算平台联盟(TCPA)成立,TCPA 定义了具有安全存储和加密功能的可信平台模块(TPM)并首次提出可信计算平台的概念。2001 年,TCPA 发布了关于可信计算平台(TCP)的技术规范。至此,可信计算平台进入人们的视野当中。2003 年,TCPA 改组为可信计算组织(TCG),旨在研究制定可信计算的工业标准,除"可信计算平台规范"之外,还有可信存储和可信网络连接等一系列技术规范。

在 TCG 规范的指导下,许多厂商都推出了自己的可信平台模块芯片和可信计算机。但随着技术的不断发展和应用,TCG 所提出的"可信计算平台规范"的不足渐渐显露出来。在吸收了原 TPM 和中国 TCM 的优点之后,TCG 制定了新的 TPM 规范,并命名为 TPM.next。它改进了原 TPM 在密码算法方面不灵活的问题,解决了各个国家不同的需求,从而成为一个国际标准。

2015 年 6 月,国际标准化组织(ISO)和国际电工委员会(IEC)采纳了 TCG 的可信平台模块 2.0 规范库(TPM 2.0)。它改进了密码算法的灵活性,支持现有和未来的算法,满足各个国家和地区对于密码算法的多样性要求,并支持中国的分组密码算法(SM4),椭圆曲线公钥密码算法(SM3)和密码杂凑算法(SM2)。除此之外,还增加了虚拟化支持、用户授权管理模式、嵌入式应用等多个规范,去除了之前 TPM 规范中无用或者实现代价高的安全协议。

目前,可信计算平台的技术研究和产品生产有着稳步前进的趋势,形成了研究、产品、测评和标准改进依次循序的发展态势。而随着信息技术的快速发展,使得拥有安全的计算环境尤为重要。为此,各大厂商逐步推出移动可信计算平台和虚拟可信计算平台等新型可信计算平台。相信在不久的将来,可信计算平台将应用到互联网行业的各个领域。

5.1.2 可信计算平台体系架构

可信计算平台是由 TCG 最早提出的,是一个集合可信硬件和可信软件,包括可信操作系统在内的一个可被本地用户和远程实体依赖的平台,是可信软硬件的综合实体。它为通用的计算机平台提供一种系统架构层面的安全服务,它以底层的安全芯片为核心,结合软件协议以及上层的可信机制为用户计算机平台建立完整的可信计算环境。可信计算平台架构分为 3 个层次[4],如图 5-1 所示。

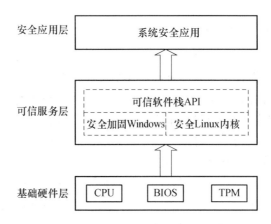

图 5-1 可信计算平台通用体系架构

1. 基础硬件层

该层由可信计算平台的系统硬件组成,主要是物理安全芯片 TPM、可信 BIOS、安全 CPU 和安全 I/O 等,为整个计算系统提供可信根。

2. 可信服务层

该层跨越了系统内核层和用户应用层,主要包括操作系统内核及可信软件接口。操作系统内核是运行计算机系统的基础,可信软件接口则为上层应用提供可信计算服务的调用接口,如针对不同安全芯片 TPM/TCM 的可信软件栈 TSS/TSM 等。

3. 安全应用层

该层位于可信计算平台系统的最高层,是面向用户的应用层,它基于可信根和基础可信运行环境,通过调用不同的可信计算软件接口,为用户提供各种各样的安全应用服务。

基础硬件中的安全芯片是可信计算平台的核心,它为整个计算平台提供可信根,是最原始、最纯粹的信任,也是可信计算平台构建的前提;可信服务层与硬件层的交互,是信任链构建的过程,信任扩展和完整性度量都通过可信服务层与硬件层的交互来实现,它是为用户应用提供基础可信运行环境必不可少的一层;安全应用层基于硬件层与可信服务层提供的可信功能及调用接口,实现用户安全应用。各层功能相辅相成,相互协作,共同为用户构建一个满足安全需求的可信计算平台。

5.1.3　可信计算机和可信服务器

随着可信计算平台规范的不断完善,出现了越来越多的可信计算平台产品。根据 TCG 给出的安全技术规范与标准,本节主要介绍应用最广泛的个人计算机和可信服务器两类可信计算平台。

1. 可信计算机

(1) 规范[6]

针对个人计算机架构,TCG 推出个人计算机 PC Client 规范(TCG PC Specific Implementation Specification),其内容主要包括 PC Client 的基本组件、主机平台启动与配置过程、系统状态转换和相应的证书定义等。其中,着重对静态 RTM 及动态 RTM 使用到的 Locality 及 PCR 进行了具体的定义和描述,并给出了 PC Client 的参考架构和应用接口。除此之外,TCG 还提供了一些辅助规范,包括个人计算机专用 TPM 接口规范 TIS(PC Client Specific TPM Interface Specification)[5]、个人计算机防重启攻击规范(PC Client Group Platform Reset Stack Mitigation Specification)[6]和两个关于可扩展固件接口(EFI,Extensible Firmware Interface)的规范[7-8]。

① 个人计算机专用 TPM 接口规范 TIS

由于 TCG 主规范中定义了非具体平台的通用的 TPM 使用接口,但是没有包含具体平台(如个人计算机或服务器)的 TPM 特殊功能(如支持动态 Locality、可重置 PCR 等),所以针对普通 PC 环境中使用支持特殊功能的 TPM 接口,制定此规范。

② 个人计算机防重启攻击规范

当一个平台重置或者关闭时,易失内存的内容不是立刻消失。因此,攻击者能够通过重置目标平台来获取尚未消失的内存内容。为此,本规范提供了一种方案,通过为主机平台重置事件设置一个内存重写(MOR,Memory Overwrite Request)标志位,在平台被非法重置时,在加载程序前清除原有内存内容以防止攻击者读取机密信息。本规范基于传统 BIOS 以及新的统一的可扩展固件接口(UEFI,Unified Extensible Firmware Interface)方法启动主机的情况,给出实现上述方法的详细接口和定义。

③ 两个关于可扩展固件接口(EFI)的规范

EFI 协议规范针对不同的 EFI 平台场景,给出 EFI 平台上使用 TPM 的接口标准定义,利用该接口 OS-Loader 和管理组件能够度量并记录 EFI 平台上的启动事件;EFI 平台规范(EFI Platform Specification)针对具有 EFI 的平台启动过程,给出针对不同事件类型扩展 PCR 以及向事件日志添加新项的详细操作定义。

(2) 产品与应用

根据已发布的可信计算机的各种规范和标准,针对不同的安全需求,不同的计算机生产厂商可建立各自的实现架构,生产不同的可信计算机。

2001 年 11 月,IBM 率先推出主板嵌有 TPM 小芯片的台式计算机产品;2004 年又推出拥有 TPM 芯片的笔记本式计算机产品;HP 公司也于 2003 年 6 月推出嵌有 TPM 的计算机。随后,富士通和宏碁等公司也相继推出自己的可信计算机产品。目前,市场上流行的可信台式计算机产品主要有 HP/Compaq 公司的 dc7100、IBM 公司的 Netvista Desktops、Dell 公司的 OptiPlex GX520 等；笔记本式计算机产品有 HP/Compaq 公司的 nw8000、IBM 公司的 T43 和 Sony 公司的 VAIO BX Series 等。除此之外，不少的国内计算机生产厂商也推出自主可信计算机产品，如联想、瑞达、清华同方、方正公司等。其中，联想公司开发了基于自主可信安全芯片 TCM 的可信计算平台。

可信计算机融合了安全芯片、基础软件、计算机制造、网络设备制造和网络应用软件等多学科专业技术，并集成了相应的可信计算安全芯片、安全软件中间件、安全主板等，能够满足军事、金融、交通等多个行业的安全要求。目前，可信计算机已经在多个领域有了广泛的应用，而随着互联网行业对安全的重视，以及用户对自身隐私信息和数据安全的保护需求的提高，可信计算机将会得到更进一步的应用和推广。

2. 可信服务器

与个人计算机一样，为了保障位于服务器上的服务与数据的安全性，需要引入可信计算技术为服务器构建可信计算环境。而由于服务器与个人计算机不同，服务器要求更高的处理速度和并发性要求，因此它与可信个人计算机也有着不同的技术规范和标准[6]。

（1）规范

由于可信服务器与可信个人计算机的区别，TCG 制定并发布了一些独立于物理实现架构的服务器规范，为可信服务器的研制和开发提供标准支持。主要内容有以下几点。

① 可信服务器主规范（Server Work Group Generic Server Specification）[9]

与可信 PC 规范相对应，针对服务器架构中使用 TPM 的特点制定，它基于 TPM 主规范，根据服务器利用 TPM 的特点需求，给出具体的属性和功能定义。但该规范与服务器平台具体架构无关，因此各服务器厂商需要针对具体平台定义自己的实现架构。

② 可信服务器命令规范（Server Work Group Mandatory and Optional TPM Commands for Server Specification）[10]

该规范是针对服务器所发布的一套命令规范，适用于服务器上的 TPM 命令。

③ 其他相关规范

结合 TCG 主规范，TCG 又制定了相关的高级配置和电源管理接口（ACPMI，Advanced Configuration and Power Management Interface）通用规范[11]，以及一种基于安腾架构的服务器系统实施规范（Server Work Group Itanium Architecture Based Server Specification）[12]。

（2）产品与应用

近年来，由于服务器的广泛应用，导致针对服务器的攻击也大量增加。为了响应市场需求，国内外企业已经开始进行可信服务器的研究和开发。但是由于 TCG 发布的有关可信服务器的规范与可信个人计算机的规范相比，缺乏诸多细节上的定义，而且服务器本身在技术上比个人计算机要复杂很多。因此，可信服务器的产品研发要比可信个人计算机滞后。

目前，HP、IBM 等知名公司都推出了部分可信服务器的产品，但主要都是结合已有的普通可信平台关键机制，并未得到广泛的应用和推广。如 HP ProLiant 系列的部分产品都嵌入了 TPM 芯片，在应用过程中主要与 Windows 的 BitLocker 机制相结合，为服务器的数据安全提供保障。2011 年，联想公司新推出了一款主流塔式服务器 T168 G7，它主要采用的是基于国产 TCM 芯片的可信加密防护技术，其目的是为服务器构建计算环境的可信。其主要优势表现在 3 个方面。

首先，构建服务器平台的可信。在开机时，安全芯片就会监控系统程序的装载，一旦发现某个程序状态异常就发出警报或禁止其运行。

其次,服务器用户身份的证明。TCM 安全芯片中存储有标识平台身份的密钥,会在必要时通过签名或数字认证机制,向外界证明自己的身份,而且标识是全球唯一的。

最后,加密保护。经过 TCM 芯片进行加密的数据就只能在该服务器平台上进行解密和处理,从而把机密数据绑定在该平台上,即使数据被盗也无法进行解密,从而实现数据保护。该产品已经通过国家保密局和国家密码管理局等权威机构的认证。

随着服务器技术的快速发展与应用,对安全的需求也越来越高。它不仅需要为本地服务提供可信的运行环境,也要为用户提供服务与数据的信任证明,使用户能够验证位于远程服务器的数据正确性和完整性。总之,可信计算技术在服务器上的应用,是服务器发展必不可少的一个环节。

5.2　可　信　机　制

可信机制,即保障可信计算平台安全可行的机制。可信机制分为以下几种:可信度量机制、可信存储机制、可信报告和可信认证机制。

5.2.1　可信度量机制

可信度量机制是平台完整性度量机制,该机制负责度量平台状态的完整性信息,并按照特定的方法和步骤进行比对和报告。

可信计算平台的可信性依靠可信根和信任扩展机制保证,而信任扩展机制就要依赖完整性度量机制,由完整性度量机制实现可信性的延伸扩展。在有新的状态发生时,先对其进行度量,如果不符合其预期的发展,系统将度量出其已被破坏,并无法将其启动。

可信计算平台中的信任扩展过程如图 5-2 所示。

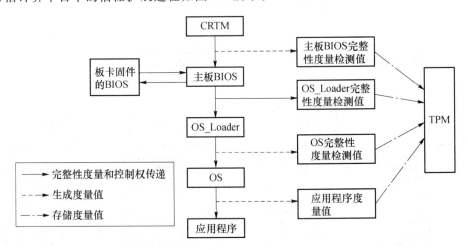

图 5-2　信任扩展过程

其中,TPM 以 CRTM 作为可信根,在系统加电时,首先启动 CRTM 对主板 BIOS 进行完整性度量,保存度量日志并在 PCR 中保存结果,并与基准值进行比对,判别 BIOS 的完整性,如果度量结果与预期相符,则将控制权移交给 BIOS;然后,BIOS 可以获得控制权并对其自身

CPU、内存、硬盘等进行度量,如果度量一致,控制权将再次移交至板卡固件的 BIOS;继而将启动内核的引导程序,完成磁盘引导、数据读取等工作;最后,执行系统初始化程序并进行度量,度量一致后启动应用程序。通过这样的步骤,就可以形成信任链,完成信任扩展,最终保证整个平台的可信。

PCR 是 TPM 中一个专门用于存储度量结果的寄存器。但由于 TPM 本身是一个小型芯片,因此 PCR 只能存储摘要值。从初始状态开始,每一次新的写入都按照式(5-1)进行。

$$Extend(PCR_n, value) = SHA1(PCR_n, \parallel value) \tag{5-1}$$

通过 PCR 中的值与预期数据进行比对,就可以度量出平台的状态信息是否完整并且可信。

5.2.2 可信存储机制

可信存储机制负责保证基准信息、度量信息以及摘要信息、核心数据的可信存储与访问。其主要思想就是通过密钥进行数据保护。

TPM 中的密钥按迁移性可以分为可迁移密钥和不可迁移密钥。顾名思义,可迁移密钥是指那些可以在平台之间互相迁移的密钥,当用户需要改变系统时,就可以使用可迁移密钥将数据转移至另一个平台;而不可迁移密钥是指只能够固定在一个特定平台上使用的密钥,它在 TPM 内部产生,只能用于该 TPM,而无法迁移至别的平台。

如图 5-3 所示,TPM 拥有多种密钥,如 EK、AIK 等。不同的密钥可以解决不同的问题。机器启动后,第一个加载到 TPM 的密钥通常是图 5-3 中的可迁移密钥,可迁移密钥由系统管理员所有。图中的不可迁移密钥指的是存储根密钥,它们通常用来解密对称密钥、签名数据和信息等。如果密钥系统过大,在必要的时候可以驱逐密钥,腾出空间。此外,还可以将密钥的载入和系统的度量结果关联起来,当系统处于特定状态或特定用户登录时,才可以使用。如可迁移密钥只由系统管理员拥有,迁移时需要系统管理员的授权才可以使用。

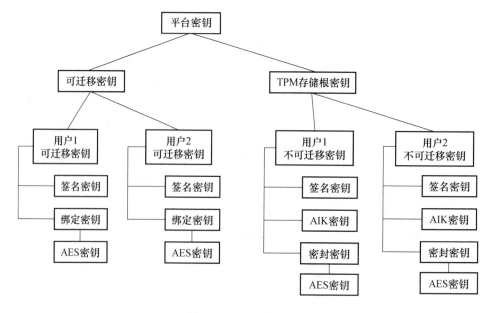

图 5-3　TPM 密钥结构

5.2.3 可信报告和可信认证机制

在可信计算平台中,经常需要提供证据证明远程用户身份和平台可信性。一般通过可信报告和可信认证机制实现。

可信报告和可信认证机制的基础是可信根中的背书密钥(EK)。背书密钥是系统的可信报告根,是一个非对称性密钥。它用于生成 AIK 和平台用户所有者,在用户使用可信计算平台时,EK 生成与用户身份相对应的 AIK。AIK 也是一个非对称密钥,平台用户可以通过 AIK 产生可信报告,向外界证明当前可信根的积存状态以及可信根中密钥的一些信息。利用这些信息,就可以实现对用户身份及平台当前可信状况的远程认证。

如图 5-4 所示,可信报告和可信认证机制框架中,包括 4 个参与方:本地可信计算平台、远程可信计算平台、可信认证中心和策略管理中心。其中,本地可信计算平台和远程可信计算平台是可信报告的生成点和可信认证的执行点,它们都拥有认证中心的 CA 公钥证书,用以验证 CA 所签发证书的合法性;可信认证中心负责发放与可信报告相关的密钥证书;策略管理中心为可信报告的内容提供认证依据。

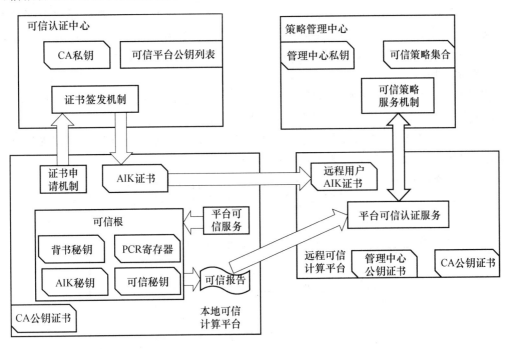

图 5-4 可信报告和可信认证机制框架

假设可信报告由本地可信计算平台生成。首先,本地可信计算平台获得由可信认证中心发放的 AIK 证书,其中包含 AIK 公钥信息以及 AIK 绑定的用户和平台信息。认证中心中拥有合法可信计算平台的 EK 公钥,利用 EK 公钥,可信平台通过生成 AIK 并通过加密导入的方式确保 AIK 私钥只存放在本地可信计算平台的可信根中。而远程可信平台就可以通过 CA 公钥验证 AIK 证书的合法性,从中提取 AIK 公钥信息以及 AIK 绑定的用户和平台信息,从而确定 AIK 公钥、用户和平台的绑定关系。绑定关系确定后,本地可信计算平台就可以向远程可信计算平台发送可信报告,而远程可信计算平台就可以通过 AIK 证书验证这些报告,通过确认可信报告中信息的可信性,从而让远程可信计算平台确认本地可信计算平台的可信性。

5.3 可信计算平台的应用

在普通计算机的基础上,可信计算平台构建计算机安全可信的计算环境。它以硬件安全芯片为可信根,通过信任扩展机制、完整性度量机制构建信任链,赋予计算机开机过程中的身份认证、系统资源完整性度量以及数字签名/验证、数据加密/解密、外部设备的安全控制等功能。随着信息技术的不断发展,多种不同形态的可信计算平台相继出现,如前文所提的可信个人计算机和可信服务器,以及本章中所提及的虚拟可信计算平台和移动可信计算平台。

5.3.1 虚拟可信计算平台

随着虚拟化技术的不断成熟和虚拟化技术带来的便利与利益,众多操作系统和硬件平台开发商都进入了虚拟化市场。虚拟化技术能够有效地提高系统资源利用效率,降低应用成本,减少配置和管理的复杂性,而且可以在服务器上为用户提供独立的程序运行环境,使得应用脱离实体机的兼容性约束和硬件资源约束。目前,越来越多的企业和用户都将重要数据和关键服务存储在虚拟化平台上。因此,虚拟化平台的安全保障技术至关重要。而随着可信计算平台在安全领域的应用和发展,引发了引入可信计算技术构建虚拟可信平台的潮流。

1. 基本架构

TPM 是可信计算平台的核心部件,因此可信计算平台的虚拟化关键在于 TPM 的虚拟化。2006 年,IBM 公司的研究人员提出了在物理平台将 TPM 虚拟化出多个 TPM(vTPM)的方法。vTPM 和物理 TPM 拥有着一样的功能。下面介绍一个基于 vTPM 的 3 层虚拟可信平台的基本架构,并简要介绍该架构的层次功能以及关键组件。如图 5-5 所示。

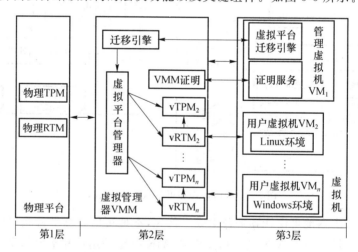

图 5-5 基于 vTPM 的 3 层虚拟可信平台架构

图中虚拟可信平台架构分为 3 个层次。

最底层(第 1 层)是物理平台,主要是由物理硬件组成。它提供 TPM 和 RTM,用于为上层结构提供物理硬件支持和可信计算服务支持,为虚拟的可信组件提供物理可信根。

中间层(第 2 层)是虚拟机管理层(VMM),VMM 能够为上层的多个虚拟机提供管理服务和运行环境隔离支持,它负责插入、删除及管理与虚拟机相关的可信服务,比如通过虚拟底层硬件生成虚拟可信组件 vTPM 和 vRTM。

最顶层(第 3 层)是虚拟机运行环境,主要为各个虚拟机提供运行环境,其中包含一个特权虚拟机可以与 VMM 进行通信,通过 VMM 中的特权命令对其他虚拟机进行管理。

2. 虚拟可信计算平台应用实例——基于 XEN 的可信虚拟机系统的构建

目前,虚拟可信平台的研究与应用已经取得了较大进展,其中剑桥大学的研究人员基于虚拟可信平台思想,实现了针对 TPM 安全芯片的软件虚拟可信根 vTPM。该方案是基于 XEN 虚拟化平台提供的分离设备驱动模型实现的。其基本架构[13]如图 5-6 所示。

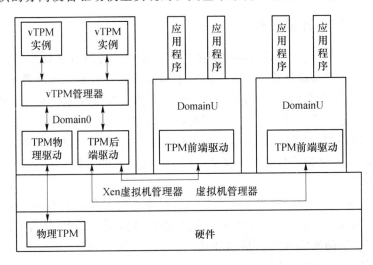

图 5-6　基于 XEN 的虚拟可信计算平台架构

在 XEN 中,客户虚拟机的 TPM 服务由一个虚拟 TPM 提供,从客户虚拟机的角度来看和使用物理 TPM 并没有太大区别,vTPM 是通过运行在 Domain0 特权域内的 TPM 仿真器(emulator)产生的。虚拟 TPM 的作用主要在于在多个客户虚拟机都存在的情况下,它能向每个客户虚拟机都提供 TPM 服务。在 Domain0 特权域内能够创建多个 vTPM 的实例,每个 vTPM 实例都只对应一个客户虚拟机。

Domain0 作为特权虚拟机,能够访问虚拟机管理器(Hypervisor)。因此将 TPM 管理器置于 Domain0 域中,与物理 TPM 直接进行通信,获取可信计算资源,并管理多个用户虚拟机的 vTPM 实例,实施创建、销毁、暂停等管理功能。vTPM 实例运行于 Domain0 域中,客户虚拟机中的可信计算请求将通过 vTPM 进行处理和实现。

XEN 中 vTPM 的实现过程[8]如下。

(1) 在客户虚拟机启动时,VMM 根据配置信息和 vTPM 相关信息进行 vTPM 的配置。

① VMM 通过脚本文件分配新的 vTPM 设备编号,将其存储在所有虚拟域共享的存储系统中,并通过管道文件向 vTPM 管理器发送 vTPM 实例的创建指令。

② vTPM 的守护进程在收到该指令后,调用 vTPM 设备,并将其 vTPM 实例与该虚拟域(DomainU)进行绑定,完成对该虚拟域 TPM 设备初始化。

(2) vTPM 设备初始化完成后,虚拟域就可以对 vTPM 设备进行访问。

① 在虚拟域需要访问 TPM 设备时,TPM 前端驱动通过事件通道将 TPM 指令发送到 TPM 后端驱动,TPM 后端驱动再通过事件通道编号找到相应的 vTPM 设备编号,填写请求包并发送给 vTPM 管理器。

② vTPM 管理器的 vTPM 后端监听守护进程读取 vTPM 后端驱动传来的指令,获得 vT-PM 设备编号和指令的其他内容,并通过与 vTPM 设备编号相对应的管道传递给相应的 vT-PM 设备软件。

③ vTPM 设备从管道文件中读取 TPM 指令信息,并进行解析执行,将执行结果与设备编号关联后通过所有 vTPM 软件共用的管道传回给 vTPM 管理器。

④ vTPM 管理器将接收的执行结果通过后端和前端驱动返回给虚拟域,实现一次完整的 TPM 操作。

5.3.2 移动可信计算平台

目前,移动终端的安全问题随着应用的推广日益显现。传统普通计算平台出现的安全威胁正不断地出现在各类移动计算平台上。但由于移动计算平台和普通计算平台在硬件结构、处理能力、存储空间等方面的差异,普通计算平台上利用安装硬件芯片来构建其安全可信的计算环境的方法不再适用于移动通信平台。因此,可信计算组织与相关移动设备厂商一起制定了移动可信模块(MTM,Mobile Trusted Module)规范。本节内容对 MTM 系统结构和特点进行了详细的阐述,并介绍了目前基于移动可信平台而设计的实例。

1. 通用架构[6]

TCG 制定的 MTM 规范,提出了一个通用的移动可信平台功能架构。在这个架构中,拥有一系列抽象化功能引擎,通过与可信服务结合,处理可信服务请求,报告当前引擎状态并提供引擎可信证明等机制来实现可信移动环境。如图 5-7 所示,该架构由 3 部分组成:抽象引擎,可信服务和移动可信模块(MTM)。

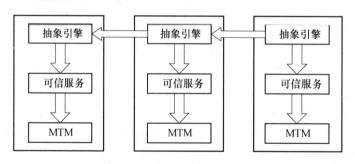

图 5-7　通用移动可信计算平台架构

(1)抽象功能引擎

通常,移动可信平台包括多种抽象引擎,每一个引擎拥有不同的作用。这些引擎通常有设备引擎、通信引擎、应用引擎和用户引擎,每个引擎为其利益相关者提供服务,该引擎所提供的服务由其所想用资源决定,而如何提供服务由引擎所有者决定。其中,设备引擎提供最基本的设备资源,主要包括用户接口、信号收发器、随机数产生器、国际移动设备身份码(即手机序列号)和用户识别模块接口;通信引擎主要负责实现数据交互接口,提供数据交互和通信功能,并保证其安全性;应用引擎主要包含众多移动应用平台上可扩展的应用程序,如某应用的客户端等;用户引擎则直接为用户提供服务。

(2)可信服务

可信服务是处于抽象功能引擎和底层 MTM 之间的中间层,每个独立的抽象功能引擎都对应一个可信服务,可信服务主要负责度量抽象功能引擎中包含的各个功能模块,并将度量值扩展至底层的 MTM 中。

（3）移动可信模块

MTM 作为移动可信平台的信任模块,是移动可信平台的核心。依据 MTM 规范以及对多个利益相关方提供信任服务的需求,将 MTM 分为移动远程所有者可信模块(MRTM,Mobile Remote-owner Trusted Module)和移动本地所有者可信模块(MLTM,Mobile Local-owner Trusted Module)。其中设备引擎、通信引擎和应用引擎利用的是 MRTM,这些引擎的远程用户与设备进行物理接触,但需要相关的安全启动进程来确保它们的引擎能够按预期执行。本地用户引擎使用的是 MLTM,因为用户能够物理接触移动设备,可以随意加载或者删除它们需要的软件。MRTM 和 MLTM 的主要区别在于 MRTM 包含额外的支持安全启动的功能。

下面将以 MRTM 为例,介绍其原理和使用过程,如图 5-8 所示。

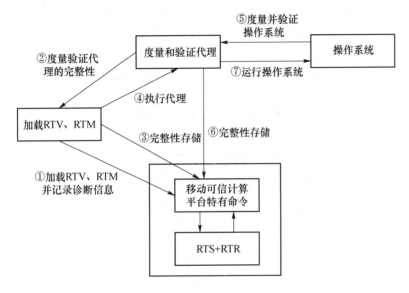

图 5-8　MRTM 原理和使用过程

其中,MRTM 作为移动可信平台的可信存储根(RTS)和可信报告根(RTR),为其他系统组件提供最基本的存储保护和可信资源。可信度量根(RTM)和可信验证根(RTV,Root of Trust for Verification)作为基本功能组件,位于 MRTM 外部,利用 MRTM 提供的保护机制实现相应的度量功能和验证功能。

利用 MRTM 构建可信的一个环节时,共分为如图 5-8 所示的 7 个步骤:

① 加载 RTV 和 RTM,并由它们对自身的执行状况进行诊断,如果与存储于 MRTM 中的参考完整性度量值(RIM,Reference Integrity Metrics)值匹配,则将结果扩展至 MRTM 中;

② 由 RTM 对验证代理的完整性进行度量;

③ 利用 RTV 将所得的实际度量值与 RIM 进行比对,如果验证通过,则将该度量值扩展到 MRTM 中;

④ 将执行控制权交给度量验证代理,执行代理;

⑤ 验证的代理对平台操作系统的完整性进行类似的度量、验证;

⑥ 将系统的完整性度量值扩展至 MRTM,进行完整性存储;

⑦ 运行操作系统。

2. 移动可信计算平台应用实例——基于 JAVA 智能卡的移动可信平台

如今,绝大多数的手机配有智能卡和 JAVA 虚拟机,智能卡提供与 SIM 卡相似的功能,而且它与设备集成在一起,不会被移除。因此,在配有 JAVA 虚拟机的手机上,只需要集成移动可信软件协议栈,实现 JAVA 应用软件和可信软件协议栈的接口,就可以实现可信计算。

目前,已有研究机构提出了基于 JAVA 智能卡实现 MTM 的技术,其主要思想是在智能卡内部实现 MTM 功能,如图 5-9 所示。MTM 分为 MRTM 和 MLTM 两部分,分别以不同的 JAVA 小应用程序(Applet)运行在 JAVA 智能卡中,在卡的非易失性存储器中存储 MTM 的背书密钥、授权数据等,并用硬件密码模块实现 MTM 所需的密码算法运算。

除 JAVA 智能卡技术实现 MTM 方案外,还有一种常见的方案是基于 TrustZone 实现 MTM,其基本思想是用 TrustZone 建立的安全模式与非安全模式来实现硬件的隔离。将 MTM 和普通应用程序隔离开来。MTM 运行在安全区域中,以保证其中重要数据的安全性,一般应用程序运行在一般区域,当需要上层可信服务时,需向监控器提出申请以切换到安全区域进行处理。但是,该方案只有在 ARM TrustZone 芯片中才能实现,对我国的自主处理器来说还不具备实现条件。

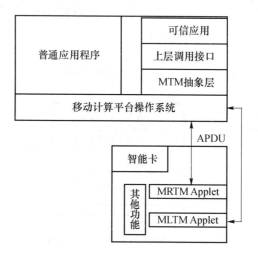

图 5-9　基于 JAVA 智能卡的移动可信平台软件架构

5.4　本　章　小　结

本章主要介绍可信计算平台。首先给出了可信计算平台的概念以及其功能架构,然后以可信计算机和可信服务器的技术规范为前提,详细介绍了满足可信计算平台规范的个人计算机和服务器。最后分别以虚拟可信计算平台应用实例和移动可信计算平台应用实例,对可信计算平台在新型计算平台上的应用做了详细的介绍。总而言之,随着应用的快速发展和安全需求的不断提高,可信计算平台将凭借其独特的信任保障机制,在信息技术的各个领域得到更加广泛的应用。

思 考 题

1. 了解可信计算平台的发展历程,并思考可信计算平台在信息安全领域的优势。
2. 概述可信计算平台的定义及其主要目标。
3. 回顾第 2 章可信计算平台中各种密钥的作用,并简述可信报告与可信验证的流程。
4. 除本书中提到的可信计算平台应用场景之外,提出至少 2 种应用场景。
5. 简述 DomainU 使用 TPM 功能时,vTPM 的具体操作流程。
6. 简述移动可信计算平台的原理。

本章参考文献

[1] Ntoskrnl. Window file protection:how to disable it on the fly[EB/OL]. (2004-11-09) [2018-03-30]. https://ntcore. com/files/wfp. htm.

[2] 邹德清,羌卫中,金海. 可信计算技术原理与应用[M]. 北京:科学出版社,2011.

[3] Department of Defense Computer Security Center DoD 5200. 28-STD. Department of Defense Trusted Computer System Evaluation Criteria[S]. [S. L.]:DOD,1985.

[4] Hunt G,Brubacher D. Detours:binary interception of Win32 Functions[C] //Proceedings of the 3rd USENIX Windows NT Symposium. Seattle:[s. n.],1999:135-143.

[5] 肖政,韩英,叶蓬,等. 基于可信计算平台的体系结构研究与应用[J]. 计算机应用, 2006(8):1807-1809,1812.

[6] 冯登国. 可信计算——理论与实践[M]. 北京:清华大学出版社,2013.

[7] Trusted Computing Group. TCG PC client specific TPM interface specification[EB/OL]. (2013-03-21)[2018-03-29]. https://trustedcomputinggroup. org/resource/pc-client-work-group-pc-client-specific-tpm-interface-specification-tis/.

[8] Trusted Computing Group. TCG EFI protocol specification[EB/OL]. (2016-03-30)[2018-03-30]. https://trustedcomputinggroup. org/resource/tcg-efi-protocol-specification/.

[9] Trusted Computing Group. TCG EFI platform[EB/OL]. (2006-06-07)[2018-03-30]. http://www. trustedcomputinggrouporg/developers/pc_client.

[10] Trusted Computing Group. TCG generic server specification[EB/OL]. (2005-03-23) [2018-03-30]. http://www. trustedcomputinggroup. org/developers/server.

[11] Trusted Computing Group. TCG ACPI specification[EB/OL]. (2017-04-18)[2018-03-30]. https://trustedcomputinggroup. org/resource/tcg-acpi-specification/.

[12] Trusted Computing Group. Mandatory and optional TPM command for servers[EB /OL]. (2007-04-10)[2018-03-30]. http://www. trustedcomputinggroup. org/developers/server.

[13] 慈林林,杨明华,田成平,等. 可信网络连接与可信云计算[M]. 北京:科学出版社,2015.

第 **6** 章

可信计算测评

可信计算已经成为国际信息安全领域的新热潮,可信计算平台产品开始走向应用。可信计算技术是可信计算平台的重要基石,它在保障安全和建立信任的过程中发挥着无可取代的重要作用。通过可信计算测评手段可以保障可信计算技术的安全性、可靠性,这对于保护私人、团体乃至国家、民族的利益都至关重要。可信计算测评工作还有利于提高可信计算平台的平台质量以及基于此项技术的产品质量,增强产品与产品间的兼容性以及互操作性,进而推进整个可信计算产业的发展。可信计算测评的研究成果也可以为相关产品的质量评价和市场引入提供科学的方法和技术支撑。

对于信息安全产品,若不经过测评,用户是无法放心使用的。本章内容围绕 TPM/TCM 相关规范中可信计算测评方面的相关研究进展,从以下 3 个研究方向:可信平台模块标准符合性测试、可信计算机制安全性分析和可信计算系统安全性的评估认证展开介绍。

6.1 可信计算测评概述

近年来,可信计算已经成为国际信息安全领域的新一波浪潮。在国际上,以可信计算组织(TCG)[1]、欧盟开放可信计算组织(OpenTC)[2]为代表的国际联盟正在积极推进可信计算规范的制定与产品化工作。在我国,具有我国自主知识产权的可信计算规范和产品已经推出[3],可信计算机已经进入市场,"我国在可信计算领域起步不晚,水平不低,成果可喜。我国已经站在国际可信计算领域的前列"[4-5]。

随着可信计算技术与产业的发展,可信计算产品的应用会越来越多。根据我国信息安全产品测评认证的政策规定[6],作为一种新型的信息安全产品,可信计算产品需要通过相关测评方能进入市场,否则用户是无法放心使用的。但目前在全世界范围内,由于可信计算产品是一种新产品,其相关质量保障体系和测评标准还未建立,尚未看到有可信计算平台测评系统的报道。这一状况必然影响可信计算产品的发展与应用,因此,开展可信计算平台测评技术研究既是十分必要的,也是十分紧迫的。

6.1.1 可信计算测评的定义

可信计算测评是指根据有关信息技术安全标准和规范,对信息系统和信息技术产品的安全性进行综合测试和评估的活动。测评是指对被测产品进行测试,并对测试过程中的各种测试对象和结果进行记录、分析和评价的活动。评估是指根据测试的结果,评价被测系统或产品的技术、功能和性能是否达到标准和规范的要求。信息安全测评是一种既要使用正式、规范的测试方法,更要依赖可操作的分析程序和专家智慧与专业经验,甚至要借助不断发展的攻击技术的特殊测试活动[7]。对于可信计算平台的测试工作,应该既包括对被测对象的安全性分析,又包括安全标准与规范的符合性测试、安全渗透性测试、漏洞扫描测试,等等。

6.1.2　可信计算测评的研究现状

在可信平台模块标准符合性测评方面,德国波鸿鲁尔大学给出了第一个详细的 TPM 规范符合性测试方案和相应的测试结果[8]。该方案自动化程度较低,也无法分析测试结果的覆盖度。我国学者在 TPM 的自动化测试方面进行了研究[9],并研究了 TPM 符合性测试用例自动生成问题,提出了一种改进的随机测试用例生成方法[10],同时从可信计算平台形式化模型入手,给出了一套完整的信任链测试方法。除上述测试工作外,可信计算评估工作也陆续展开。TCG 启动了针对 TPM 芯片和可信网络连接产品的评估项目[11],其中 Infineon 公司的 TPM SLB9635TT 1.2 成为通过依据 TPM 保护轮廓[12]评估的首款芯片产品[13]。

在可信计算安全协议分析及可信计算系统安全性分析方面,意大利米兰大学使用 SPIN工具对 TPM 授权会话协议进行了分析,发现了 OIAP 协议存在重放攻击的问题[14],攻击者可以重放已经执行过的命令从而回滚 TPM 状态。英国惠普公司使用 Murphi 有限状态自动机检测工具也对 TPM 授权会话协议进行了分析,分析结果显示该协议在共享授权秘密场景下易遭受 TPM 伪装攻击[15]。德国萨尔大学利用 π 演算方法分析了 DAA 协议,发现了 DAA 协议的一个安全缺陷[16]:攻击者可以使得匿名凭证颁发者无法精确统计已持有证书的平台。美国卡内基梅隆大学采用安全系统逻辑分析了 TPM 完整性收集和报告功能[17],发现攻击者可以任意修改平台 PCR 值,破坏了基于动态度量可信根的信任传递机制。我国学者针对国产安全芯片 TCM 的部分关键机制进行了模型检验分析[18],其操作性更强,自动化程度更高[19]。还有学者在 TCG 框架下给出了一个利用迁移机制窃取密钥信息的有效攻击方法[20]。中科院冯登国等人对可信计算评测问题开展了系统研究[18-19,21],在可信平台模块测试模型、自动化合规性检测方法、合规性测试用例质量分析 3 个方面取得了重要进展。

总体而言,可信计算测评的研究与实践尚未完全成熟,一些关键测评技术亟待研究。虽然目前国内外已经对可信计算测评有了一定程度的研究,但是尚缺少系统完整的测评研究,并且其实践性和可用性也有待提高。

6.1.3　可信计算平台测评

可信计算产品已经开始走向应用,我国的政策规定,信息安全产品必须经过测评认证才能实际应用,因此必须对可信计算平台进行测评。从可信计算技术的发展历史来看,可信计算技术针对的故障/攻击目标来自于计算机系统的硬件故障(包括硬件器件老化、硬件设计错误等)、软件故障(包括软件老化故障、设计故障等)、人为恶意故障、系统环境故障(包括人为操作故障、天灾等不可抗力给信息系统造成的故障等) 等多种形式和形态。这也决定了对可信计算平台测评的复杂性及困难性。

目前,TCG 尚未对其规范和产品的性能及安全性进行全面的分析和验证工作,从公开的文献来看,TCG 技术规范中仅对 DAA 等协议进行了较为严格的安全性分析。TCG 针对TPM 的设计安全,给出了相应的保护轮廓,并通过了信息技术安全评价通用准则(CC,The Common Criteria for Information Technology Security Evaluation)认证。Atmel 公司的 TPM产品 AT97SC3201 通过了美国认证实验室 CygnaCom 的评估保证第 3 级(EAL 3,Evaluation Assurance Level 3)认证。Infineon 公司已经开始对生产的 TPM 进行最严格的硬件安全评估流程审核,计划要达到 EAL 4 硬件安全水平。

图 6-1 给出了可信计算平台测评系统的结构[22]。测评的技术路线是,以可信计算的理论和技术为基础,以 TCG 和我国的可信计算规范和标准为依据,以平台的可信特征为测评重点,测评可信计算平台的可信性和安全性。主要测试可信计算平台的 TPM、信任链、TSS 的标准符合性和安全性。通过测试可发现现有的可信计算平台在设计体系上存在的一些缺陷,同时也可发现现有可信计算平台产品存在的缺陷。由此可见,测试不仅为用户选择可信计算机产品提供了依据,也为可信计算平台技术及产品的改进和发展提供了依据。

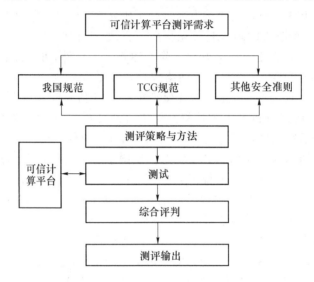

图 6-1　可信计算平台测评系统结构

已有的实际测试表明,目前无论是国外还是国内的可信计算机都没有完全符合相应的技术规范。但是,可信计算机的技术进步是明显的。早期的可信计算机产品基本上都没有信任链,如 HP nc6230 在信任链方面与 TCG 规范的符合率只有 18.18%。而后期的产品在信任链方面与技术规范的符合率大大提高,如 HP nc6400 在信任链方面与规范的符合率已达到 81.2%。值得注意的是,现在仍有一部分国内外的可信计算机虽配置了 TPM 芯片,提供了一些应用程序编程接口(API,Application Programming Interface)调用,但却没有完整的信任链和 TSS。由于这些计算机缺少主要的可信计算机制,因而不能称为可信计算机。

测评研究与实践证明,在我国开展对可信计算机的测评研究与实测认证是十分必要的和迫切的。我国政府应当加大这方面的投入和支持,加强测评认证的管理。另外,虽然目前国内外对可信计算平台的测试进行了一定的研究,但是研究的深度和广度都还是不够的,还需要开展进一步的深入研究。

6.2　可信平台模块标准符合性测试

可信平台模块标准符合性测试是可信计算测评中的重要组成部分。首先,相关技术规范对安全芯片的安全性和功能正确性有较高要求,因此标准符合性测试是保障可信计算环境的安全性与功能正确性的基础手段;其次,可信平台模块标准符合性测试有助于厂商及时发现其产品缺陷,提高产品质量,进而推动可信计算产业的发展;再次,实际系统应用中,不同厂商的可信平台模块之间、可信平台模块与其他软硬件之间存在大量交互,标准符合性测试有助于保证产品间的兼容性和互操作性,也有利于降低产品部署和升级的成本;最后,可信平台模块符合性测试研究为相关产品的认证提供了科学的测评方法,也为国内可信计算测评机构提供了技术和工具支持[21]。

6.2.1　标准符合性测试模型

形式化测试模型能够精确、无异议地描述标准,是提高标准符合性测试的自动化水平和质量分析水平的基础。采用如图 6-2 所示的步骤构建该模型,其中,标准描述采用形式化的程序规格说明语言,对标准进行功能划分整理和一定程度的抽象简化,排除对后续工作不必要的干扰,也避免自然语言说明的不完善性或者异议性;功能分析是在标准表述的基础上,分析各个功能模块内部的命令之间的控制流和数据流依赖关系,即系统化的抽象规范中的逻辑关联;迁移/状态定义根据模块内部命令的依赖关系,基于扩展有限状态机(EFSM,Extended Finite State Machine)理论,定义各模块的 EFSM 模型的状态与迁移,再根据功能模块间的命令关系将各功能模块的模型复合,建立完整的可信平台模块标准符合性测试模型[21]。

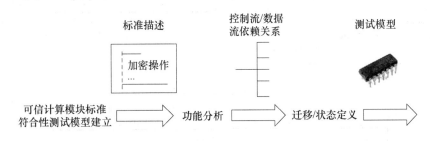

图 6-2　可信平台模块标准符合性测试步骤

1. 标准描述

标准描述的主要目的是对标准文本内容进行抽象和简化,排除自然语言的异议性和不完备性。标准描述工作自身又分为功能划分、抽象简化和形式化描述 3 个步骤[21]。

功能划分是解读标准的第 1 个步骤。以 TPM/TCM 相关标准为依据,更为清晰地界定出高内聚、低耦合的功能类。在功能划分的基础上,可以对各个功能类/子系统进行抽象简化。抽象简化的目标是提炼各个子系统的核心内容,突出具有代表性的特色功能。最终,对于各个子系统,使用 Z 语言进行精确的形式化描述。Z 语言是目前使用最广泛的程序规约语言,一般 Z 语言描述首先定义数据结构与变量,然后给出功能操作。对密码学子系统,文献[21]引入的抽象数据类型包括密钥句柄 KeyHandle、密钥类型 KeyType(支持 3 个可选值)以及全局变量 maxcount(用于描述 TCM 内部可容纳的最多密钥数量),如图 6-3 所示。

```
[KeyHandle, KeyType]
maxcount:N;
KeyType:=TCM_STORAGE|TCM_SIGN|TCM_BIND;
```

图 6-3　数据类型和全局变量

对于密钥管理类操作命令,按照 Z 语言定义 TCMCreateKey、TCMLoadKey 和 TCMEvictKey,如图 6-4 所示。对于密钥操作类操作命令,以 TCMEncrypt 和 TCMDecrypt 等为例,定义函数操作的输入、输出及最关键的内部处理流程,如图 6-5 所示。还必须注意描述必要的系统状态及状态初始化,例如使用 KeyHasType 函数将密钥句柄映射成不同的密钥类型,初始时 TCM 内部必须存在存储根密钥(SRK),如图 6-6 所示。

TPMCreateKey

ΞTPMState
parentHandle?: KeyHandle
type?: KeyType
result!: N

∃h:KeyHandle | h = parentHandle? ∧
h→TPM_STORAGE ∈KeyHasType
result!=0

TPMLoadKey

ΔTPMState
parentHandle?: KeyHandle
type?: KeyType
result!: N
KeyHandle!: KeyHandle

∃h:KeyHandle | h = parentHandle? ∧
h→TPM_STORAGE ∈KeyHasType
result!= 0
inKeyHandle!= ∀x x: x ∈KeyHandle∧x∉keys
keys'= keys∪{inKeyHandle?}
KeyHasType'= KeyHasType ⊕ {inKeyHandle?→type?}

TPMEvictKey

ΔTPMState
evictHandle?: KeyHandle
result!: N

keys≠∅
evictHandle?∈keys
keys'= keys | {evictHandle?}
KeyHasType'= {evictHandle?} ⊴ KeyHasType

图 6-4 密钥生成、载入和载出操作模式

TPMUnSeal

ΞTPMState
KeyHandle?: KeyHandle
result!: N

KeyHandle?∈ keys∧KeyHasType
(KeyHandle?)=TPM_STORAGE
keys' = keys
KeyHasType' = KeyHasType

TPMSeal

ΞTPMState
KeyHandle?: KeyHandle
result!: N

KeyHandle?∈ keys∧KeyHasType
(KeyHandle?)=TPM_STORAGE
keys' = keys
KeyHasType' = KeyHasType

图 6-5 封装和解封操作模式

TPMState

keys: PKeyHandle
KeyHasType: KeyHandle→KeyType

dom keyHasType:=keys
keys≤maxcount

Init

Keys={srkKeyHandle}
KeyHasType={srkKeyHandle→TPM_STORAGE}

图 6-6 系统抽象状态和初始化定义

2. 功能分析

在标准描述的基础上,可进一步分析功能子系统内部变量与操作之间的逻辑关系。这种逻辑关系一般体现在控制流和数据流两个方面,前者指芯片内部数据和状态的改变及对其他命令的影响,后者指命令的输出参数对其他命令的影响[21]。

以密钥子系统为例,TCMLoadKey 的执行需要 TCMCreateKey 命令输出的密钥包作为输入参数,但它们可以存在于不同的 TCM 生命周期(一次加电运行的过程中,即使不首先执

行 TCMCreateKey 也可以执行 TCMLoadKey),因此这两个命令之间存在数据流依赖关系,但不存在控制流关系。与之相比,TCMSeal 等的执行不但需要 TCMLoadKey 所载入的密钥句柄作为输入参数,而且要求密钥对象首先被载入 TCM,因此在数据流与控制流上都依赖于 TCMLoadKey 命令。密钥操作命令间的依赖关系如图 6-7 所示。

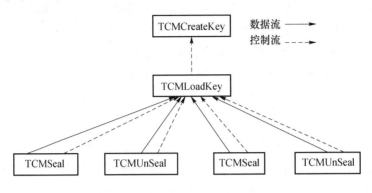

图 6-7　密钥操作命令依赖关系

3. 状态提取

在标准描述和功能分析的基础上,可以开始构建 EFSM 模型,重点是提取 EFSM 模型的状态和状态间迁移。在模型状态提取方面,一般的步骤是:先根据标准描述定义系统内部变量和初始状态,再根据变量值划分将初始状态进一步拆分[21]。

(1) 内部变量与初始状态

可信平台模块的状态由其内部变量的取值划分决定,而内部变量又分为单值变量和集合变量两类。单值变量指只在单维度变化、取值的变量,如 TCM 内部标志激活状态、使能状态和所有者状态的布尔型内部变量,它们只能取 TRUE 和 FALSE 两种值;集合变量指可以在多维度变化、由若干自变量构成的集合,如前述的 TCM 内部记录已加载的密钥信息的变量 keys,其由最多不超过 maxcount 个密钥句柄自变量构成。

假设可信平台模块的某子系统由状态变量 $x_1, x_2, \cdots, x_i, \cdots, x_n, A_1, A_2, \cdots, A_j, \cdots, A_l$ 决定,其中 x_i 表示的是单值变量,类型分别为 $T_1, T_2, \cdots, T_n, A_j$ 是集合变量,集合中的元素类型为 $K_1, K_2, \cdots, K_l$。则子系统初始状态可用式(6-1)表示(仍采用 Z 语言描述集合)。

$$S_{\text{Initial}} = \{x_1, x_2, \cdots, x_n, A_1, A_2, \cdots, A_l \mid x_1 \in T_1, x_2 \in T_2, \cdots, x_n \in T_n, \qquad (6\text{-}1)$$
$$A_1 \in P_1, A_2 \in P_2, \cdots, A_l \in P_l\}$$

在前述的可信密码模块密码子系统的 Z 语言规格说明中,只有一个集合变量 keys,并且存在一个约束函数 KeyHasType。因此,其子系统初始状态为

$$S_{\text{Initial}} = \{\text{keys} \mid \# \text{keys} \leqslant \text{maxcount}\} \qquad (6\text{-}2)$$

(2) 状态划分

给定初始状态集合,可根据状态变量的取值划分对状态进行细分。对于单值变量,可选择一定的策略对 x_i 的取值进行划分,常见的策略包括边界值分析法和类别划分法等。根据变量取值的不同,初始状态将被进一步划分。基于策略 policy,对状态 S 关于状态变量 x_i 的划分定义为[21]

$$\text{Partition}(S, x_i, \text{policy}) = \{D_1, D_2, \cdots, D_j, \cdots, D_{m_i} \mid D_j \stackrel{\Delta}{=\!=\!=} \tag{6-3}$$

$$(P_j(x_i) = \text{true} \land \forall D_{j1}, D_{j2} : D_{j1}(x_i) \bigcap D_{j2}(x_i) = \varnothing \land \bigcup_{i=1}^{m_i} D_i = T_i)\}$$

其中：D_j 表示状态 S 经过状态变量 x_i 细分之后的子状态，P_j 是对 x_i 变量进行约束的谓词逻辑，如 $x_i \geqslant 0$；$D_{j1}(x_i)$ 表示状态 D_{j1} 中状态变量 x_i 的取值空间。对集合变量，采用基于集合划分的方法进行状态空间的划分。称 π 为集合 A 的一个划分，当且仅当一个 A 的子集族 π 满足以下条件：①$\varnothing \notin \pi$；②π 中任意两个元素不相交；③π 中所有元素的并集等于 A。若存在由集合 T 到类型 V 的函数 $f : T \rightarrow V$，且类型 V 是有限集，$\text{ran}(f) = \{v_1, v_2, \cdots, v_n\}$，则类型 T 的函数值划分为

$$\pi = \{\{\forall t : T \mid f(t) = v_1\}, \{\forall t : T \mid f(t) = v_2\}, \cdots, \{\forall t : T \mid f(t) = v_n\}\} \tag{6-4}$$

因此函数 f 按照状态集合变量 A_j 可对状态 S 进行划分，得到划分后的结果为

$$\text{Partition}(S, A_j, f) = \{B_1, B_2, \cdots, B_{k_j} \mid \{\forall t : t \in B_1(A_j) \mid f(B_1(A_j)) = v_1\} \cdots$$

$$\{\forall t : t \in B_{k_j}(A_j) \mid f(B_{k_j}(A_j)) = v_{k_j}\}\} \tag{6-5}$$

其中 $B_1(A_j)$ 表示状态 B_1 中集合变量 A_j 的取值空间中类型为 K_j 的元素集合。

对于密码学子系统，基于集合变量进行状态划分为

$$\text{Partition}(S_{\text{Initial}}, \text{keys}, \text{KeyHasType}) = \{S_{\text{Sign}}, S_{\text{Storage}}, S_{\text{Bind}}\} \tag{6-6}$$

其中 S_{Sign} 内的所有元素密钥句柄都为签名密钥，其他的定义类似。至此，状态的组合数 $n = C_3^2 + C_3^1 + C_3^3 = 2^3 - 1 = 7$。划分后的具体状态为

$$s_1 = \{S_{\text{Sign}}\}, s_2 = \{S_{\text{Storage}}\}, s_3 = \{S_{\text{Bind}}\}, s_4 = \{S_{\text{Sign}}, S_{\text{Storage}}\},$$

$$s_5 = \{S_{\text{Storage}}, S_{\text{Bind}}\}, s_6 = \{S_{\text{Sign}}, S_{\text{Bind}}\}, s_7 = \{S_{\text{Sign}}, S_{\text{Storage}}, S_{\text{Bind}}\} \tag{6-7}$$

各个划分之间互相组合得到最后的状态空间。划分之间进行状态组合得到状态空间的个数为 $C_{k_j}^1 + C_{k_j}^2 + \cdots + C_{k_j}^{k_j} = 2^{k_j} - 1$。如果内部存在的状态变量既包含单值变量 $x_1, x_2, \cdots, x_n$，又包含集合变量 $A_1, A_2, \cdots, A_l$，那么最后的状态空间是各个变量之间的完全组合。得到的状态数为

$$\prod_{i=1, j=1}^{i=n, j=l} m_i(2^{k_j} - 1) \tag{6-8}$$

如果状态变量数较多，那么其存在的状态空间可能会急剧增加。这种情况下，可在状态细分这一步中控制各个状态变量的划分粒度，也可以根据需求（如测试需求）对最后产生的状态空间进行限制。如果在上述工作的基础上增加约束条件

$$P(S) = \{S \mid \forall \text{key} \in \text{keys}, \text{KeyHasType}(\text{key}) = \text{TPM\_SIGN}\} \tag{6-9}$$

则状态空间可以缩减为 4 个，分别为 s_1, s_4, s_6 和 s_7。

4. 迁移提取

状态间迁移提取是构建可信平台模块的 EFSM 模型的最后步骤。迁移以引起状态变化的操作行为为核心：对于任意的两个 TPM 状态 s_i 和 s_j，如果存在某个操作 op 使得状态 s_i 能转化成状态 s_j，那么就将状态迁移 (s_i, s_j, op) 加入迁移集中。图 6-8 展示了迁移提取的基本算法，其中 $\text{def}(s) = \{\text{key} \mid \text{key} \in s\}$，$S$ 为内部状态的集合，op 表示 TPM 操作的集合[21]。

```
DrivingTransition()
T=Ø
 for all s_i ∈ S
  for all s_j ∈ S
   if exists op ∈ op such that
        ∃keys,keys':PKeyHandle
        ∃keyHandle:KeyHandle
        keys ∈ def(s_i) ∧ keys' ∈ def(s_j) ∧
        keys'=keys ∪ {keyHandle} ∧ #keys' ≤ maxcount
add(s_i,s_j,op) to T
   else back
```

图 6-8　状态迁移的提取算法

对于密码子系统,引起迁移的操作包括 TPMCreateKey、TPMLoadKey、TPMEvictKey、TPMSeal、TPMUnseal、TPMSign、TPMVerify、TPMEncrypt 和 TPMDecrypt。应用上述算法后最终得到的密码子系统的 EFSM 图如图 6-9 所示[19,21]。

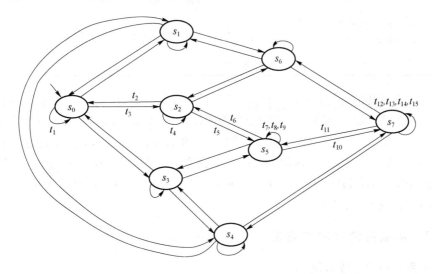

图 6-9　密码子系统的 EFSM 图

图 6-9 中具体的状态含义以及状态迁移如表 6-1 和表 6-2 所示。

表 6-1　EFSM 状态描述

状态	描述	状态	描述
s_0	初始状态,已经 TakeOwner,拥有 SRK,并且 TPM 是 enabled,处于 TPM 的 s_1 操作状态	s_4	TPM 内部既有加密密钥,又有存储密钥
s_1	TPM 内部都是加密密钥	s_5	TPM 内部既有签名密钥,又有存储密钥
s_2	TPM 内部都是签名密钥	s_6	TPM 内部既有加密密钥,又有签名密钥
s_3	TPM 内部都是存储密钥	s_7	TPM 内部同时有加密密钥、签名密钥和存储密钥

表 6-2　状态迁移表

状态迁移	描述
t_1	$\{s_0 - \text{TPM\_CWK}, P_{t_3} \mid \langle y_{\text{retValue}}(0), y_{\text{ordinal}}(\text{TPM\_CWK}), y_{\text{tag}}(\text{RspTag}), y_{\text{KeyType}}(x_{\text{KeyType}})\rangle, 0 - > s_0\}$ 其中 $P_{t_3} = (x_{\text{tag}}(\text{auth1Tag}), x_{\text{KeyHandle}} \in \text{keys})$
t_2, t_6, t_{11}	$\{s_2(s_5, s_7) - \text{TPM\_EK}, P_{t_2} \mid \langle y_{\text{retValue}}(0), y_{\text{ordinal}}(\text{TPM\_EK}), y_{\text{tag}}(\text{RspTag})\rangle, 0 - > s_0(s_2, s_5)\}$ 其中 $P_{t_2} = <x_{\text{tag}}(\text{reqAuth}), x_{\text{KeyHandle}} \in \text{keys}>$
t_3, t_5, t_{10}	$\{s_0(s_2, s_5) - \text{TPM\_LK}, P_{t_3} \mid \langle y_{\text{retValue}}(0), y_{\text{ordinal}}(\text{TPM\_LK}), y_{\text{tag}}(\text{resAuth1})\rangle, 0 - > s_2(s_5, s_7)\}$ 其中 $P_{t_3} = (x_{\text{tag}}(\text{reqAuth1}), x_{\text{KeyHandle}} \in \text{keys}, x_{\text{KeyType}}(\text{SignKey}))$
t_4, t_7, t_{12}	$\{s_2(s_5, s_7) - \text{TPM\_Sign}, P_{t_{16}} \mid \langle y_{\text{tag}}(\text{rspAuth2}), y_{\text{retValue}}(0), y_{\text{ordinal}}(\text{TPM\_Sign})\rangle, 0 - > s_2(s_5, s_7)\}$ 其中 $P_{t_{16}} = (x_{\text{tag}}(\text{reqAuth2}))$
t_8, t_{13}	$\{s_5(s_7) - \text{TPM\_Seal}, P_{t_{10}} \mid \langle y_{\text{tag}}(\text{rspAuth1}), y_{\text{retValue}}(0)\rangle, 0 - > s_5(s_7)\}$ 其中 $P_{t_{10}} = (x_{\text{tag}}(\text{reqAuth1}), x_{\text{KeyHandle}} \in \text{keys} \wedge x_{\text{KeyType}}(\text{TPM\_STORAGE}))$
t_9, t_{14}	$\{s_5(s_7) - \text{TPM\_UnSeal}, P_{t_{11}} \mid \langle y_{\text{tag}}(\text{rspAuth2}), y_{\text{retValue}}(0), y_{\text{ordinal}}(\text{TPM\_UnSeal})\rangle, 0 - > s_5(s_7)\}$ 其中 $P_{t_{11}} = (x_{\text{tag}}(\text{reqAuth2}))$
t_{15}	$\{s_7 - \text{TPM\_UB}, P_{t_9} \mid \langle y_{\text{tag}}(\text{repAuth1}), y_{\text{retValue}}(0), y_{\text{ordinal}}(\text{TPM\_UB})\rangle, 0 - > s_7\}$ 其中 $P_{t_9} = (x_{\text{tag}}(\text{reqAuth1}), x_{\text{KeyHandle}} \in \text{keys})$

表 6-2 中,在迁移的标记 $(s-x, P \mid \text{op}, y - > s')$ 中,s 表示当前状态,s' 表示迁移后的状态,x 表示输入,P 表示转移的条件,op 表示转移中的操作,y 表示输出。表 6-2 涉及的符号有:输入变量集合 x_{tag},x_{ordinal},x_{KeyType} 和 $x_{\text{KeyHandle}}$;输出变量集合 y_{tag},y_{retValue},y_{ordinal},$y_{\text{KeyHandle}}$ 和 y_{KeyType};符号 $y_{\text{tag}}(\text{value})$ 表示对变量 y_{tag} 赋值 value;输入命令有 TPM_CWK(产生密钥),TPM_EK,TPM_LK,TPM_UB,TPM_Seal,TPM_UnSeal 和 TPM_Sign;环境变量和全局变量集合有 keys(TPM 中的句柄集合)等。

6.2.2　标准符合性测试方法

1. 测试用例自动生成方法

测试用例自动生成方法是可信平台模块标准符合性测试的核心和难点,为简化可信平台模块测试用例的复杂性,可将测试用例的生成分为两个阶段:第 1 阶段自动生成抽象测试用例,此类用例本身不可执行,但可以标识命令执行顺序,体现命令之间的控制流关系与数据流关系;第 2 阶段将抽象测试用例转化为实际测试用例,通过在测试命令中填入具体参数,体现每条命令内部的功能逻辑,使得测试用例具备实际执行的条件[21]。

抽象测试用例生成的大致步骤如图 6-10(a)所示。对任何一个命令 A,首先寻找其命令依赖关系,将 A 所依赖的命令排序于 A 之前,将依赖于 A 的命令排序于 A 之后;然后对依赖于 A 或者 A 所依赖的命令顺序进行调整,得到单条命令的抽象测试用例;对所有命令反复执行此过程,并在必要的情况下对某些测试用例进行复合,即可得到包含多条命令的组合功能抽象测试用例。

实际测试用例生成的大致步骤如图 6-10(b)所示。对于任意一个命令 A,寻找其数据流依赖关系;然后根据该依赖关系中体现的命令之间的关联参数,将参数取值的等价类代表元插入到原有的抽象测试用例当中;最后,按照 A 命令自身的输入参数,以及输出参数与输入参数之间的关系,进一步补充测试用例的参数,最终得到命令的实际测试用例。

　　该测试用例生成方法只在初始时需要少量的人工参与,自动化程度较高,这减轻了测试人员的工作负担,提高了测试工作效率。该方法还为精确的测试质量分析提供了条件,使得测试结论的可信性建立在可检验的算法而非对测试人员的信任之上。这有利于排除测试中人为因素的干扰,增强测试的客观性和用户对测试结果的信心。

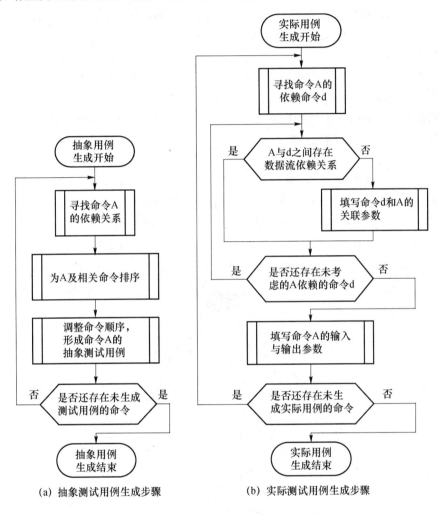

(a) 抽象测试用例生成步骤　　　　(b) 实际测试用例生成步骤

图 6-10　测试用例生成步骤

2. 测试用例分析

　　测试用例的质量分析是定量描述测试方法可信程度的重要手段。对于相对完备和通用的测试模型,测试用例的质量实际取决于用例生成模型的简化和生成用例的裁剪。在理想情况下,只要分析简化和裁剪时所依据的原则,就可以确定测试覆盖度等关键性质量指标。例如,采用完全状态覆盖作为测试用例生成程序的终止条件时,测试者可以保证对于测试模型中的任意一个内部变量(单值的或者集合的)的任意一种取值,至少有一个测试用例覆盖该值。然而实际的测试工作中,由于保障完全覆盖的代价过大,一般要求状态或迁移覆盖度超过某个阈值即可。换句话说,生成测试用例的同时,需要监测测试用例的覆盖程度,一旦达到阈值便要及时终止测试用例生成程序[21]。

　　在已经完成的测试工作中,文献[21]设定状态覆盖度阈值作为用例生成终止条件,因此主要采用状态可达性分析树方法衡量测试用例质量。所谓可达性分析树是一个树形结构图,其描述了特定有限状态机的行为轨迹。可达性分析树的根节点(零级节点)对应于有限状态机的初始状态,而第 N 级节点对应于从状态机初始状态出发、经过 N 次迁移可达的状态。由于EFSM 模型的迁移谓词在某些测试数据条件下为假,并非每条路径都可行,因此,可以通过图论中的深度优先或广度优先搜索方法对图进行遍历,具体的可达性分析树生成算法如下。

（1）设置遍历搜索的深度 l,从 EFSM 的指定初始节点出发对 EFSM 进行深度优先遍历,生成可达性分析树。

（2）在深度优先遍历过程中将遍历到的节点放入已遍历状态集合 $S_{traversal}$ 中。

（3）当遍历深度大于 l 时,停止可达性分析树的生成。

（4）先在可达性分析树中找到所有的可信路径,为每条可信路径指定具体的数据,主要指定的数据格式为<命令号,随机产生的命令数据,预期值>。每一条路径对应一个完整的测试用例。

对前述的密码子系统的模型,采用可达性分析树方法为密码学子系统测试用例进行质量分析。密码学子系统的 EFSM 模型如图 6-9 所示。从该模型中,可提取如图 6-11 所示的示例路径,图中节点表示模型状态(黑色节点表示初始状态),路径表示模型迁移。覆盖率的计算公式为 $\#S_{traversal}/\#S_{total}$,其中 S_{total} 表示总的状态/迁移空间。最终,为了使得密码学子系统测试用例的迁移覆盖率超过 80%,常常在实际中尝试生成的测试用例超过 7 万个。

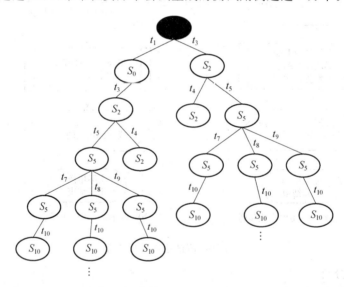

图 6-11　密码子系统的可达性分析树

6.2.3　测试实施

基于以上方法,文献[21]设计实现了可信计算模块标准符合性整体测试方案,其基本流程如图 6-12 所示。首先给出可信计算模块的形式化规范描述;其次根据该描述,建立 EFSM 形式化模型;再次,调用用例生成工具,生成可执行测试脚本;最后测试平台根据输入的测试脚本执行测试,给出测试报告。

目前,现已有对 Atmel AT 97SC3203、NSC TPM 1.2 和 Lenovo TPM 1.1b 等 TPM 产品的标准符合性测试。虽然各个厂商都声称推出了符合 TPM 1.2 的产品,但实际产品的情况却不容乐观,部分错误甚至可能导致攻击,造成较为严重的后果。这些错误具体包括以下几种[21]。

(1) 资源句柄错误。资源句柄的生成必须是无序随机的,但部分产品的密钥句柄产生呈现一定规律性。由于新产生的密钥句柄缺少了新鲜性的保证,如果攻击者有能力从 TPM 中释放一个密钥,就可能造成中间人攻击。比如,用户在 TPM 中加载了一个自己的密钥 key2,密钥句柄是 0x05 00 00 01;此时,攻击者将 0x05 00 00 01 从 TPM 释放,然后重新加载一个新的密钥 key1,这个密钥 key1 可能是用户之前已经泄露的,但是用户出于习惯便用了同一个授权数据;此时,TPM 产品会赋予 key1 一个同样的句柄 0x05 00 00 01,而用户并不会察觉这些变化,将继续使用句柄为 0x05 00 00 01 的密钥 key1 加密敏感数据,最终敏感数据将被攻击者获取。

(2) 命令码错误。命令码是用于标识所调用 TPM 命令的参数,而在被测产品中部分命令码的基数设置与标准不符。虽然不能确定这对安全带来何种影响,但是对基于 TPM 芯片的软件的通用性造成了很大问题。

(3) 命令返回码错误。TPM 产品有时会返回产品内部定义的返回码,而非规范中定义的返回码。这种问题会给攻击者机会。通过分析这些 TPM 内部值,攻击者将找到 TPM 产品的漏洞,从而实施攻击。

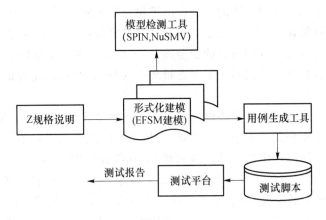

图 6-12　测试实施基本流程

6.3　可信计算机制安全性分析

可信计算机制安全性分析采用理论化、形式化的方法分析和验证可信计算领域的抽象协议与运行机制的各类安全性质。研究者通常采用模型检验和定理证明两类方法,分析和验证 TPM/TCM 的授权协议、DAA 协议、PCR 扩展机制和可信计算平台的信任链构建机制等的机密性、认证性、匿名性和各类其他安全性质[19,21]。

6.3.1　基于模型检验的分析

模型检验方法将目标系统刻画为有限状态迁移系统,将系统状态应满足的目标性质刻画为逻辑公式,并采用自动化手段检查目标系统的每条轨迹是否都满足目标性质。模型检验的主要优势是:第一,可以完全自动化,只要用户给定检测目标系统和性质的逻辑描述,模型检验方法就可以自动完成所有检验工作；第二，模型检验可以在模型层面较为直观地给出目标漏洞，如果测试所使用的建模方法较为合理，则该目标漏洞有可能转化为一个实际的安全漏洞。模型检验方法的劣势是只能处理有限状态系统，由于协议等检测目标的潜在行为通常是无限的，因而模型检验方法注定是一种不完善的方法。随着检测目标系统规模增加，其状态数目常常急剧增加，模型检验方法也往往很快面临状态爆炸问题。

使用模型检验分析方法分析协议等时，一般首要先清晰地描述协议本身，去除协议描述中的二义性，为协议建模做好准备；然后设定有关密码学算法和协议攻击者等的前提假设，利用工具的建模语言描述分析目标和性质；最后运行工具，得到并分析检验结果。文献[21]以使用 SPIN 工具对 TCM 授权协议分析为例，说明了使用模型检验方法分析可信计算协议的具体步骤，详细内容见文献[21]。

6.3.2 基于定理证明的分析

除模型检验外，国内外研究机构还基于信念逻辑、安全系统逻辑和应用 pi 演算等方法对授权协议、信任链和 DAA 协议等可信计算安全机制进行了分析。由于信念逻辑等方法一般考虑分析目标的所有行为，并且验证它们的行为所满足的正确条件，我们将其统一归为定理证明类分析工作。由于定理证明采用的是严密的逻辑分析方法，其最大优势在于分析的可靠性，即一个安全性质一旦被证明，则其（在定理证明系统设定的模型中）确实是成立的。一般来说，定理证明类分析方法只用于证明协议的安全性质，不擅长发现对象的缺陷，其在自动化程度方面也无法与模型检验相比。然而随着安全逻辑理论与技术的发展，定理证明的上述缺陷正逐渐被弥补[21]。

基于定理证明的可信计算安全协议分析工作目前还处于起步阶段。第一，当前可信计算环境构建方法和相关安全技术不断推陈出新，分析工作还无法跟上技术发展的步伐；第二，对现有可信计算技术实际运用中的一些具体问题（如远程证明协议、TNC 协议与安全信道协议的结合）的安全性分析目前还没有令人信服的研究成果；第三，对直接匿名认证协议和可信虚拟平台等较为复杂的分析对象，现有的形式化描述方法与安全属性定义还不成熟，对各类分析方法尤其是定理证明类方法在可信计算领域的运用还有待探讨。下面简要介绍现有的若干基于定理证明的可信计算安全协议分析工作。

1. 可信计算协议分析

英国惠普公司的研究人员发现，实际的应用场景中 TPM 密钥授权数据很可能被共享。这种情况下，恶意用户可以冒充 TPM 与其他用户交互，如果恶意用户（如管理员）掌握 SRK 的授权信息，则可以伪造整个存储体系[16]。虽然采用传输保护机制可以部分避免该情况，但该机制又容易遭受离线字典攻击。

中科院计算所的研究人员使用信念逻辑类的 SVO 逻辑方法，发现 OSAP 协议在实现中可能存在会话置换攻击[20]。如果 OSAP 协议的实现中未将会话句柄与实体绑定，则恶意用户可能利用自己创建的 OSAP 会话访问本无权访问的 TPM 内部资源。

2. 可信计算关键运行机制分析

美国卡内基梅隆大学的研究人员从协议合成的角度出发，给出了用于系统分析的安全系统逻辑（LS^2，Logic of Secure System）。通过在原有的协议合成分析逻辑引入描述系统安全特性与功能的谓词和推理公式，LS^2 在获得强大描述能力的同时继承了原有工作本地推理特性（推理时不需要考虑敌手行为），成为一种分析系统安全性的强有力工具。利用 LS^2，研究人员发现基于动态度量可信根的完整性收集和报告机制中,被度量并扩展入 PCR 的程序实际上可能并未实际运行[17]。

法国国立计算机及自动化研究院对与状态相关的安全机制(如 PCR 的扩展机制)进行了分析[23-24]。研究者发现,采用常见 Proverif 工具分析与状态相关的安全机制问题时,分析工具可能无法终止,还可能给出伪攻击。针对分析工具无法终止的情况,研究者专门针对 PCR 扩展机制进行了理论分析,确认 PCR 扩展机制具备有限的最小完整集,即可以通过检验有限的系统变化验证系统全局的正确性,进而使得分析工具可以迅速完成验证工作。针对伪攻击问题,研究者扩展 Proverif 工具并从理论上证明了工具的正确性,杜绝伪攻击的发生。

6.3.3　信任链安全性分析

可信计算产品的设计依据源于 TCG 的相关规范说明,因此,可信计算产品的安全程度和规范说明有着直接的联系。一般来说,TCG 规范通常采用自然语言或者非形式化语言进行描述,很难直接从规范中发现其潜在的安全缺陷或漏洞。目前,TCG 尚未对其规范和产品的安全性进行全面的分析和验证。信任链是可信计算平台中保障系统安全可靠的主要技术手段,它是可信计算平台整个系统安全的核心问题,它的存在保证了计算机系统从可信源头开始至系统启动整个过程的安全可信性。对信任链安全性进行分析具有重要的应用价值。

对信任链组合系统进行安全性分析的难点在于对组合系统以及安全属性的形式化定义。国内外学者对信任链系统展开了一致性测评,发现了国内外大部分可信计算产品并不符合规范说明,存在着可信度量根核(CRTM,Core Root of Trust for Measurement)内部没有平台证书的严重安全问题。文献[25]认为 TCG 的信任链结构存在的安全问题有:(1)根证书的缺失导致 CRTM 的安全性无法得到保障;(2)TCG 信任链模型中存在信息流安全问题;(3)TCG 信任链并没有从真正意义上实现安全度量和信任链恢复机制。

信任链是由不同安全属性的子系统组成的复合系统,复合后的更高级别的子系统安全性质应该仍然得到保持。其中的每一个子系统都满足一定的安全性质,这些子系统组合而成的系统是否仍然满足给定的安全性质仍然需要保证;另一方面,在信任链建立阶段,各个子系统之间的访问是否存在违反规范约束的行为或操作,进而破坏信任传递,甚至获取机密信息等问题也需要进行鉴别。针对上述问题,文献[26]通过安全进程代数对信任链系统链接进行形式化建模,用可复合的不可演绎模型刻画信任链实体间的交互关系,把规范定义的信任链行为特性抽象为多级安全输入输出集,在讨论高级和低级输入输出依赖关系的基础之上,对信任链复合系统进行信息流分析,并给出结论和证明。

信任链对于增强信息系统安全起着关键作用,但是基于信任链构建的可信系统还存在着一些安全方面的开放问题尚待解决,文献[27]介绍了可信计算技术的安全机制,分析了可信计算技术给计算平台带来的安全效益,提出了可信计算技术信任链传递、可信计算基构建存在的安全问题,给出了相应的解决方法。

6.4　可信计算系统安全性的评估认证

相对于测试和形式化分析,安全评估是一种更为全面的安全验证工作,当然代价也更高昂。安全评估在考虑规范和产品自身的安全性的基础上,重点关注它们的产生过程。目前,

TCG 已经推出了若干文档用以指导评估机构的可信计算安全评估工作,开展了针对 TPM 和可信网络连接(TNC)的认证工作,其对安全评估的正确性和合理性进行进一步检验,从而给出可信计算产品的整体性、权威性评价,对于指导产品选择、增强用户信心具有重要意义[21]。

6.4.1 评估标准

TCG 产品评估的主要依据是信息技术安全评价通用准则 CC。CC 的核心理念是引入安全工程思想,即通过对评估目标的设计、开发与使用全过程实施安全工程来确保安全性。CC 评估准则总体上分为安全功能要求和安全保障要求两个相对独立的部分,并采用安全保障要求设定了 7 个评估保障级别。除安全功能与保障要求外,CC 还要求权威机构针对特定类型产品制定满足特定用户需求、抽象层次较高、与具体评估目标无关的安全要求,称为保护轮廓(PP,Protection Profile)。给定一个或多个 PP,产品厂商可以撰写自身产品所能够满足的具体安全要求,即安全目标(ST,Security Target)。评估机构可以依次评估 PP 和 ST,最终完成对目标产品的评估。TCG 已经在规范体系概览中明确规定了安全评估的目的、实施环境、实施流程以及与认证等活动的关系。作为权威性产业联盟,TCG 还为个人计算机平台的 TPM 安全芯片制定了 PP[19,21]。

6.4.2 TPM 与 TNC 认证

以安全评估结果作为主要依据,参考标准符合性测试等内容,TCG 已经开展了 TPM 和 TNC 的认证工作。

TPM 认证的主要依据包括以下两个方面。

(1) 标准符合性测试。TCG 自行开发了 TPM 标准符合性测试软件,认可产品厂商自行测试的结果。

(2) 安全评估。TCG 自行开发了针对个人计算机平台的 TPM 保护轮廓,允许厂商组织进行 CC 评估保障四级及以下的安全评估。

目前,德国英飞凌科技公司(Infineon Technologies)的 SLB9635TT1.2 型 TPM 是唯一得到 TCG 认证的安全芯片产品,其遵循的 TPM 标准版本为 v1.2r103。

TNC 认证的主要依据包括以下两个方面。

(1) 合规性测试。TCG 自行开发了 TNC 标准符合性测试软件,认可产品厂商自行测试的结果。

(2) 互操作性测试。TCG 的 TNC 标准符合性子工作组每年进行一至两次互操作性测试活动,厂商必须参加该活动完成测试。

目前,美国的 Juniper 网络公司(Juniper Technologies)和德国汉诺威应用技术大学等的 IC4500 综合访问控制套件、EX4200 交换机和 strongSwan 等 7 款 TNC 相关产品得到了 TCG 认证。这些产品一般作为 TNC 体系的一个部件接受测试,实现了 TNC 规范中的各种接口,例如 EX4200 交换机作为 TNC 的策略实施点(PEP)得到认证,其实现了 IF-PEP-RADIUS 1.0 接口[23]。

6.5　本 章 小 结

可信计算测评研究主要从可信计算模块的标准符合性测试、可信计算安全协议以及可信计算的评估与认证等方面展开[21]。可信计算模块的标准符合性测试,一般基于有限状态机理论建立测试模型,在此基础上自动化生成测试用例并实施测试过程。在可信计算安全机制分析方面,广泛采用了模型检验、编程逻辑、信念逻辑和安全系统逻辑等形式化分析方法,对可信计算授权协议、直接匿名认证协议和信任链建立过程等的各类安全性质展开分析。可信计算的评估与认证,主要由 TCG 针对 TPM 安全芯片和 TNC 产品,依据 CC 标准和 TCG 推出的相关认证项目进行安全评估,综合评定产品安全性。

可信计算技术已经从规范走向应用。我国的政策规定,信息安全软硬件产品必须经过测评与认证才能实际应用,因此,对可信计算相关产品必须进行测评。目前,TCG 尚未对其相关规范和产品进行全面的测评工作。虽然目前国内外对可信计算测评技术进行了深入研究,但尚缺少对可信计算平台进行系统的安全测评研究,还需要开展进一步的深入探索。可信计算测评对于产品成熟和技术进步、行业规范健康发展乃至国家的信息安全环境建设都具有重要意义。

思 考 题

1. 什么是测评?什么是评估?两者有什么异同?
2. 什么是可信计算测评?可信计算测评包括哪些研究方向?简要介绍内容。
3. 对于可信计算平台来说,应该包括哪些测试工作?
4. 简述可信计算模块标准符合性测试的内容。构建可信计算模块标准符合性测试模型有哪些步骤?简述步骤内容。
5. 可信计算模块标准符合性测试方法有哪些内容?简要概述。
6. 抽象测试用例与实际测试用例有什么不同?它们之间有什么关系?并简要概述这两种方法的实现步骤。
7. 简述可信计算模块标准符合性整体测试方案的实施流程。
8. 简要描述 AP 授权协议。AP 授权会话流程是什么?
9. AP 授权协议的重放攻击方式有几个阶段?分别是什么?
10. 可信计算系统安全性的评估标准是什么?核心理念是什么?

本章参考文献

[1] TCG. TCG specification architecture overview[EB/OL]. (2004-04-28)[2018-03-30]. http://class.ece.iastate.edu/tyagi/cpre681/papers/TCG_1_0_Architecture_Overview.pdf.

[2] Kuhlmann D, Landfermann R. An open trusted computing architecture——secure virtual machines enabling user-defined policy enforcement[J]. Biotechniques, 2006, 27(3).

[3] 国家密码管理局. 可信计算密码支撑平台功能与接口规范[EB/OL]. (2007-12-01)[2008-03-30]. http://www.jsmm.gov.cn/jsmm/UploadFile/7e31d820-c149-4a48-b985-212125ace5ef/20110308135922104688.pdf.

［4］ Shen Changxiang, Zhang Huanguo, Feng Dengguo, et al. Survey of information security[J]. Science China: Information Sciences, 2007, 50(3): 273-298.

［5］ 张焕国, 罗捷, 金刚, 等. 可信计算研究进展[J]. 武汉大学学报: 理学版, 2006, 52(5): 513-518.

［6］ 国家质量技术监督局. 中国国家信息安全测评认证管理办法[EB/OL]. (2012-12-17)[2018-03-30]. http://www.itsec.gov.cn/fgbz/xgfg/200212/t20021217_15259.html.

［7］ 吴世忠. 信息安全测评认证的十年求索[J]. 信息安全与通信保密, 2007(6): 5-8.

［8］ Sadeghi A R, Selhorst M, Stüble C, et al. TCG inside?: a note on TPM specification compliance[C]// ACM Workshop on Scalable Trusted Computing. Alexandria: ACM, 2006: 47-56.

［9］ Cui Qi, Shi Wenchang. An approach for compliance validation of TPM through applications[J]. Journal of the Graduate School of the Chinese Academy of Sciences, 2008, 25(5): 649-656.

［10］ Zhang Huanguo, Yan Fei, Fu Jianming, et al. Research on theory and key technology of trusted computing platform security testing and evaluation[J]. Science China: Information Sciences, 2010, 53(3): 434-453.

［11］ TCG. Trusted computing group[EB/OL]. (2018-01-01)[2018-03-30]. https://www.trusted-computinggroup.org.

［12］ TCG. Trusted computing group protection profile PC client specific trusted platform module TPM family 1.2[EB/OL]. (2008-07-10)[2018-03-30]. https://trustedcomputinggroup.org/wp-content/uploads/pp0030b.pdf.

［13］ Infineon. Security conformance evaluation of the Infineon TPM confirmed by common criteria certificate[EB/OL]. (2006-04-29)[2018-03-30]. https://pdfs.semanticscholar.org/c847/bdf682f58c9200209fb0db3936f04dcbf52c.pdf.

［14］ Bruschi D, Cavallaro L, Lanzi A, et al. Replay attack in TCG specification and solution[C]//Annual Computer Security Applications Conference. Tucson: IEEE, 2005: 127-137.

［15］ Chen L Q, Ryan M. Attack, solution and verification for shared authorisation data in TCG TPM[C]// International Conference on Formal Aspects in Security and Trust. Eindhoven: Springer, 2009: 201-216.

［16］ Backes M, Maffei M, Unruh D. Zero-knowledge in the applied Pi-calculus and automated verification of the direct anonymous attestation protocol[C]// IEEE Symposium on Security and Privacy. Washington DC: IEEE, 2008: 202-215.

［17］ Datta A, Franklin J, Garg D, et al. A logic of secure systems and its application to trusted computing[C]// IEEE Symposium on Security and Privacy. Washington DC: IEEE 2009: 221-236.

［18］ Chen Xiaofeng, Feng Dengguo. Model checking of trusted cryptographic module[J]. Journal on Communications, 2010, 31(1): 59-66.

［19］ 冯登国, 秦宇, 汪丹, 等. 可信计算技术研究[J]. 计算机研究与发展, 2011, 48(8): 1332-1349.

［20］ 陈军. 可信平台模块安全性分析与应用[D]. 北京: 中国科学院计算技术研究所, 2006.

［21］ 冯登国. 可信计算——理论与实践[M]. 北京: 清华大学出版社, 2013.

［22］沈昌祥，张焕国，王怀民，等. 可信计算的研究与发展［J］. 中国科学：信息科学，2010，40(2)：139-166.

［23］Arapinis M，Ritter E，Ryan M D. StatVerif：verification of stateful processes［C］// Computer Security Foundations Symposium. Washington DC：IEEE，2011：33-47.

［24］Delaune S，Kremer S，Ryan M D，et al. Formal analysis of protocols based on TPM state registers［C］// Computer Security Foundations Symposium. Washington DC：IEEE，2011：66-80.

［25］张焕国，赵波. 可信计算［M］. 武汉：武汉大学出版社，2011.

［26］徐明迪，张焕国，赵恒，等. 可信计算平台信任链安全性分析［J］. 计算机学报，2010，33(7)：1165-1175.

［27］赫芳. 可信计算技术安全性分析［J］. 保密科学技术，2012 (7)：62-65.

第 7 章

远程证明技术

　　远程证明即在终端平台信任构建的基础上,将终端平台的信任扩展到远程平台。远程证明是一种解决度量和验证远程平台是否可信的技术,是可信计算的关键技术之一。远程证明紧密依赖于可信平台模块(TPM),利用 TPM/TCM 安全芯片完成可信计算平台身份和平台完整性状态的证明。远程证明能够认证可信计算平台的硬件、固件和软件,它能够证明远程实体与终端平台通信的每一层软件栈上运行的软件,以及运行虚拟机的运行状态。远程证明在安全芯片身份认证的同时完成平台环境配置状态的认证,这大大提高了网络通信终端的安全性。

　　远程证明的目标是实现网络环境的可信,即将终端平台的可信性传递到网络环境中,实现网络中所有用户之间的可信通信,在实际应用中能够满足用户多方面的安全需求:①判定与终端平台通信的是否为可信计算平台,即是否具备可信计算支撑能力;②检测平台运行软件进程输入输出以及运行状态的完整性;③验证平台当前的运行状态是否符合验证者的安全策略。远程证明能够广泛地应用于 PC、嵌入式设备、网络服务器、移动互联网、云计算等不同环境,是可信计算最重要的应用方向之一。

　　对远程证明狭义的理解是,TPM/TCM 安全芯片证明平台当前配置和运行状态的完整性。但在实际应用中,可信计算平台在证明平台状态的同时必然对外证明平台身份,因此基于 TPM/TCM 的平台身份证明也被纳入远程证明的范畴。按照证明目标的不同,远程证明可简单地分为两类:平台身份证明(Attestation of Identity)和平台完整性证明(Attestation of Platform Integrity)[1]。

　　对远程证明更广义的理解是,将可信计算平台上一切实体的对外证明都称为远程证明。除可信计算平台的身份和状态之外,可信计算平台上的密钥和数据的证明也看作是远程证明,例如密钥认证就是证明密钥是由 TPM 芯片产生的,与 TPM 存在绑定关系,主题密钥证言证据(SKAG,Subject Key Attestation Evidence)就是一种证明密钥来源的机制,且提供主体密钥扩展证书支持。数据解封认证要求数据使用的配置状态与数据封存时的状态相同,本质上也是证明当前配置状态与封装时完全相同,可以看作是一种数据使用证明。这些都是远程证明语义的扩展和衍生,属于可信计算平台广义证明的范畴,但本章仍然采用通用的远程证明分类,将远程证明分为平台身份证明和平台完整性证明并进行讨论[1]。

7.1　远程证明原理

　　远程证明是 TPM/TCM 安全芯片对外提供的一项高级安全服务,需要完整性度量、密钥管理等功能的辅助支持。因此本节首先介绍远程证明的技术基础,然后从协议模型及证明流程等不同层面对远程证明原理进行介绍。

7.1.1 技术基础

在远程证明中,证明平台的什么内容,TPM/TCM 如何进行证明,都是远程证明的技术基础。TPM/TCM 安全芯片必须提供这些基础功能对远程证明予以支持,其中完整性度量和平台身份密钥引证(quote)是最重要的基础安全支撑功能。完整性度量和完整性报告解决了"证明什么"的问题,TPM/TCM 身份密钥引证解决了"如何证明"的问题。

1. 完整性度量

完整性度量是 TPM/TCM 安全芯片获取平台软硬件可信度特征值的过程,通常这些值以摘要的形式扩展存储到安全芯片的 PCR 中。可信度量根(RTM)是完整性度量的起点,它位于 TPM/TCM 安全芯片内部,是绝对可信的。当计算机启动时,可信计算平台开始执行完整性度量过程,从 BIOS、BootLoader、OS 到应用程序,每一个实体都会被 TPM/TCM 进行度量。每一次度量都会创建一个包含被度量值(执行程序代码或数据的特征值)和度量摘要(即特征值的散列结果,以 PCR 扩展的方式存储在 PCR 中)的度量事件(event)。系统任何层次上任何完整性改变的度量事件 e 都将导致系统从一个可信状态转到另一个可信状态,例如,$S_i \xrightarrow{e_{i+1}} S_{i+1} \xrightarrow{e_{i+2}} \cdots \xrightarrow{e_j} S_j$ 表示事件序列 $\{e_{i+1}, e_{i+2}, \cdots, e_j\}$ 导致状态序列 $\{S_i, S_{i+1}, \cdots, S_j\}$ 的改变,如果 S_i 和每个度量事件 $\{e_{i+1}, e_{i+2}, \cdots, e_j\}$ 都是已知可信的,那么状态序列从 S_i 变迁到 S_j,最终状态 S_j 也是可信的[1]。

可信计算平台通过完整性度量的方式,将平台所有软硬件模块的执行完整性状态记录下来,从而构建可信计算平台的信任链。如果有任何模块被恶意感染,它的摘要值必然会发生改变,从而可知系统的哪个模块出现了问题。完整性度量结果需要按照特定格式形成度量存储日志,该日志记录系统启动和运行期间的全部完整性度量事件,并存储在安全芯片外部。这些存储度量日志(SML)就是远程证明的数据基础,TPM/TCM 芯片证明就是 SML 所标识的可信计算平台完整性配置和运行状态[1]。

2. 平台身份密钥引证

TPM/TCM 安全芯片都支持多种密钥类型。TPM 定义了 7 种密钥类型,包括签名密钥、存储密钥、身份证明密钥(AIK)、背书密钥(EK)、绑定密钥、继承密钥和验证密钥。尽管 TCM 采用不同的密码算法,但也定义了与之类似的密钥类型。在 7 种密钥类型中,仅平台身份证明密钥〔TPM 规范中称为 AIK,是 RSA 密钥;TCM 规范中称为 PIK(Platform Identity Key)是 ECC 密钥〕专门用于远程证明[1]。

平台身份密钥只能由可信计算平台所有者(owner)创建和使用,普通 TPM 用户无法使用平台身份密钥,也无法进行远程证明。TPM 所有者通过命令接口 TPM_MakeIdentity 创建类型为身份密钥的 AIK 密钥,使用这个密钥就能对 TPM 内部的 PCR 签名实现远程证明。除此之外,AIK 密钥进行远程证明还必须配合 AIK 证书一起使用,因此 TPM 规范中规定通过可信的第三方机构 Privacy CA 颁发平台身份密钥(AIK)证书,这个证书通过 TPM 命令接口 TPM_ActivateIdentity 导入平台内部使用。远程证明时,验证方通常通过验证 AIK 证书的有效性来确定 TPM 身份,通过 AIK 公钥就能验证 TPM 的远程证明的签名,从而完成完整性的验证。

TPM 远程证明的签名过程也被称为平台身份密钥引证,TPM 使用命令接口 TPM_Quote 完成对内部 PCR 中保存的完整性扩展值的签名。远程证明之前 TPM 所有者(owner)首先加载平台身份密钥 AIK,当验证方发起远程证明挑战时,TPM 所有者(owner)就选择需要证明的代表平台完整性的 PCR,然后输入挑战随机数和 PCR,执行 TPM 命令接口 TPM_Quote,最后 TPM 输出相应远程证明的签名,这就是 TPM 的平台身份密钥引证。

7.1.2 协议模型

根据 TCG 的可信平台模块规范,远程证明是指在计算机网络中,一台计算机 Verifier(验证者)依据另一台计算机 Attestor(示证者)提供的证据对其平台的完整性做出承诺的一种活动。可信计算的远程证明过程可分为 3 个阶段:完整性度量、完整性报告和完整性证明。完整性度量阶段的任务是示证者 A 收集其完整性证据,完整性报告阶段的任务是示证者 A 向验证者 V 报告完整性证据,完整性证明阶段的任务是验证者 V 依据示证者 A 所提供的完整性证据对其完整性做出决策。由于示证者 A 的完整性信息能够反映其可信状态,因此可以进行基于可信性的访问控制。与基于身份的认证机制相比,它进一步丰富和扩展了证明的内容,使得验证者能够对示证者进行更深层次、更细粒度的证明。

简言之,远程证明是通过一个典型的"挑战"—"应答"协议来实现的。如图 7-1 所示,远程挑战方平台(验证者 V)向证明方平台(示证者 A)发送一个挑战证明的消息以及一个随机数 nonce,示证者 A 把经身份密钥或签名密钥签名后的 nonce、PCR、度量日志 log 等所有被度量软硬件信息发送至验证者 V,以完成对自身平台状态的证明。通过挑战方随机数 nonce,验证者 V 可以感知签名的新鲜性,以防止重放攻击。

图 7-1 "挑战"—"应答"协议

具体而言,远程证明是基于 TPM/TCM 的密码功能构建的证明协议实现的,尽管具体协议多种多样,但都拥有统一的协议模型。本节将以最基本的基于 AIK 的远程证明为例讨论远程证明模型。如图 7-2 所示,远程证明模型中主要的参与者有可信计算平台、远程验证方和可信第三方。

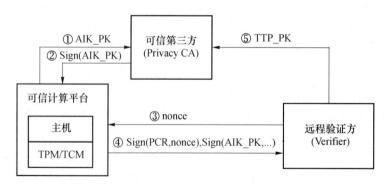

图 7-2 基于 AIK 的远程证明模型

可信计算平台包含主机平台和 TPM/TCM 安全芯片,两者共同完成平台完整性的证明。主机平台主要对平台的完整性进行度量和报告,而安全芯片 TPM/TCM 主要完成远程证明的签名过程。

远程验证方是远程证明的挑战方,它请求可信计算平台证明当前系统的完整性状态,并根据相应策略验证可信计算平台的完整性日志和安全芯片签名。远程证明之前,远程验证方还必须知道可信计算平台的 AIK 公钥和可信第三方的公钥。这样才能保证远程证明参与者之间的信任关系,防止攻击者伪造身份欺骗其他参与方。

可信第三方在基本远程证明协议中就是 Privacy CA,它负责颁发可信计算平台的身份密钥证书,并提供证书的有效性的验证。可信第三方在为可信计算平台颁发 AIK 证书时,必须验证 TPM/TCM 芯片的 EK,从而保证 TPM 身份的真实性。

基于 AIK 的远程证明的主要流程包含以下 5 个步骤:

(1) 可信计算平台向可信第三方发起 AIK 证书签名请求;

(2) 可信第三方对 AIK 证书进行签名并将证书发送给可信计算平台;

(3) 远程验证方(Verifier)向可信计算平台发送一个证明挑战随机数 nonce;

(4) 可信计算平台加载 AIK 密钥,对 PCR 值进行签名,并发送到远程验证方(Verifier);

(5) 远程验证方(Verifier)向可信第三方发起请求,查询可信计算平台的证明信息是否有效。

7.2　平台身份证明

平台身份证明就是通过身份凭证证明可信计算平台真实身份的过程,一般可信计算平台的身份是用安全芯片标识的,平台身份认证实质上即认证 TPM/TCM 安全芯片身份。在 TCG 规范中,可信计算平台技术的核心是一个标识可信计算平台身份的 TPM 安全芯片。TPM 通过其内置的身份公钥 AIK 标识自己的身份,并利用其 AIK 私钥对消息内容进行签名,证明其来源。

在平台身份证明方面,TCG 首先提出了 TPM 1.1——基于 Privacy CA 的身份证明方案,通过平台身份证书证明平台真实身份,但该方案无法实现平台身份的匿名性。针对 TPM 匿名证明的需求,TCG 提出了 TPM 1.2——基于 CL 签名[2]和 DDH 假设保证其安全性的直接匿名证明(DAA)方案[3]。下面将分别介绍 Privacy CA 方案和 DAA 方案。

7.2.1　Privacy CA 方案

在众多平台身份证明方法中,被工业界广泛接受且最实用的方法是 Privacy CA。Privacy CA 与 PKI 认证体系一脉相承,部署方便且运营简单,因此很多基于安全芯片的解决方案都采用该方法认证平台身份。在 TCG 的 Privacy CA 认证体系中,真正标识平台身份的是 TPM 的背书密钥(EK),平台 EK 的唯一性使得 EK 一旦泄露就会完全暴露平台的真实身份,因此 TCG 采用平台身份密钥(AIK)作为 EK 的别名进行身份验证。但即便如此,Privacy CA 认证方法在可信第三方的协助下只是减少了平台身份隐私信息的泄露,并不能完全保证平台身份的隐私。Privacy CA 平台实名身份认证方法主要分为两个流程:平台身份证书颁发和平台身份认证。

1. 平台身份证书颁发

当 TPM 所有者（owner）购得可信计算平台时，此时 TPM 是没有身份标识的，TPM 所有者必须向可信第三方 Privacy CA 申请平台身份标识，获得平台身份证书。其主要流程如图 7-3 所示[1]。

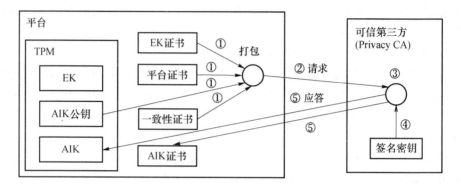

图 7-3　平台身份证书获取流程

① TPM 所有者使用 TPM 安全芯片生成 RSA 签名密钥 AIK，然后执行命令接口 TPM_MakeIdentity 将 AIK 公钥、EK 证书、平台证书和一致性证书打包；

② 可信计算平台将这些数据作为 AIK 证书申请请求发送给可信第三方 Privacy CA；

③ Privacy CA 通过验证 EK 证书、平台证书等的有效性来验证 AIK 请求的有效性；

④ Privacy CA 使用签名密钥对 AIK 证书进行签名，并使用 EK 的公钥加密 AIK 证书；

⑤ Privacy CA 将 AIK 证书应答数据包返回给 TPM，TPM 所有者执行命令接口 TPM_ActivateIdentity 解密获得 AIK 证书。

可信计算平台获得 AIK 证书后，TPM 就可以使用 AIK 密钥和 AIK 证书来证明平台的身份，便具备了证明可信计算平台完整性的能力，即实施远程证明的能力。

2. 平台身份认证

可信计算平台身份认证的主要步骤如图 7-4 所示[1]。

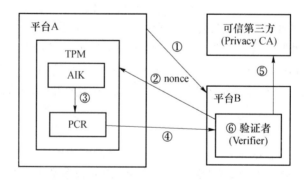

图 7-4　平台身份认证流程

① 平台 A 所有者向平台 B 发送证明请求；

② 平台 B 向平台 A 发出证明挑战随机数 nonce，同时指明需要证明 PCR；

③ 平台 A 所有者加载 AIK 密钥，然后使用 AIK 私钥对需要证明的 PCR 值签名；

④ 平台 A 将远程证明签名以及平台配置完整性日志发送给平台 B 的验证者（Verifier）；

⑤ 平台 B 请求 Privacy CA，查询平台 A 的 TPM 身份是否可信；

⑥ 如果 A 的 TPM 身份可信,则平台 B 验证平台 A 的远程证明签名以及平台配置完整性日志是否有效。

平台身份认证的步骤⑤和⑥完成了通信时平台身份的认证,同时实现了对平台环境配置可信性的评估。这不仅保证了平台身份的可信,又确保了通信双方平台运行状态的稳定,增强了对各种恶意软件的抵御能力。一个可信计算平台理论上可以生成无限多个 AIK 密钥及证书,因此可信计算平台在进行通信时,只有可信第三方 Privacy CA 知道用户的真实身份,而验证者(Verifier)并不知道,这样在一定程度上减少了平台身份隐私信息的泄露,但并不能做到完全匿名。

7.2.2 DAA 方案

尽管 TPM 1.1 中的 Privacy CA 远程证明方案提供了一定程度的平台身份信息隐私保护,但是由于可信第三方完全知道 TPM 的真实身份,如果 Verifier 和可信第三方两者串谋,TPM 身份隐私是完全没有保障的。此外,由于每次实名平台身份证明时,Verifier 都需要查询可信第三方,可信第三方的运行性能将成为制约平台身份认证的一大"瓶颈"。

因此,针对 TPM 1.1 技术规范中基于 Privacy CA 身份认证缺陷,TCG 在 TPM 1.2 技术规范中提出了直接匿名证明(DAA)的 TPM 身份认证方法,实现了 TPM 在不需要可信第三方帮助的情况下,直接向远程验证者认证可信计算平台的真实性和可信性。直接匿名证明的理论基础来自于 Goldwasser 等提出的零知识证明(指无须泄露自己的秘密,但可证明自己拥有这个秘密,其数学基础是基于离散对数的困难性和同余类问题),再结合 Camenisch-Lysyanskaya 签名方案,构成了 DAA 方案中远端与可信实体之间交互协议的算法。DAA 采用群签名和零知识证明的密码技术匿名证明 TPM 的身份,从而保证远程证明的确是来自一个真实的 TPM,但不知道具体是哪个 TPM。DAA 方案源自匿名凭证系统(Anonymous Credential System)的研究,DAA 系统中凭证颁发方(Issuer)不提供任何身份标识信息,取而代之的是颁发匿名凭证,而 TPM 通过平台身份的匿名表示,向远程的验证方零知识证明自己的身份。

DAA 的具体原理是:由 TPM 产生一个 RSA 密钥对,请求 DAA 发布者对这个密钥对进行签名,以后 TPM 的每次签名就可以使用这个密钥对对 AIK 进行签名,从而保护了 AIK 的安全。如图 7-5 所示,DAA 主要由凭证颁发方(Issuer)、示证者平台(Attestor)和验证者平台(Verifier)三方面的参与者构成,其中示证者平台根据 DAA 协议计算位置的不同而分为主机和 TPM/TCM 安全芯片,两者协同计算共同完成了 TCM 芯片的匿名证书申请和匿名证明过程[1]。

(1) 凭证颁发方(Issuer):负责初始化 DAA 系统参数,为 TPM/TCM 安全芯片颁发 DAA 凭证,验证 TCM 安全芯片的身份是否已经被撤销。一般而言,TPM/TCM 安全芯片的生产厂商可以作为凭证颁发方,对于不同厂商的 TCM 芯片可以选择不同的 DAA 系统参数。也可以采用一个独立的权威机构作为 DAA 凭证颁发方,集中式管理 TPM/TCM 的匿名凭证。

(2) 示证者平台(Attestor)是硬件上嵌入 TPM/TCM 安全芯片,支持 DAA 规范的安全 PC 或笔记本计算机等可信计算平台。示证者平台的主要功能是 DAA 匿名凭证的申请、匿名身份的证明。

(3) 验证者平台(Verifier)主要通过验证 DAA 凭证数据来认证示证者的 TPM/TCM 匿名身份,从而保证 DAA 证明的确来自一个真实可信的 TPM/TCM。在验证匿名身份的同时,验证者还需要向凭证颁发方请求验证 TPM/TCM 数字身份是否已经被撤销。

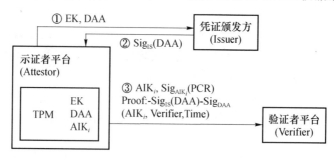

图 7-5　DAA 远程证明流程

DAA 远程证明的主要流程包含以下 3 个步骤。

① Join 协议中,TPM 通过密钥生成器产生一对 RSA 密钥,通过 EK 向 DAA 发布者提供身份的合法信息。

② 如果 DAA Issuer 验证通过 EK,给 TPM 一个通过 DAA Issuer 验证的证书,即 IKEY-Certificate。这样 Attestor 就可以使用该证书对消息进行数字签名。

③ 远程证明中,TPM 生成一个 AIK,并用从 DAA Issuer 获得的证书签名发送给 Verifier,Verifier 收到 Attestor 发来的信息后,将 Attestor 提供的签名和公钥进行可信验证。

在 DAA 系统中,匿名身份私钥和凭证可以创建多个,但一次远程证明只能使用一个匿名身份。匿名身份私钥标识了 TPM/TCM 的匿名身份,它只允许被保存在 TPM/TCM 安全芯片内部,并且不允许被导出;但匿名身份凭证可以保存在芯片外部的主机平台或其他存储设备中。TPM/TCM 匿名证明命令(包括 DAA_Join 和 DAA_Sign)只有 TPM/TCM 所有者才能执行,并且只有 TPM/TCM 所有者才能清除原有不安全的匿名身份私钥。

DAA 协议中主要的协议流程包含 Setup、Join、Sign 和 Verify 这 4 个子协议,其中最重要的子协议是 TPM/TCM 参与执行的 DAA Join 子协议和 DAA Sign 子协议。

(1)系统初始化(Setup):设置 DAA 系统的公共参数,生成凭证颁发方用于颁发匿名凭证的公私钥对(sk_1,pk_1)。sk_1 表示凭证颁发方的私钥,pk_1 表示公钥。

(2)凭证颁发(DAA Join):用于 TPM/TCM 向凭证颁发方申请和获得匿名凭证的过程。

(3)证明(DAA Sign):TPM/TCM 匿名身份私钥 f 和匿名凭证,使用零知识证明方法生成 DAA 签名的过程。

(4)验证(Verify):验证者匿名验证 DAA 签名是否有效,并进一步检查 TPM/TCM 身份是否被撤销。

DAA 协议主要解决了可信计算平台如何向远程验证方匿名证明 TPM/TCM 身份的问题,即保证 TPM/TCM 身份信息的隐私。这就要求远程验证方无法知道 TPM/TCM 安全芯片的真实身份,也无法连接多次 DAA 会话识别来自同一 TPM/TCM 的身份。因此 DAA 协议必须满足如下安全属性。

(1)不可伪造性(Unforgeability):只有申请了匿名身份凭证,TPM/TCM 才能进行 DAA 匿名证明,其他任何攻击者在不知道匿名身份信息的前提下都无法伪造 DAA 证明签名。

(2)匿名性(Anonymity):在 TPM/TCM 的密码算法未被攻破的情况下,攻击者无法通过协议数据获得 TPM/TCM 的真实身份标识。

(3)不可关联性(Unlinkability):验证者无法识别两个 DAA 证明会话间的关联性,即对于两个不同的证明会话,验证者无法判定是否来自同一个 TPM/TCM。

(4) 恶意安全芯片检测(Rogue TPM Detection):当 TPM/TCM 拥有的匿名凭证对应的私钥被泄露后,验证者及凭证颁发方在协议运行中可及时发现该类泄露。

尽管 DAA 协议多种多样,但都遵循上述基本的直接匿名证明安全模型,差异主要在于 DAA 协议设计所依据的群签名算法和零知识证明方法的不同。

7.2.3 研究进展

在 Privacy CA 远程证明中,Privacy CA 会一直验证 TPM 是不是合法的,并且在每次验证时都会生成不同的 AIK 证书。因此 Verifier 无法证明进行的两次或者多次远程证明是不是针对同一个平台,平台的身份信息也就能够得到一定程度的保护。但是 Privacy CA 证明方案也存在以下不足[4]。

(1) Privacy CA 存在由谁建立的问题。如果 Privacy CA 与 Attestor 关联,则 Attestor 中的 TPM 的身份信息的匿名性就无法得到保证,Privacy CA 可能泄露 Attestor 的身份;如果 Privacy CA 与 Verifier 关联,则不能保证验证协议的合法性。因此,Verifier 与 Attestor 都不能建立 Privacy CA。

(2) 可信第三方需要很高的安全性,这将影响其可用性,CA 容易受到拒绝服务(DoS,Denial of Service)攻击。

(3) 每个 TPM 的每次证明均要向可信第三方申请证书,都需要请求可信第三方认证,这种过程有可能成为证明效率的瓶颈,无法适应大规模和大范围的应用。

(4) 如果可信第三方与 Attestor 合谋,会暴露被验证者的行为。

相比于 Privacy CA 证明方案,DAA 具有以下优点。

(1) DAA 证书发行仅需一次,Privacy CA 可信第三方的运行性能瓶颈问题将被克服。

(2) Attestor 的行为不能被 Verifier 和 Issuer 进行跟踪,Privacy CA 的业务模型得到了解决。

(3) DAA 证书可以由平台制造商和平台购买者产生。

DAA 方案主要是面向范围较小、边界确定的单个域的网络环境。对于多个域的应用场景不仅不能相互认证,还可能面临跨域的中间人攻击。陈等[5]提出了跨域的直接匿名证明方案,解决多个信任域的 TPM 匿名认证问题。Ge 等[6]针对嵌入式设备的特点,提出了一种更高效的改进 DAA 方案。早期关于 DAA 的研究主要针对 RSA 密码体制展开,但都存在 DAA 签名长度较长、计算量大的缺点。Brickell 等[7]基于 LRSW 假设提出了首个基于椭圆曲线及双线性映射的 DAA 方案[8],提高了计算和通信效率。Chen 等[9]基于 q-SDH[10]假设对 DAA 方案进行了改进研究,进一步提高了计算和通信性能。Chen 等[11-12]采用新的密码学假设对 DAA 进行了深入研究,显著优化了 TPM 的协议计算量,并利用 ARM(Advanced RISC Machine)处理器进行了模拟分析[13]。

7.3 平台完整性证明

基于 TPM/TCM 的平台完整性证明是可信计算最重要的研究问题之一,众多专家学者提出了多种解决方案,其中最主要的证明技术包括基于二进制的远程证明技术(Binary-based

Remote Attestation Techniques)和基于属性的远程证明技术(Attribute-based Remote Attestation Techniques)。

7.3.1 基于二进制的远程证明

二进制远程证明是平台完整性证明最基本的证明方法,其他证明方法都由此衍生发展。二进制远程证明,即 TPM/TCM 安全芯片直接证明用二进制 Hash 值表示的平台完整性值,其代表性方案有 IMA(Integrity Measurement Architecture)、PRIMA(Policy-Reduced Integrity Measurement Architecture)证明方案。

二进制远程证明模型能够远程地对用户的组件进行安全性度量和验证。根据信任链的形成,信任链的前置节点需对后置节点进行可信性度量和验证,在验证其安全可信的情况下,才能将 CPU 的控制权传递给后置节点。验证节点安全可信的策略包括目前的度量值应与预先保存的估计值相同。例如,在系统完成引导代码的执行后,再启动操作系统,即将 CPU 的控制权交给操作系统的程序栈,需要确认所有在操作系统执行的系统级代码是可信的。随后在加载操作系统运行代码过程中,还要度量操作系统加载时的比较敏感的输入。这些度量值和度量过程产生的日志都要扩展到相应的 PCR、SML 中,这种证明也叫装载时证明(Load-Time Attestation),它的核心是对代码进行度量。

根据 TCG 提供的远程证明规范,其基本执行过程如下:

① V 将随机数 N 传送给 A;

② A 中的可信平台模块生成用于 AIK 证书的密钥对 $\{K_{pubq}, K_{privq}\}$,并向 AIK 证书中心申请 AIK 证书 $C(K_{pubq})$;

③ A 利用 K_{privq} 对自身的 PCR 值和 V 传过来的随机数 N 进行签名,得到签名值 $sign(PCR, N)K_{privq}$,接着从 SML 中读取自身度量日志;

④ A 将签名值 $sign(PCR, N)K_{privq}$ 自身的身份证明证书以及 SML 日志发给 V;

⑤ V 校验 $C(K_{pubq})$ 的真实值;

⑥ A 校验签名 $sign(PCR, N)K_{privq}$ 是否真实有效,接着利用 N 校验当前的会话是否已经失效,在没有失效的情况下,根据 PCR 值与 SML 的记录的值是不是一样来判定示证者完整性是否被破坏,是否还安全可靠。

IMA 远程证明方案是完全遵照 TCG 规范中的完整性证明的方法设计并实现的,IMA 证明的内容包含了从可信计算平台启动开始的平台完整性,具体有 BIOS、BootLoader、OS 以及应用程序。当认证服务器发起证明挑战时,可信计算平台就完全按照本章第 1 节远程证明原理那样实施远程证明,利用 AIK 平台身份密钥对平台完整性进行远程证明签名。IBM 公司在 IMA 的基础上实现了基于 TPM 的相互证明原型系统[14],该系统能够通过远程证明的方法检查系统的运行状态,发现可能存在的系统完整性篡改,如图 7-6 所示[1]。

TCG 完整性度量和证明仅仅建立了启动流程的信任,而 IMA 证明方案却拓展了 TCG 的静态启动序列,实现了操作系统的动态运行时的完整性证明。尽管 IMA 证明将系统的全部完整性配置都暴露给了验证方,存在较大的配置隐私风险,但是它仍然是目前最为实用的远程证明方案,并且 IMA 度量模块已经作为 Linux 安全机制的一部分继承到 Linux 内核代码中,可以广泛应用到各种安全应用。

IMA 的完整性证明实现了 TCG 远程证明的基本目标,但是它还存在一定的缺陷:不能反映系统的动态行为,而且要求证明全部系统的完整性。针对这些问题,IBM 研究院在 IMA 方案的基础上扩展了系统信息流完整性度量,提出了 PRIMA 方案。

　　PRIMA 方案通过扩展 IMA 使得远程验证方能够检测可信计算平台的信息流完整性,它支持 Biba 和 Clark-Wilson 完整性信息流模型,IBM 研究院实现的 PRIMA 原型系统采用了更为实用的 CW-Lite 模型,它在通用的 Linux 系统上使用 SELinux 策略提供信息流完整性验证。PRIMA 证明方案也是基于二进制的远程证明,它在 IMA 方案的基础上增加了信息流完整性约束,简化了系统的完整性证明范围,提高了远程证明的效率;但它本质上还是二进制远程证明,平台完整性隐私问题依然存在。

　　基于二进制的远程证明是在进行了身份的签名校验的基础上,对示证者的身份进行了验证,接着利用可信平台模块对整个平台进行度量和校验,从而能够保证平台信息的保密和平台的完整。当然,该方法还是有很多缺点的。首先,在组件从旧版本到新版本的迭代过程中,该部分的二进制代码也要相应地进行更新,而 Hash 值也会发生变化,从而导致很多的 PCR 值被保留,影响存取效率;其次,示证者提供的 PCR 值很大程度上暴露了其自身的配置信息,极不安全;最后,由于整个远程证明过程是在系统初始化的过程中完成的,那么就只能对平台的静态配置进行安全度量校验,无法对真正运行态的平台进行安全验证。此外,整个平台更新后,所有的系统校验参考值都需要重新配置,因此不能向前兼容,等等。

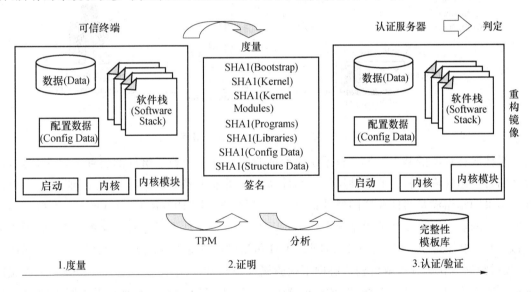

图 7-6　基于 TPM 的完整性度量和证明架构

7.3.2　基于属性的远程证明

　　基于属性的远程证明(PBA,Property-based Attestation)是一种在从平台的配置可以转换得到平台属性的基础上,由可信第三方提供属性证书,来证明被证明方的组件满足某个或某些属性的远程证明机制。有时用户需要平台或者软件可信,并不关注全部文件是否符合预期并且完全不更改,而只要其满足某些要求就可以。在基于属性的远程证明中,这些要求就是被抽象出来的各种安全属性。不同的质询者用户对提供同样属性的平台的信任结果可能不同,这是因为用户对平台的安全属性需求不同。在进行是否满足属性的验证过程中,证明方只需要向挑战者提供属性或者相应的证书和标识,挑战者通过对属性证书可靠性的验证,或者属性能够满足的安全程度来确定对方是否是可信的。当然,如果将属性的范围扩展到二进制的度量值,那么基于属性的远程证明就可以完全包括基于二进制的远程证明。这种新的证明思路使得证明更加灵活,同时也能够在很大程度上保护被挑战者的隐私信息[14]。基于属性的远程证明克服了二进制远程证明效率低下、配置隐私泄露等问题,是目前平台完整性证明领域最受关注的研究方向,已经在系统模型、体系结构设计、具体协议设计方面取得了突破。

原始的 PBA 协议[15]证明的是整个平台的整体属性,这种粗粒度的属性在实际应用中面临属性评估困难、撤销频繁的问题。针对这些不足,文献[16]通过测试评估系统软硬件组件属性,改进并实现了基于组件属性的远程证明协议及其系统,其系统模型如图 7-7 所示[1]。

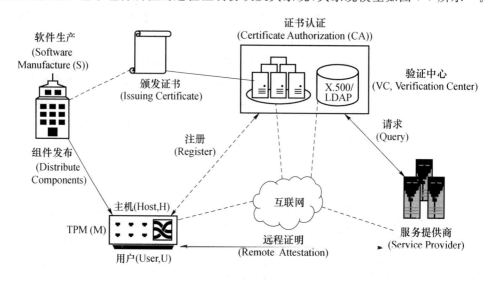

图 7-7　基于组件属性的远程证明模型

组件属性证明的基本思想是将系统属性证明请求转化为若干组件的属性逻辑表达式,依次证明每个组件满足特定的组件属性。组件属性证明采用零知识证明的方法,证明平台组件度量结果的承诺满足组件预置的属性证书要求,整个方案在 RO(Random Oracle)模型下是可证明安全的。在组件属性证明系统中,首先 TPM 对组件属性度量进行承诺并签名,然后主机随机化 CL 组件属性证书,向验证方证明 TPM 承诺的组件完整性配置符合证明组件的属性要求,最后验证方在属性权威机构的协助下检验属性是否撤销、承诺签名是否有效等。组件属性远程证明方案包含 4 个主要算法:Setup、Attest、Verify 和 Check。Setup 算法用于建立系统的公开参数,颁发组件属性证书;Attest 算法是 TPM 和 Host 联合证明平台的安全属性;Verify 则是验证组件属性证明;Check 是检查安全属性是否被撤销。

组件属性证明方案从证明粒度方面深化了基于属性远程的研究,从协议构造和系统实现两方面解决了属性远程证明应用的基本问题。但是由于该方案采用 RSA 密码体制,知识证明的效率较低,后续基于双线性的方案[17]对该方案进行了改进。

7.3.3　研究进展

表 7-1 给出了平台完整性远程证明方案的特点对比。

表 7-1　两种远程证明方案对比

方案名称	是否是细粒度	是否具有隐私性	是否具有开放性	是否具有拓展性	信任链是否直接拓展到应用层
基于二进制的远程证明	否	否	否	否	否
基于属性的远程证明	是	是	是	否	否

目前国际上提出了多种基于属性的远程证明方法,将平台配置度量值转换为特定的安全属性并加以证明,如 IBM 基于属性证明的框架[18]和德国波鸿鲁尔大学的属性远程证明实现方案[19]。文献[20]提出了一种无须修改现有软硬件架构的属性证明实现方法。文献[21]利用 TPM 对配置-属性的承诺构建环签名密钥,将具体配置情况隐藏在特定的属性集合中,提出了无须可信第三方的基于环签名的属性远程证明方案。

7.4　远程证明在 DRM 中的应用

远程证明作为可信计算的一大特色功能,不仅在理论研究方面有重要突破,在远程证明系统研制和应用方面也出现了众多的研究成果,如数字版权管理(DRM)、移动手机平台、可信信道构建、可信网络接入和云计算节点验证等,为实现高可信网络服务环境提供重要的理论和应用支撑。远程证明系统和应用研究主要是在原有系统的基础上引入远程证明安全机制,从而提升应用安全性,这方面的研究要求远程证明方案与原系统结合兼容性好、扩展性强、效率高。本节将介绍可信计算远程证明理论在 DRM 中的应用,从内容服务器、许可证服务器到用户证明等几方面,设计基于可信计算的 DRM 远程证明模型和协议。

7.4.1　DRM 基本原理

DRM 主要应用于数字媒体中数字资源的管理和保护。为了防止数字内容被非法传播,DRM 系统将许可证和数字内容以绑定的形式存放。用户在获得数字内容的同时,还需获得相应的许可证才可通过一定的技术手段在数字产品的周期内解析数字内容。

完整的 DRM 系统是由存在的多个功能实体所构成的[4]。在不同系统的具体实现之中,通常情况下功能实体在系统内扮演的角色与其实现的物理节点在逻辑上是分离的,各个功能实体在系统中扮演着不同的逻辑角色。不同的数字版权管理系统依据自己的商业模型和系统配置的具体要求设计了各自的 DRM 系统结构,只是在各个功能实体的逻辑分工和架构布置上略有不同。其中开放移动联盟(OMA,Open Mobile Alliance)DRM 作为较为成熟的数字版权管理系统,在其发布的 DRM 2.0 规范中明确定义了一些主要逻辑功能实体,具有较为广泛的参考价值。DRM 代理包含一个用户设备中可以信赖的功能实体,这个功能实体负责确保受保护的媒体文件在许可的权限内被使用,同时可以限制对媒体文件的部分操作[22]。

DRM 的目的是保护数字内容,使数字内容的购买者在数字内容的生命周期内依照授权使用。其基本原理是:数字内容通过技术手段,在分发、使用和传输过程中通过授权、身份认证、许可证和内容分离等方式保护数字内容在授权的期限内被合法传播。DRM 的系统结构主要包含内容服务器、客户端和许可证服务器 3 个模块。这 3 个模块相互配合,共同构成完整的 DRM 系统。DRM 基本结构如图 7-8 所示[4]。

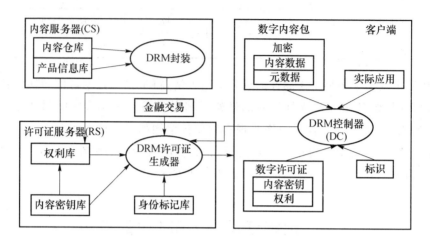

图 7-8　DRM 基本结构

（1）内容服务器(CS,Content Server):包含内容库和产品信息库,DRM 封装模块对内容进行加密、封装和打包之后,在需要的时候向客户端的 DRM 控制器传递打包封装之后的数字内容。

（2）许可证服务器(RS,Right Server):包含权利库、身份标识库、内容密钥库,通过许可证生成器生成数字许可证。当用户需要时发送许可证,它还负责用户的身份验证,在需要的情况下,触发金融事务。

（3）客户端:包含数字内容使用工具和 DRM 控制器(DC,DRM Controller),向许可证服务器申请许可证。DC 负责管理用户对数字内容的访问权限控制功能。

7.4.2　基于证明技术的 DRM 的设计

数字版权管理是一个系统级的工程,借助数据加密、数字水印等技术保护数字内容免于非法侵害,以达到版权保护的目的。搭建一个数字版权管理系统,需要涉及用户管理、密钥管理、数字内容管理、权限管理、状态管理等诸多功能[4]。

在 DRM 中,对数字内容的保护机制有两种:对数字内容必须进行加密传输;使用数字内容的许可证。我们可以用基于硬件的 TPM 来保护这两种保护机制。内容需要许可证,会先用 DAA 方式进行身份的验证,这种直接匿名证明保护了用户的隐私。在此基础上本章用迪菲-赫尔曼(DH,Diffie-Hellman)密钥协议来产生会话密钥,对数字内容进行加密,而只有本地 TPM 才能对这个密钥进行解密,其他非法 TPM 不能访问这些数字内容。基于动态属性证明的方法用来验证 DRM 控制器是否受到攻击。

一种基于远程证明的 DRM 系统架构如图 7-9 所示[4]。其中 TPM 是客户端的安全芯片,通过 TSS 与 DRM 控制器连接。TSS 处于 TPM 与应用软件之间,为可信计算平台提供技术支持的软件栈。内容服务器和许可证服务器是 DRM 系统中的重要部件。

本方案利用 TPM 提供的功能如下。

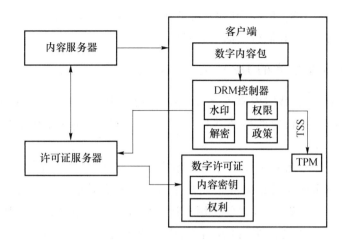

图 7-9　一种基于远程证明的 DRM 系统架构

（1）TPM 的完整性度量

TPM 的完整性度量机制是 TPM 的核心机制。通过各级系统的加载，在硬件、固件和软件之间通过完整性度量建立信任链，并将其应用到 DRM 中来保证终端平台的可信，防止恶意程序的攻击。

（2）TPM 的可信存储

数字内容需要加密存储，可以使用 TPM 特有的物理保护方式，将密钥和敏感数据通过 TPM 的密钥机制保护起来，如可以将数字内容通过 SRK 加密保护后存放到 TPM 外部，只有通过 TPM 用户的授权才能使用这些数据。通过 Tspi_Data_Seal 和 Tspi_Data_Bind 的软件栈接口来保护数据。

（3）TPM 的密码身份

TPM 特有的身份认证密钥机制可以应用到 DRM 中客户端、CS 和 RS 之间进行相互的身份认证。由于是基于硬件的身份认证，因此，相比传统的通过口令验证身份的机制，这种机制更安全和可靠。

（4）TPM 的密钥生成

密钥生成器是 TPM 的主要部件之一，其产生的密钥得到 TPM 的保护，很难泄露。通过 TSS 中相应的功能产生 RSA 密钥对，也可以利用随机数生成器产生随机数作为对称密钥，因此具有软件保护所没有的优点。

（5）TPM 的密码服务

TPM 的密码服务包括随机数生成、加解密、签名等算法服务。

可信计算与 DRM 系统的结合，并使用前面改进的证明方法和加密算法，具体表现如下。

（1）TPM 在启动过程中使用信任链机制，确保平台启动过程没有被恶意代码非法篡改，因此可以使用平台完整性度量机制检验 DRM 代理可信之后，再解析 DCF。

（2）在 DC 中加入可信计算的相关硬件和软件栈后，DC 中的证书、私钥可以受 TPM 的密钥机制保护，代理的数字内容的完整性摘要值也可存放在 PCR 中，不可能被非法用户篡改。

（3）CS 和 RS 利用 TPM 鉴别用户身份的合法性，防止攻击者对 CS 和 RS 的攻击。

（4）在使用 DC 之前，RS 需要验证 DC 平台的完整性和可信性。DC 通过 TPM 的完整性度量之后将报告发送给 RS。RS 将其和基准值比对，如果一致，则将证书发送给 DC。使用过程中，通过度量行为信息基验证行为的动态安全性。

7.4.3　基于证明技术的 DRM 的工作过程

根据保护方式的不同，数字内容可分为两大类：由应用软件本身进行控制，以应用软件的形式存在的数字内容；由相应的播放器插件来控制，以文本、音频、视频等形式存在的数字内容。

假设需要对某一标号为 C 的流媒体进行数字版权管理，在许可证的获取阶段，首先要对其进行身份证明。身份证明是用来验证用户是否属实和有效的一个过程。这里的用户相对 DRM 系统来说是一个广义概念，它包括用户计算机、DRM 控制器以及 TPM。本系统中，用户的身份通过 TPM 的匿名证明，接着用户、内容服务器、许可证服务器进行相互证明，对 DRM 控制器进行属性证明，验证该 DRM 控制器是否具有一定的安全属性，是否满足一定的条件。假设这个 DRM 控制器是一个播放器，必须赋予用户对播放器的使用权限，同时这个播放器要含有水印，有解密功能，能够对数字内容进行控制。验证它的安全性是否达到一定的条件，证明其未受到外界的攻击。

协议所用符号的表示如下。

C_{ID}：数字内容编号；

RO_{ID}：数字内容编号为 ID 的权限；

r_1：用户利用 TPM 产生的随机数给 CS；

r_2：CS 产生的随机数给 RS；

r_3：RS 产生的随机数给 CS；

r_4：CS 产生的随机数给用户；

S_1、S_2：内容服务器产生的两个子密钥分别给许可证服务器和用户；

T_1、T_2：用户和内容服务器产生的时间戳；

K_{pub}^{U}、K_{priv}^{U}：用户的 TPM 产生的公、私钥；

K_{pub}^{RS}、K_{priv}^{RS}：许可证服务器产生的公、私钥；

K^{RU} 或 K^{UR}：许可证服务器和用户之间的会话密钥。

其过程如图 7-10 所示。

具体过程如下。

（1）内容服务器对用户身份证明。通过 DAA 方法进行远程身份证明，使用直接匿名访问防止隐私泄露。身份证明之后，内容服务器发送一个密钥 S_1 给用户，并将信息保存到自己的数据库中。而用户要通过绑定命令将密钥绑定到 TPM 中。DRM 内容是经过加密保护进行传输的，内容服务器和用户身份证明是为了防止攻击者对内容服务器发起 DoS 攻击。

（2）许可证服务器和内容服务器相互证明，使用一定的协议和安全通道将内容密钥的另一子密钥 S_2 传递给许可证服务器。CS 提供给 RS 内容 ID，RS 产生对应的权限 RO，并产生随机数验证新鲜性。

（3）CS 验证用户的身份之后，将子密钥之一 S_2、加密之后的 DCF、对应的 RO 和用户进行身份证明时的随机数返回给用户，以便用户验证。

（4）用户向许可证服务器提供自己的身份信息。许可证服务器根据身份信息生成许可权限 RO，包含子密钥 S_1。由 RS 和用户通过一定的密码方法产生会话密钥，对数字权限用会话密钥加解密。

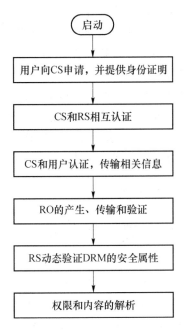

图 7-10　基于 TPM 的 DRM 工作过程

（5）RS 使用动态属性认证（DPA，Dynamic Property Attestation）远程证明的方法验证 DRM 控制器是否满足许可证服务器需要的安全属性，动态验证当前 DRM 控制器是否被污染。一旦平台不能满足设定的属性条件，则终止对用户的权利。并且可以使用行为信息基，对 DRM 控制器的行为进行度量。

（6）DRM 控制器根据用户和许可证权限解析数字内容。当用户成功获得 S_1 和 S_2 后就可以得到内容加密密钥 K_{CEK}，对数字内容标号为 ID 的 DCF、权限 RO_{ID} 进行解析，根据权限就可以访问数字内容。

通过以上步骤，使得用户、CS、RS 相互证明，通过随机数、时间戳验证新鲜性，对数字内容进行加密传输，使得嵌入可信引用监视器（TRM，Trusted Reference Monitor）的用户进行身份匿名证明。DRM 控制器经过安全属性的动态证明，行为信息基对行为进行度量，数字内容才能被合法解析，防止内容泄露。其他非法获取的数字内容由于没有相应的 TPM 的解密功能而变得无效。

7.5　本 章 小 结

远程证明能够在远程方实现对平台完整性的信任级别进行判定，是建立平台间信任和网络空间信任的重要技术。远程证明所关联的内容非常广泛，主要有 TPM 安全芯片、完整性度量架构和远程证明协议。TPM 安全芯片从功能和接口上就支持远程证明，如 TPM_Quote、AIK、PCR 和 DAA 等；完整性度量架构则是通过度量代理对平台的硬件和软件完整性进行度量,获得平台的最真实的配置状态,为远程证明提供可信的数据来源,最典型的便是 IBM 公司的 IMA 度量架构;远程证明协议则是通过具体的密码协议证明平台身份和平台完整性的过程,重在确保协议满足不可伪造性、匿名性和隐私性等安全属性。

如果仅以理论方法而论,远程证明方法多种多样,发展迅速,相关领域的研究成果也比较丰富。但远程证明的实际应用却非常有限,因为平台配置完整性的复杂性和多样性,还面临许多阻碍远程证明应用的技术问题,如平台完整性验证和平台完整性更新等。尽管基于属性的远程证明克服了传统二进制证明多方面的不足,但是在属性定义、属性撤销和可信第三方属性管理方面还存在一些问题,目前也仅限于一些简单的应用。未来远程证明将会朝着更实用、更高效的方向发展,远程证明协议与传统网络通信协议的结合不失为一种很好的思路,而且便于系统的改进升级和应用扩展;而基于动态可信度量根(DRTM)构建隔离的计算环境,大幅度减小需要证明的可信计算基(TCB)的范围和大小,也是推进远程证明实际应用的一大发展趋势。

思　考　题

1. 什么是远程证明技术？图示说明远程证明模型,并简述流程的各个步骤。

2. 概述远程证明案例中 Privacy CA 签发 AIK 证书的完整流程,并画出相应的流程图。

3. 请对比平台身份远程证明中的 Privacy CA 和 DAA 方案,各有什么优缺点？如何进一步改进？

4. 在远程证明过程中,如何防止数据被篡改？如何防止重放攻击？

5. 讨论远程证明的应用有哪些。

本章参考文献

[1] 冯登国. 可信计算——理论与实践[M]. 北京：清华大学出版社,2013.

[2] Camenisch J, Lysyanskaya A. A signature scheme with efficient protocols[C]//International Conference on Security in Communication Networks. Berlin：Springer,2002：268-289.

[3] Brickell E, Camenisch J, Chen L. Direct anonymous attestation[C]//The 11th ACM Conference on Computer and Communications Security. Washington DC：ACM,2004：132-145.

[4] 闫建红. 可信计算：远程证明与应用[M]. 北京：人民邮电出版社,2017.

[5] 陈小峰,冯登国. 一种多信任域内的直接匿名证明方案[J]. 计算机学报,2008(7)：1122-1130.

[6] Ge H, Tate S R. A direct anonymous attestation scheme for embedded devices[C]//International Workshop on Public Key Cryptography. Berlin：Springer,2007：16-30.

[7] Camenisch J, Lysyanskaya A. Signature schemes and anonymous credentials from bilinear maps [C]//Annual International Cryptology Conference. Berlin：Springer,

2004：56-72.

［8］　Brickell E，Chen L Q，Li J T. A new direct anonymous attestation scheme from bilinear maps［C］//International Conference on Trusted Computing. Berlin：Springer，2008：166-178.

［9］　Chen Xiaofeng，Feng Dengguo. Direct anonymous attestation for next generation TPM ［J］. Journal of Computers，2008，3(12)：43-50.

［10］　Boneh D，Boyen X. Short signatures without random oracles［C］//International Conference on the Theory and Applications of Cryptographic Techniques. Berlin：Springer，2004：56-73.

［11］　Chen L Q，Morrissey P，Smart N P. DAA：Fixing the pairing based protocols［J］. IACR Cryptology ePrint Archive，2009，2009：198.

［12］　Chen L Q. A DAA scheme using batch proof and verification［C］//International Conference on Trust and Trustworthy Computing. Berlin：Springer，2010：166-180.

［13］　Chen L Q，Page D，Smart N P. On the design and implementation of an efficient DAA scheme［C］//International Conference on Smart Card Research and Advanced Applications. Berlin：Springer，2010：223-237.

［14］　冯登国，秦宇，汪丹. 可信计算技术研究［J］. 计算机研究与发展，2011，48(8)：1332-1349.

［15］　Chen L Q，Landfermann R，Löhr H，et al. A protocol for property-based attestation ［C］//The First ACM Workshop on Scalable Trusted Computing Washington DC：ACM，2006：7-16.

［16］　秦宇，冯登国. 基于组件属性的远程证明［J］. 软件学报，2009，20(6)：1625-1641.

［17］　Feng Dengguo，Qin Yu. A property-based attestation protocol for TCM［J］. Science China：Information Sciences，2010，53(3)：454-464.

［18］　杜芸芸，谢福，牛冰茹. 基于远程证明的云计算认证问题研究［J］. 计算机应用与软件，2014，31(3)：304-307.

［19］　Xin Siyuan，Zhao Yong，Li Yu. Property-based remote attestation oriented to cloud computing［C］//2011 Seventh International Conference on Computational Intelligence and Security (CIS). Hainan：IEEE，2011：1028-1032.

［20］　施光源，张建标. 一种基于行为证明的主观动态可信模型建立方法［J］. 计算机科学，2012，39(3)：54-61.

［21］　杨玉丽，万小红. 基于实体行为的动态远程证明方案［J］. 运城学院学报，2013(2)：74-78.

［22］　熊磊. 基于动态信息验证的数字版权管理系统设计与实现［D］. 武汉：华中科技大学，2015.

第 8 章

可信网络连接

自 2003 年可信计算组织(TCG)成立以来,可信技术发展迅速,并且得到了广泛应用。然而,随着互联网的发展,人类在充分共享信息和资源的同时,也伴随着各种各样安全问题的困扰甚至威胁。人们意识到不仅需要确保终端计算环境的可信,还需要把可信技术扩展到网络中,使信任链从终端扩展到网络,使得网络成为一个可信的计算环境。于是,2004 年 5 月 TCG 成立了可信网络连接小组(TNC-SG,Trusted Network Connection Sub Group)。可信网络连接小组负责研究制定可信网络连接(TNC)框架以及相关标准。TNC 是可信计算技术在网络接入控制(NAC,Network Access Control)中的应用,以可信计算为基础加强网络接入的安全性控制,是一种开放的网络接入控制解决方案。简单来说,TNC 指在终端接入网络之前,对用户和终端平台的身份进行认证并对终端平台的可信状态进行度量,最后根据网络终端的度量结果来决定是否允许其接入网络。

目前,国内外研究机构已经在各种网络接入技术的基础上设计出了各种 TNC 原型系统,并且符合 TNC 规范的商用产品也已经相继问世。

本章首先介绍了现有的网络接入控制技术,分析了现有网络接入控制技术的缺陷,由此引入 TNC 技术;其次概述了 TNC 体系架构、工作流程;最后介绍了现有的一些 TNC 实例。

8.1 网络接入控制简介

随着网络技术的发展,网络攻击越来越多,网络面临的安全威胁和挑战越来越严峻。攻击者恶意入侵网络非法获取资源以及进行破坏。值得注意的是,根据国际计算机安全组织统计,超过 80% 的恶意攻击都是来自内部,也就是网络内部的终端不安全所引起的。传统的安全解决方案主要通过防火墙、入侵检测以及病毒查杀等技术手段被动地抗击安全威胁。这些传统的以预防为主的被动式的安全解决方案无法解决来自网络内部的安全威胁,不能有效地应用于当今网络环境下面临的复杂安全威胁,无法从体系和源头上解决网络安全问题。因此,将可信计算机制应用于网络接入控制中,使得信任链从硬件延伸到网络从而建立可信网络成为当前的发展方向。

网络接入控制技术作为解决网络安全问题的一种有效机制得到了广泛应用。网络接入控制对终端进行用户身份认证和终端安全检查,解决网络安全接入问题,从而提高网络的安全性。网络接入控制首先要求接入终端提供身份信息认证,只有合法的用户才被允许接入网络,能够有效阻止非法用户接入网络中;其次,网络接入控制对终端的安全状态进行检查,只有符合规定的安全策略的终端才被允许接入网络,保证了网络接入的终端的安全性。

8.1.1　NAC 技术框架

NAC 框架由 NAC 客户端、NAC 策略执行点、NAC 策略决策点、隔离修复服务器 4 个部件组成,如图 8-1 所示。NAC 客户端发起接入网络请求,并收集和提供客户端的身份和安全状态信息。NAC 策略执行点为网络设备,执行由策略决策服务器给出的接入策略。NAC 策略决策服务器制定终端接入网络的安全策略,以及对接入终端进行用户信息和安全信息的认证。不符合安全策略要求的终端将被送入隔离修复服务器进行隔离,并且隔离修复服务器对不满足安全策略要求的系统组件进行修复,直到它们符合网络安全策略才会被允许接入网络。

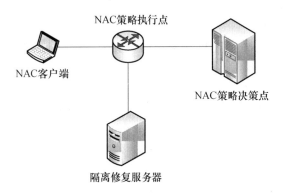

图 8-1　NAC 通用架构图

鉴于网络接入控制技术有效地增加了网络安全性,思科公司(Cisco)和微软公司各自推出了自己的网络接入控制产品:网络准入控制(C-NAC,Cisco Network Admission Control)[1],网络接入保护(NAP,Network Access Protection)[2]。

8.1.2　C-NAC 技术

思科是最早提出网络接入控制技术研究的公司,立足于将传统的安全解决方法与网络接入技术集合起来,使得网络中的终端符合制定的安全策略,从而降低恶意攻击给网络带来的威胁。C-NAC[1]架构如图 8-2 所示。C-NAC 由 5 个部分组成:NAC 客户代理、NAC 策略执行点、NAC 服务器、NAC 策略服务器、隔离修复服务器。C-NAC 技术把 NAC 架构中的 NAC 策略决策点拆分成了 NAC 服务器、NAC 策略服务器。NAC 策略服务器负责制定安全策略,并对终端进行身份和安全信息认证。NAC 服务器依据 NAC 策略服务器给出的认证结果给出接入决策。C-NAC 不仅定义了网络接入控制架构而且还制定了详细的安全策略。当终端请求接入网络时,网络接入设备(交换机、无线 AP 或 VPN、LAN、WAN)将要求客户端代理提供身份认证和安全状态信息。网络接入设备在接收到客户代理软件提供的安全状态信息后将这些信息与网络安全策略进行比较,根据比较结果来决定如何处理此次网络接入请求。对于满足安全策略的终端将被允许接入网络,而对于不满足安全策略的终端则将其接入到某个隔离区域或者通过网络设备重定向到某个网段来限制其网络访问,从而避免不安全的终端威胁网络的安全性。然而,被隔离的终端可以利用网络修复设备进行修复,如更新不满足要求的组件以达到安全策略的要求从而得到修复。在隔离区的终端一旦修复后满足安全接入策略就允许其正常接入网络。

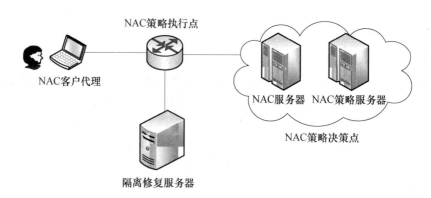

图 8-2　C-NAC 架构图

C-NAC 不仅定义了网络接入控制架构而且还制定了安全策略,主要体现在以下几个方面:

(1) 终端运行的操作系统是否是合法的版本;

(2) 终端是否安装了适当的补丁以及是否进行了及时的更新;

(3) 终端是否已经安装了杀毒软件以及杀毒软件是否处于运行状态;

(4) 终端是否安装和正确配置了防火墙等网络安全软件;

(5) 设备镜像是否被篡改。

思科公司基于 C-NAC 技术推出了产品思科 NAC 设备(Cisco Clean Access)。Cisco Clean Access 包含以下组件:

(1) Cisco Clean Access Server,该组件根据终端的安全情况授予相应的网络接入权限;

(2) Cisco Clean Access Manager,该组件存储和执行安全策略和修补服务;

(3) Cisco Clean Access Agent,可选的免费软件,提供严格的终端安全策略比较评估,并简化修补流程。

8.1.3　NAP 技术

网络接入保护(NAP)[2]是微软公司开发的一种网络接入控制架构。NAP 技术在 Windows 操作系统上增加了 NAP 客户端(NAPC,NAP Client)、NAP 强制执行点(NAPEP,NAP Enforcement Point)、NAP 健康策略服务器(NPS,NAP Health Policy Server)和各类健康服务器,并且定义了这些组件相应的 API 接口。NAP 架构如图 8-3 所示。通过 API 接口,第三方可以实现与 NAP 兼容的产品。NAP 通过保证接入网络的终端符合安全策略的要求来实现网络接入控制,从而避免不安全的终端威胁网络的安全性。对于请求接入网络的客户端符合安全策略就允许接入网络,否则该客户端将被送至隔离区进行修复,直到满足安全策略要求后才允许接入网络。

1. NAP 客户端

NAP 客户端(NAPC)是一个装有 Windows 操作系统的终端,NAPC 由 3 个组件构成:NAP 代理、NAP 强制客户端(NAPEC,NAP Enforcement Client)、系统健康代理(SHA,System Health Agent)。NAP 代理由 NAP 平台提供,完成 NAP 客户端核心功能。一个 NAPEC 对应一种策略执行,NAPEC 可由第三方提供。每个 SHA 对应一个特定的安全应用(如防火墙对应的 SHA,杀毒软件对应的 SHA 等),负责维护报告一个特定方面的系统健康,并且还可对应一种修复服务器。SHA 与 NAP 服务器（NAPS，NAP Server）中的系统健康认证（SHV，System Health Validator）成对出现。

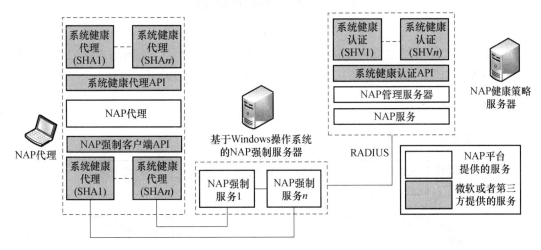

图 8-3 NAP 架构图

2. NAP 强制执行点

NAP 强制执行点由一个或多个 NAP 强制服务器（NAPES，NAP Enforcement Server）构成。NAP 强制执行点根据 NAP 健康策略服务器制定的健康策略对 NAP 客户端进行安全检查并限制网络接入。

3. NPS

NPS 由 NAP 服务、NAP 管理服务器（NAPAS，NAP Administration Server）、系统健康验证（SHV）构成。NAP 服务接收远程用户发号认证系统（RADIUS，Remote Authentication Dial in User Service）Access-Request 消息，提取 SOH（Statement of Health），并传给 NAP 管理服务器；NAP 管理服务器处理 NPS 服务和 SHV 的通信；SHV 负责检查健康策略，SHV 可由第三方提供。

8.1.4 现有网络接入技术的缺陷

以思科公司的 C-NAC 和微软公司的 NAP 为代表的网络接入控制存在以下几个方面的缺陷。

（1）互操作和可扩展性差

大部分的解决方案不支持多种平台，产品之间不兼容。例如，C-NAC 的实现必须依赖思科公司自身的网络设备；NAP 只支持 Windows 平台，不支持 Linux 等非 Windows 平台，完全依赖微软的 IT 架构。

（2）容易受到伪造状态行为的攻击

由于缺乏强有力的终端状态认证机制，现有方案无法防止客户端的欺诈行为。客户端可以通过伪造系统状态等方式来通过安全策略认证并顺利接入网络。

（3）缺乏接入后控制

由于现有技术缺乏对接入后的终端进行实时监控，现有的架构无法阻止接入后的终端的恶意攻击。

8.2 可信网络连接

针对 8.1.4 节所述的现有网络接入技术的缺陷，TCG 提出了可信网络连接(TNC)架构。可信网络连接结合了可信技术，是一种开放的网络接入解决方案。

8.2.1 TNC 架构

TNC[3] 架构如图 8-4 所示。

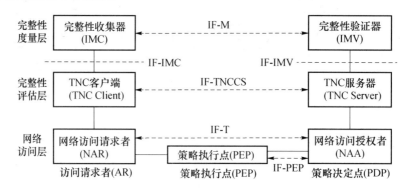

图 8-4　TNC 基础架构图

TNC 结构包含 3 个实体、3 个层次和若干个接口。TNC 架构在传统的网络接入层之上增加了完整性评估与完整性度量，实现对接入平台的身份认证与完整性验证。3 个实体是：访问请求者(AR，Access Requestor)、策略执行点(PEP，Policy Enforcement Point)以及策略决定点(PDP，Policy Decision Point)。TNC 按照在网络接入控制过程中不同的作用分为 3 个逻辑层次，由下至上分别为：网络访问层、完整性评估层、完整性度量层。由于多个实体和层次的存在，为了实现实体之间、层次之间的互操作，TNC 定义了一组接口规范。

1. 实体

TNC 的 3 个主要实体的作用分别是：请求接入网络的终端发出 AR 访问请求，收集平台完整性信息，发送给 PDP；PDP 根据安全策略对发出 AR 访问请求的终端进行认证和判定；PEP 负责根据 PDP 的判定结果执行访问控制决策。TNC 将网络接入策略的判定和实施相分离，这增加了系统结构的弹性和灵活性。

AR 包含 3 个组件：网络访问请求者(NAR，Network Access Requestor)、TNC 客户端(TNCC，TNC Client)以及完整性度量收集器(IMC，Integrity Measurement Collector)。网络请求者发出访问请求，申请建立网络连接，在一个 AR 中可以有多个 NAR 的存在；TNC 客户端负责调用完整性度量收集器收集各部分的完整性度量信息，同时度量并报告 IMC 自身的完整性信息；完整性度量收集器度量 AR 中各个组件的完整性，在同一个 AR 上可以有多个不同的 IMC 分别完成不同组件的完整性收集。

PDP 包含 3 个组件：网络访问授权者(NAA，Network Access Authority)、可信网络连接服务器(TNCS，Trusted Network Connection Server)以及完整性度量验证器(IMV，Integrity Measurement Verifier)。网络访问授权者根据上层的可信网络连接服务器的验证结果判定 AR 的完整性状态是否与 PDP 中的安全策略一致，从而决定 AR 的接入请求是否被允许；可信网络连接服务器负责与 TNC 客户端进行通信并且收集来自完整性度量验证器的决策,形成一个全局的网络访问决策传递给网络访问授权者;完整性度量验证器负责将完整性度量收集器传递过来的 AR 各部件的完整性度量信息进行验证。

PEP 中有一个网络访问执行者(NAE)组件,该组件根据 NAA 的决策结果来决定是否允许接入网络。例如 802.1x 认证器,该认证器通常在 80.11 访问端上执行。

2. 层次

TNC 的架构分为 3 个层次:完整性度量层、完整性评估层以及网络访问层。完整性度量层负责收集和处理原始的与具体接入策略无关的完整性度量数据,在该层中,AR 收集完整性数据,而 PDP 则需要验证 AR 收集到的完整性数据的正确性;完整性评估层根据访问策略对 AR 进行完整性评估,在该层中,AR 解析网络接入策略并指导完成与接入策略有关的完整性数据的收集,而 PDP 则根据接入策略对 AR 的完整性进行评估;网络访问层负责底层的网络连接(如 802.1x、VPN 等),在网络访问层访问请求者和网络访问授权者间建立可靠的通信连接。

3. 操作接口

在 TNC 架构中,一方面在不同实体间处于同一层次的组件之间需要交互,它们之间的交互需要规范的交互接口;另一方面同一实体的不同层次的组件之间也需要交互,它们之间也需要规范的交互接口。TNC 架构中的接口有:完整性度量收集接口(IF-IMC)[4]、完整性度量校验接口(IF-TNCCS)[5]、IMC-IMV 消息(IF-M)[6]、网络授权传输协议(IF-T)[7]、平台可信服务接口(IF-PTS)[8]、策略实施接口(IF-PEP)[9]。IF-IMC 是完整性度量收集器和 TNC 客户端之间的接口,负责从 IMC 收集完整性度量信息并把这些信息通过 IF-M 接口传递给 IMV。IF-TNCCS 是 TNC 客户端和 TNC 服务器这两个不同实体间用来交互完整性度量数据的接口。IF-M 是指可能在 IMC 和 IMV 之间交互的厂商专用消息。在实践中这些消息运行在 IF-TNCCS 接口上。需要注意的是,IF-TNCCS 和 IF-M 并不只是关于可信网络连接的,也有关于 TCG 中平台管理需求的。IF-T 是 AR 和 PDP 之间传输信息的接口,并对上层接口协议提供封装,针对通道式的 EAP 认证方法和安全层传输协议(TLS,Transport Layer Security)提供 IF-T 协议绑定。IF-PTS 是还处于 TCG 发展阶段的接口,该接口提供平台可信服务以确保 TNC 组件是可信的。IF-PEP 为 PDP 和 PEP 之间传递消息的接口,该接口允许 PDP 指导 PEP 将处于修复中的 AR 进行隔离,当修复完成后再授权其接入网络。

8.2.2 基于 TPM 的 TNC 架构

TNC 架构是一种通用的网络接入控制体系结构,并没有强制要求使用可信计算技术。然而,如果把信任链技术应用于 TNC 架构中,在硬件可信根的保护下,可以有效增强 TNC 接入终端的网络完整性认证,因此 TCG 提出了基于 TPM 的 TNC 架构-平台信任服务(PTS,Platform Trust Service)规范。基于 TPM 的 TNC 架构如图 8-5 所示。

和通用 TNC 架构相比较,基于 TPM 的 TNC 架构有两方面的变化:

(1)通过在访问请求者(AR)上部署 TPM 安全芯片以及可信软件栈(TSS)向 AR 内的其他组件提供信任服务;

(2)在原有的完整性度量层,IF-M 接口专门定义了 PTS 完整性收集和验证的协议,规范了使用可信计算平台信任服务的完整性收集和验证者的交互方式。

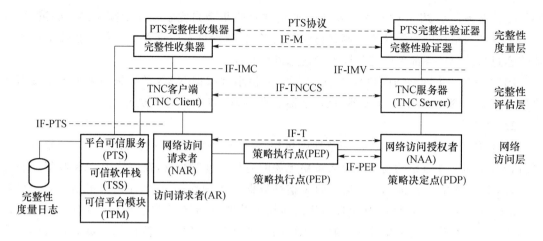

图 8-5 基于 TPM 的 TNC 架构图

8.2.3 TNC 工作流程

TNC 可信网络接入控制架构为了保证终端安全地接入可信网络,采用了如图 8-6 所示的工作流程。

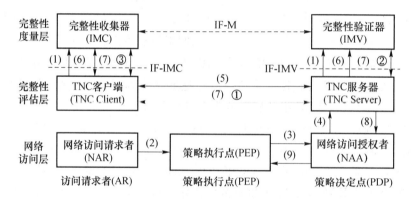

图 8-6 TNC 工作流程

(1) 在开始接入网络之前,TNCC 使用平台专用的绑定工具载入平台相关的 IMC,并且对 IMC 执行初始化操作。与此类似,TNCS 则载入相关的 IMV 并初始化。

(2) 当一个网络连接尝试开始触发,AR 上的 NAR 就会向 PEP 发送连接请求。

(3) 收到来自 NAR 的连接请求后,NAR 会发送一个网络访问决策请求到 NAA。

(4) NAA 一般为网络接入 3A 认证服务器,如 RADIUS[10] 和 Diameter。在服务器完成用户身份认证后,NAA 通知 TNCS 有新的连接请求。

(5) TNCS 和 TNCC 之间进行平台证书的鉴别。

(6) 平台身份验证成功之后,TNCS 通知 IMV 有新的连接请求,TNCC 通知 IMC 有新的连接请求,IMC 向 TNCC 发送一定数量的 IMC-IMV 消息。

(7) PDP 对 AR 的完整性进行验证,有 3 个子步骤。

① 为了完成一次完整性检查握手,TNCC 和 TNCS 交换完整性验证的相关信息,这些信息在 NAR、PEP 和 NAA 之间转发,直到 TNCS 认为 TNCC 发送的完整性验证信息满足需求。

② TNCS 将每个 IMC 收集的完整性信息发送给对应的 IMV，IMV 会对 IMC 消息进行分析，如果 IMV 需要更多的信息，那么它会通过 IF-IMV[11]向 TNCS 发送完整性请求消息；如果 IMV 完成了验证，则通过 IF-IMV 接口发送结果到 TNCS。

③ TNCC 通过 IF-IMC[4]把来自 TNCS 的消息传递给相应的 IMC，并且把来自 IMC 的消息发送给 TNCS。

（8）TNCS 完成和 TNCC 的完整性握手之后，TNCS 将网络接入决策发送给 NAA。

（9）NAA 将网络接入决策发送给 PEP，PEP 根据接入决策实施网络访问控制，并将最后的接入结果返回给 AR。如果 AR 没有满足完整性验证，TNCS 可以将这个 AR 隔离到修复网络，在修复网络中通过完整性修复后可以重新发起连接请求。

8.2.4 TCA 技术

可信连接架构（TCA，Trusted Connection Architecture）[12]是我国国家信息安全技术标准委员会推出的可信网络连接架构模型，它以可信平台控制模块（TPCM）计算技术为基础，实现了可信平台的网络延伸，建立了具有我国创新特色的可信网络连接架构。TCA 架构如图 8-7 所示。

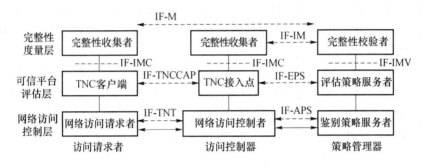

图 8-7　TCA 架构图

TCA 模型有访问请求者、访问控制器、策略管理器 3 个实体构成，总体上分为 3 个层次：完整性度量层、可信平台评估层、网络访问控制层。访问请求者向访问控制器提出访问请求，访问控制器根据策略管理器的策略决定是否允许访问请求者的访问请求。策略管理器作为可信第三方对访问控制器以及访问请求者实施集中管理，通过采用国家自主知识产权的鉴别协议，实现访问请求者和访问控制器的双向身份认证、平台可信评估与访问控制[13]。

8.2.5 TNC 技术优势

TNC 技术有如下优势[14]。

（1）开放性。TNC 最大的优点在于开放性。TNC 是开放的、支持异构网络环境的网络接入架构，目前有比较完善的技术规范。所有规范都是无偿开放的，而且还大量采用现有的标准和技术规范，如 RAP、802.1x 等。TNC 没有和某个具体产品绑定，大量厂家可以加入这个领域，各个厂家可以自行设计开发兼容 TNC 标准的产品。

（2）安全性。TNC 除了有传统的用户身份认证外，还在此基础上增加了平台身份认证和完整性验证功能。同时 TNC 支持安全芯片，提供了基于硬件的平台认证状态，防止客户端伪造接入数据。TPM 作为系统最初的可信根，只要系统启动就开始信任链的传递，逐步构建信任链，使信任延伸到整个计算机系统。

（3）系统性。TNC 规范十分详尽，包括体系结构、组件接口和支撑技术几个方面，易于指导产品实现，厂家更容易接受。TNC 规范自成体系，在完整性度量、报告、接口等关键问题上都成立了专门的工作组。

8.3　可信网络连接实例

8.3.1　研究现状

自从 TCG 推出 TNC 架构和标准之后，越来越多的项目开始支持 TNC，如客户端 Extreme Networks、HP ProCureve、Juniper Networks、Meru Networks、OpSwat、Patchlink、Q1Labs、StillSecure、Wave Systems、WPA Supplicant 以及服务器端 FreeRADIUS。开源方面，TNC 的实现已有一定的基础，如 libTNC 和 TNC@FHH，均在不同层面对 TNC 框架进行了实现。

下面介绍一些开源项目对 TNC 的支持。

（1）Open1X 项目[15]：此项目是由 OpenSEA 联盟赞助的开源跨平台 802.1x 客户端。该客户端实现了 802.1x 框架以及无线局域网安全标准 802.11i。Open1X 项目的产品 Xsupplicant 支持 EAP-TNC 方法。

（2）libTNC[16]：libTNC 旨在建立一个无关操作系统的开源可信网络连接系统，目前已经支持 Windows、数个类 UNIX 操作系统以及 Mac OS X 操作系统。libTNC 实现了 TNC 架构中的完整性评估层和完整性度量层的接口，还实现了一个可以设定安全策略以评估操作系统的完整性度量组件。虽然 libTNC 对 TNC 框架进行了实现，但仅实现了 TNC 的部分接口协议。

（3）strongSwan[17]：是 Linux 系统上的 IPSec 实现，实现了 TNC 架构中的完整性评估层，并提供了完整性评估层与完整性度量层的接口。目前该产品已经通过了 TCG 的 TNC 认证。

Trust@FHH 研究小组是德国汉诺威应用技术大学的研究小组，是 TNC 工作组的成员。该小组基于 TNC 实现了 TNC@FHH 和 tNAC 系统，是开源项目中比较完整的 TNC 解决方案。中国科学院软件研究所在 TNC 架构的基础上提出了基于用户身份、平台身份和平台完整性的网络接入控制系统 ISCAS TNC。下面重点介绍 TNC@FHH 和 tNAC 系统，以及国内的 ISCAS TNC 系统。

8.3.2　TNC@FHH

1. TNC@FHH

TNC@FHH 是德国汉诺威应用技术大学 Trust@FHH[18] 研究小组为了测试 TNC 的功能、可操作性和易用性而开发的基于 TNC 的开源系统。它的第一个版本是汉诺威应用技术大学汉诺威分校完成的两篇硕士论文的成果。TNC@FHH 实现了许多核心 TNC 组件和它们之间的主要接口，并且通过了 TCG 的 TNC 认证测试。

TNC@FHH 实现了 TNCS、一些 IMC 和 IMV 组件和 EAP-TNC 方法，实现了 IF-TNCCS、IF-M、IF-IMC、IF-IMV 接口。网络访问请求者采用了开源项目 Xsupplicant 和 wpa_supplicant，网络访问授权者采用应用广泛的 FreeRADIUS 开源产品，并且实现了 EAP-TNC

方法。TNC@FHH 有如下特点：

（1）TNC 服务器可以作为 FreeRADIUS 的扩展运行；

（2）几个 IMC/IMV 对；

（3）有基本的策略管理；

（4）验证了和其他 TNC 产品（Xsupplicant，wpa_supplicant，libTNC）的互操作性；

（5）用 C++实现；

（6）根据 GNU GPL 的条款提供；

（7）TNC@FHH 虽然按照 TNC 的规范实现了 TNC 架构，但该架构不是建立在可信计算平台的基础上，没有 TPM 的支持，无法较好地实现可信网络连接所强调的行为可信度量的思想。

2. tNAC

TNC@FHH 项目并没有结合 TNC 架构和 TPM，所以 Trust@FHH 工作组在 2008 年提出了 tNAC[19]（Trusted Network Access Control）项目。tNAC 基于 TNC@FHH 和 Turaya 可信平台实现了可信网络接入控制。其中 TNC@FHH 负责网络接入控制，Turaya 保证客户端不能够伪造完整性数据。为了实现对 TPM 的支持，tNAC 在 TNC 架构上增加了如下的组件。

（1）平台信任服务（PTS）。客户端和服务器端都需要 PTS 的支持。在客户端，PTS 负责与 TPM 交互取得接入终端的完整性报告；在服务器端，PTS 负责验证客户端发送的完整性报告。

（2）PTS-IMC。这个 IMC 在 TNC 会话中负责通知 PTS 度量相应组件的完整性并收集完整性报告，最后发送给服务器端 IMV。

（3）PTS-IMV。这个 IMV 向客户端请求平台的信任链度量值和其余组件的度量值，然后调用 PTS 进行完整性验证。

（4）其他 IMV。这些 IMV 能向 PTS-IMC 请求客户端任意文件的度量值。PTS-IMC 收到请求后通知 PTS 度量并向 IMV 发送完整性报告。IMV 收到报告后可以调用 PTS 进行完整性验证。

8.3.3 ISCAS 可信网络接入系统

针对终端平台的网络接入和网络管理需求，在 ISCAS 信任链构建系统的基础上，中国科学院软件研究所研制了基于 TNC 规范的可信网络接入系统（ISCAS TNC）。此系统利用可信计算平台的信任链所建立的终端信任，实现接入终端平台身份和平台完整性的证明，从而构建可信的网络计算环境。考虑到我国自主 TCM 芯片的应用需求，该系统增加了对 TCM 的支持，可以基于 TPM/TCM 两种安全芯片实现终端平台完整性的证明及可信网络接入。

8.4 本章小结

传统的网络接入控制无法有效应对当今网络面临的日趋复杂的恶意攻击行为。可信网络连接可以对接入终端进行身份、物理平台可信性、运行环境等的全面检查。使用可信技术以及与内部安全机制的配合使得接入网络可以有效地检查终端接入行为的可信性，发现并阻止终端对网络环境设备的恶意攻击,限制接入终端在网络中的权限。可信网络连接提出的是一种框架性的方案,具体的设计实现有很大的灵活性,可以根据实际场景设计不同的完整性度量、不同的可信平台评估和网络接入控制策略,从而实现不同的网络连接机制。

本章首先介绍了传统的网络接入控制技术,分析了传统网络接入控制技术的缺陷。随后,本章重点介绍了由 TCG 提出的可信网络接入,以及 TNC 的框架和标准体系。使用可信计算技术不仅可以度量接入方的身份,还可以度量终端的完整性,如所使用物理平台的可信性,是否执行了符合要求的操作系统,配置状况是否安全,系统启动过程是否可靠,执行程序是否被篡改,度量接入方的安全保护机制是否正确运行,是否使用了合法的安全策略。TNC 架构是一种通用的网络接入控制体系结构,并没有强制要求使用可信计算技术。为了把信任链技术应用于 TNC 架构中,在硬件可信根的保护下,有效增强 TNC 接入终端的网络完整性认证,TCG 提出了基于 TPM 的 TNC 架构-平台信任服务 PTS 规范。

目前一些国内外科研机构已经推出了各自的可信网络接入系统,在商业上也有多家厂商设计了各自基于 TNC 的网络接入控制产品。我国也提出了自主知识产权的可信连接架构(TCA)。TCA 以可信平台控制模块(TPCM)计算技术为基础,实现了可信平台的网络延伸,建立了具有我国创新特色的可信网络连接架构。

思　考　题

1. 传统的网络接入控制技术(NAC)有哪些缺点?
2. 思科的 C-NAC 技术和微软的 NAP 技术各自有什么特点?
3. 画出并分析 TNC 的架构以及工作流程。
4. 相比于传统的 NAC 技术,TNC 有哪些优势?
5. TNC 和 PTS 的区别和联系是什么?

本章参考文献

[1]　Helfrich D, Ronnau L, Frazier J, et al. Cisco Network Admission Control[M]. London: Macmillan Publishers Limited, 2006.

[2]　Wikipedia Network access protection[EB/OL]. (2006-03-01)[2018-03-30]. https:// en. wikipedia. org/wiki/Network_Access_Protection.

[3]　TCG. TCG trusted network connect TNC architecture for interoperability specification version 1. 5 [EB/OL]. (2006-05-01)[2018-03-30]. https://trustedcomputinggroup. org/wp-content/uploads/TNC_Architecture_v1_1_r2. pdf.

[4]　TCG. TNC IF-IMC specification[EB/OL]. (2013-02-01)[2018-03-30]. https://trustedcomputinggroup. org/resource/tnc-if-imc-specification/.

[5]　TCG. TNC IF-TNCCS: TLV binding v2. 0 [EB/OL]. (2010-01-22)[2018-03-30]. https://trustedcomputinggroup. org/wp-content/uploads/IF-TNCCS_TLVBinding_v2_0_r16a. pdf.

[6] TCG. TNC IF-M：TLV binding［EB/OL］. (2010-03-10)［2018-03-30］. https：//trusted-computinggroup. org/wp-content/uploads/TNC_IFM_TLVBinding_v1_0_r37a. pdf.

[7] TCG. TNC IF-T：protocol bindings for tunneled EAP methods specification v1. 1［EB/OL］. (2006-05-01)［2018-03-30］. https：//trustedcomputinggroup. org/wp-content/uploads/TNC_IFT_v1_0_r3. pdf.

[8] TCG. IWG IF-PTS specification v1. 0［EB/OL］. (2016-11-17)［2018-03-30］. https：//trust-edcomputinggroup. org/wp-content/uploads/IWG-IF-PTS_v1. pdf.

[9] TCG. TNC IF-PEP：protocol bindings for RADIUS specification v1. 1［EB/OL］. (2007-02-05)［2018-03-30］. https：//trustedcomputinggroup. org/wp-content/uploads/TNC_IF-PEP-v1. 1-rev-0. 8. pdf.

[10] IETF RFC 2865. Remote authentication dial in user service (RADIUS)［EB/OL］. (2000-06-01)［2018-03-30］. http：//www. rfc-base. org/txt/rfc-2865. txt.

[11] TCG. TNC IF-IMV specification v1. 2［EB/OL］. (2014-04-12)［2018-03-30］. https：//trust-edcomputinggroup. org/resource/tnc-if-imv-specification/.

[12] 中国国家标准化管理委员会. GB/T 29828—2013. 可信计算规范第 4 部分：可信连接架构［S］. 北京：中国国家标准化管理委员会，2013.

[13] 慈林林，杨明华，田成平，等. 可信网络连接与可信云计算［M］. 北京：科学出版社，2015.

[14] 冯登国. 可信计算——理论与实践［M］. 北京：清华大学出版社，2013.

[15] OpenSea. Open1X Web Site［EB/OL］. (2010-08-16)［2018-03-30］. http：//open1x. sourceforge. net/.

[16] SourceForge. libTNC Web Site［EB/OL］. (2015-07-25)［2018-03-30］. http：//libtnc. sourceforge. net/.

[17] strongSwan. strongSwan Web Site［EB/OL］. (2005-01-01)［2018-03-30］. http：//www. strongswan. org/.

[18] Trust@FHH. Trust@FHH Web Site［EB/OL］. (2014-05-06)［2018-03-30］. http：//trust. f4. hs-hannover. de/projects/tncatfhh. html.

[19] tNAC. tNAC Web Site［EB/OL］. (2008-01-01)［2018-03-30］. http：//www. tnac-project. org/.

第二篇　可信管理理论与技术

第 9 章

可信管理概述

可信管理(Trust Management)是当前分布式网络环境下的一个热点问题。基于开放网络环境的电子商务、P2P、WSN、云计算、物联网等网络应用逐渐成为一种主流应用模式。在开放的计算机网络系统中,存在各种相互关联的实体,如用户、计算机、网络、存储等,由于参与主体数量的庞大、运行环境的异构性、活动目标的动态性及自主性,资源主体往往隶属于不同的管理机构,而不同管理域对安全控制的需求和采用的安全策略不尽相同,这就使得传统的安全技术和手段(如访问控制列表 ACL、公钥证书体系等)在跨域进行授权及访问控制时暴露出许多缺陷。因此,在开放的网络环境中,实体间相互作用且关系日益复杂,如何构建这些实体间的信任关系成为非常复杂的研究课题,同时也是推动计算机网络应用快速发展的原动力。本章主要围绕计算机科学中的信任的概念、信任关系,对可信模型、可信管理及其相关研究等内容展开介绍。

9.1 信任与信任关系

信任是一门交叉学科,其研究历史非常悠久,早期的信任理论研究主要涉及心理学、社会学、政治学、经济学、人类学、哲学、历史学及进化生物学等多个领域。随着时代的发展,它又融入了商业管理、经济理论、工程学、计算机科学等应用领域的相关知识。

9.1.1 信任的定义与属性

1. 信任的定义

从社会学的角度看,"信任"一词解释为"相信而敢于托付"。信任是一种有生命的感觉,也是一种高尚的情感,更是一种连接人与人之间的纽带。《出师表》里有这样的一句话:"亲贤臣,远小人,此先汉所以兴隆也;亲小人,远贤臣,此后汉所以倾颓也。"诸葛亮从两种截然相反的结果中为我们提供了信任对象的品格。信任是架设在人心中的桥梁,是沟通心灵的纽带,是震荡感情之波的琴弦。

"信任"这一概念曾在诸如心理学、社会学、政治学、经济学、人类学、历史学及社会生物学等多种不同类型的社会学文献中被提及,学者们也曾试图从各个角度出发对信任予以界定(表 9-1)。从这些文献可以看出信任与可预测、可靠性、行为一致性、能力、义务、责任感、动机、专业技能、可信任性、行为预期等概念相关。

表 9-1 中列举了学者们关于信任的几个经典的观点与认识,其中 Rindeback 和 Bantel 的观点把信任看成是存在于个人内部的性格特质或信念。Bantel 只是提到了对他人言行方面的信任,Rindeback 则更进一层,涉及对他人的动机、人格方面的信任。Hartman 的理解反映了

信任具有一定程度的冒险性。他的定义也提到信任是一个两人共有概念的看法。Deutsch 针对人际信任所下的定义把信任行为等同于合作行为,进而从行为层面来定义信任,为信任的实证研究提供了一条有益的出路。通过多年的探究,人们已经认识到信任是人类社会的重要基石之一。在社会科学、技术科学、商业等诸多领域中,尤其在人们的日常生活中,信任都时刻发生着决定性的作用。

表 9-1 对信任的几个经典认识

作者	观点
Rindeback[1]	信任是个体对他人言辞、承诺以及口头或者书面陈述可靠性的一种概括化的期望
Bantel[2]	信任是个体所具有的、构成其一部分个人特质的信念,这种信任认为一般人都是有诚意并且信任别人的
Hartman[3]	信任是交往双方共同持有的,对于两人都不会利用对方脆弱性(Vulnerability)的信心
Deutsch[4]	信任可由选择相信他人的合作行为来显示

可见,信任的确是一个相当复杂的社会"认知"现象,牵扯很多层面和维度,很难定量表示和预测。每个人对"信任"的理解并不完全相同,下面是国外 Webster 和 Oxford 两个著名词典中对信任(Trust)的解释。

Webster 词典(*Webster's New World College Dictionary*):Firm reliance on the integrity, ability, or character of a person or thing(对某人或某事的正直、能力或性格的坚定依靠)。

Oxford 词典(*The Oxford Reference Dictionary*):The firm belief in the reliability or truth or strength of an entity(对一个主体的可靠性或真实性或实力的坚定信心)。

两部词典简单抽象地描述出了信任的内涵。但是在计算机科学中,这一描述显得不够确切。一般意义上讲,大多数学者对信任的理解可以归纳为:"对实体在某方面行为的依赖性、安全性、可靠性等能力的坚定依靠。"将这一理解规范化,再参考 ITUT 推荐标准 X.509 规范[5],信任的定义可以表述为:当实体 A 假定实体 B 严格地按 A 所期望的那样行动,则 A 信任 B(Entity A trusts entity B when A assumes that B will behave exactly as A expects)。从这个定义可以看出,信任涉及假设、期望和行为,这意味着信任是很难定量测量的,信任是与风险相联系的,并且信任关系的建立不可能总是全自动的。

1994 年,Marsh[6]在其博士论文中针对多代理系统中的信任与协作问题,系统地阐述了多代理系统中信任的形式化问题,为信任在计算机领域尤其是互联网中的应用奠定了基础。1996 年,Blaze 为解决 Internet 上网络服务的安全问题,提出了"信任管理(Trust Management)[7]"的概念,并首次将信任管理机制引入分布式系统之中。

随着以互联网为基础的各种大规模开放应用系统(如网格、普适计算、云技术、P2P 计算、Ad hoc 网络和 Web 服务等)的相继出现和应用,信任关系、信任模型和信任管理的研究逐渐成为信息安全领域中的研究热点。

然而,截至目前,对于计算机领域中的信任,学术界仍然没有一个准确和统一的定义,不同的文献对信任的理解各不相同,提出了各种不同的定义,据 Welty 等人的统计[8],到 2001 年为止,对"信任"的各种不同的定义就达到 65 种之多。1999 年,Jøsang 等[9]首先从主观逻辑着手对信任进行量化研究。Grandison 等[10]对各种形式的信任定义进行了综合分析,对这些定义做了比较研究之后,他们给出的"信任"定义为:"一种坚定的信念,针对的是某个实体能够在某种给定的上下文环境下可靠、安全、可依赖地采取行动的能力。"他们认为信任是一个由很多不同属性组成的概念,包括可靠性、可依赖性、诚实性、真实性、安全性、实力性和及时性,需要根据信任所处的具体环境进行相应的考虑和定义。

而 Dimitrakos[11]从另一个角度对"信任"给出了定义："A 方对 B 方相关于服务 X 的信任指的是 A 方对 B 方的一种可以预测的信念,针对的是 B 方能够在给定时段给定上下文环境下在与 X 相关的活动中可依赖地加以表现。"在这个定义中,某"方"可以是一个单独的实体,一组人或者进程,或者一个系统;术语"服务"的范围很广,包括事务、推荐、发行证书等;"可依赖性"泛指安全性、保险性、可靠性、及时性和可维护性;某个时段可以是服务的一段服务时间或者整个时段,而术语"上下文环境"指的是相关的服务协议、服务历史、技术架构以及可能采用的立法约束框架等。

综上所述,虽然在不同的学科领域,对信任的理解也不尽相同,但是,基本的共识有以下几点:

- 信任表征着一个实体的诚实、真实、能力以及可依赖程度;
- 信任建立在对实体历史行为认知的基础上;
- 信任会随着时间延续而导致对实体认知程度下降而衰减;
- 信任是实体间相互作用的依据。

显然,信任会在一定范围内随着实体间多次的接触而动态变化。信任关系的建立除通过直接认知,获取知识进行决策这一途径外,还可以通过间接途径,获取间接知识(如推荐)来参与决策。

根据上面的分析,本书对信任定义如下:"信任表征对实体身份的确认和对其本身行为的期望,一方面是对实体的历史行为的直接认知,另一方面是其他实体对该实体的推荐。信任可以随实体行为动态变化且随时间延续而衰减。"

1. 信任的属性

通过对信任定义的分析,本书将信任具有的几个主要属性归纳如下。

(1)信任的主观性

信任是授信方(主体)对受信方(客体)的一种主观判断,不同的实体具有不同的判定标准。即便对于同一客体在相同上下文环境、相同时段、相同行为,根据主体方的不同,给出的可信性判断也很有可能不同。

(2)信任的不对称性

信任的不对称性,即实体 A 信任实体 B,不能等价于 B 也信任 A;同样地,实体 A 对 B 的信任程度也不一定等于实体 B 对 A 的信任程度。信任可以是一对一、一对多,甚至是多对多的关系。图 9-1 表示了这 3 种信任关系模式。

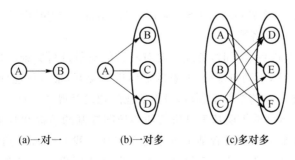

(a)一对一　　　　(b)一对多　　　　(c)多对多

图 9-1　信任关系模式

（3）信任的传递性

两个实体间存在多次交互历史时，双方可以根据对方的历史行为评价对方，建立的这种信任关系称为直接信任；而如果交互的双方事先不存在协作关系，或者交互的一方需要更多地了解另一方时，往往会通过其他的第三方实体的推荐信息来为信任决策做出参考，这样建立的信任关系称为间接信任。即 A 信任 B,B 信任 C,那么 A 也信任 C。信任存在推荐关系说明了信任在一定程度上可传递。

（4）信任的动态性

信任的动态性是由信任关系中的实体的自然属性决定的。在现实世界中，动态性既可以由实体的内因（如实体的心理、性格、知识、能力、意愿等）引起，也可以由实体的外因（如实体表现出的行为、策略、协议等）引起。但一个实体的内因很难由其他主体来判断和量化（即使非常有经验的心理学家也很难做到），而外因可以直接观察到，尽管非常模糊和不确定，但是可以进行预测、量化和推理，也可以管理它们[12-13]。

（5）信任的衰减性

信任有随时间衰减的趋势。在某一特定时刻 T,实体 A 信任实体 B,但是经过一段时间，A 与 B 在该时间段内不存在交互关系，则 A 会由于时间的推移而对 B 的认知程度下降，即 A 不确定 B 当前是否能够表现如同时刻 T 那样，从而显示为 A 对 B 信任程度的降低。这就说明实体交互过程中，最近的交互活动更能反映实体的可信程度。

（6）信任的可量化性

在信任关系中，某一时刻采样到的外因特征值，我们认为它是一个相对静态和稳定的量，采样的时间粒度决定了推理的准确程度。外因是内因的外部表现形式，可以间接地根据外因去评估内因。所以，信任尽管是一个模糊的量，但是可以通过模糊数学的隶属函数等进行量化。

9.1.2 信任的分类

信任可以分为身份信任（Identity Trust）和行为信任（Behavior Trust）两部分。后者进一步可以分为直接信任（Direct Trust）和间接信任（Indirect Trust）。间接信任又可称为推荐或者声誉（Reputation）。

1. 身份信任

身份信任采用静态验证机制（Static Authentication Mechanism）来决定是否给一个实体授权。常用的技术包括认证（Authentication）、授权（Authorization）、加密（Encryption）、数据隐藏（Data Hiding）、数字签名（Digital Signature）、公钥证书（Public Key Certificate）以及访问控制（Access Control）策略等。

当两个实体 A 与 B 进行交互时，首先需要对对方的身份进行验证。也就是说，信任的首要前提是对对方身份的确认，否则与虚假、恶意的实体进行交互，很有可能导致损失。身份信任是信任研究与实现的基础。在传统安全领域，身份信任问题已经得到相对广泛的研究和应用。

认证（Authentication）是实现基于身份信任的访问控制的前提和基础，它是系统核查用户身份的一个过程，保证某个用户或者某个事务的真实性。我们经常碰到的用户名加口令的方式，就是最为常见的一种认证方式。系统将访问者提供的用户名和口令同系统保存的数据进行核对，判断用户是否真实可信，这就是一个认证的过程。用户名加口令的方式，虽然安全性很差（因为用户名和口令可能被盗，或者被暴力破解，在网络上这种情况经常发生），但是由于其实施简单,容易理解,仍然被广泛使用。现在较为安全的认证方式,一般都采用非对称加密协议和算法来完成,也就是一般所说的 PKI 认证。

认证技术分为身份认证和信息认证两个方面,前者用于鉴别用户的身份,后者用于保证通信双方的信息完整性和不可抵赖性。在达到基本的安全目标方面,两种类型的认证都具有重要的作用。认证是访问控制业务的一种必要支持,访问控制的执行依赖于认证。

授权（Authorization）是安全策略配置的基本组成部分。所谓授权,是指赋予主体(用户、终端、程序等)对客体(数据、程序等)的支配权利,它等于规定了谁可以对什么做些什么（Who can do what to what）。

加密(Encryption)算法有对称和非对称两种方法。加密和解密使用同一个密钥则称为对称密钥,不同则称为非对称密钥。公钥系统使用的是非对称密钥,即一个私有密钥和一个公开密钥,公钥加密算法最好的例子是 RSA(Rivest、Shamir 和 Adleman)和 DES(Data Encryption Standard)。公开密钥算法使用的密钥具有唯一的对应性,即一个私钥只对应一个公钥,反之亦然,公钥对外公开,私钥个人秘密保存。一般的使用方法是,发送方用自己的私钥进行签名,然后用接收方公钥来加密,接收方接到信息以后,先用自己的私钥进行消息解密,再用发送者公钥进行签名验证。算法的加密强度主要取决于选定的密钥长度。和对称密钥算法相比,公开密钥算法最大的优点是私钥不需要在网上传递,不会有被攻击者截取的可能。

数字签名（Digital Signature）是使用公钥体系来防止抵赖的一种技术。对一个数字对象进行签名的过程即签名者计算该对象和他自己的私钥的哈希函数值,利用签名者公钥可以对签名进行认证,然后确定消息发送者的身份。一个合法的签名可以保证签名者的真实性,签名具有不可修改性。

公钥证书(Public Key Certificate)就是网络通信中标志通信各方身份信息的一系列数据,它提供了一种在互联网上验证身份的方式,其作用类似于日常生活中的身份证,是由公钥证书的发行者为用户发布的关于公钥的描述。公钥证书由发行者加密签名,任何人都可以验证它的完整性,任何人都不能对其进行修改。最简单的证书包含一个公开密钥、名称以及证书授权中心的数字签名。一般情况下证书还包括密钥的有效时间,发证机关(证书授权中心)的名称,该证书的序列号等信息。目前的国际标准 X.509 数字证书包含以下内容:版本信息,序列号,签名算法,发行机构,有效期,所有者及其公开密钥,发行者对证书的签名等。当一个证书超过其有效日期或者证书所包含的信息不再合法时,应该对其撤销,声明该证书的信息不再有效。证书撤销可能是因为用于签署该证书的私钥丢失(此时由该私钥签署的所有证书都应该撤回),也可能是因为包含在证书中的信息已经不再准确。

公钥基础设施(PKI,Public Key Infrastructure)是一个用公钥概念与技术来实施和提供安全服务的具有普适性的安全基础设施。作为一种遵循标准的密钥管理平台,PKI 提供会话保密、认证、完整性、访问控制、源不可否认性、目的地不可否认性、安全通信、密钥恢复等安全服务。PKI 采用公钥证书进行密钥管理,通过第三方认证机构 CA 绑定用户信息及其公钥来验证通信双方的身份,保障信息安全。第三方认证机构 CA 是整个公钥基础设施的关键部分。

PKI 作为一项基础设施,可以解决绝大多数的网络安全问题,经过多年的发展,它已经成为一套成熟的理论,并且初步形成了一套完整的解决方案。然而,由于 PKI 系统建设成本较高及使用较复杂,使得它在实际的应用中面临着诸如证书管理、验证、撤销等许多复杂的问题,尤其是在不同的 PKI 之间需要交叉认证的时候。为了弥补当前 PKI 存在的不足,降低部署的成本和使用的难度,科学家提出了多种解决方案,如基于身份加密(IBE,Identity-based Encryption)的方案等。IBE 方案可以用任意的关于用户身份的字符串作为该用户的公钥,用户可以向可信第三方证明自己的身份并获得私钥。相比 PKI,IBE 最大的优势就是不需要对证书进行管理,因此实现起来非常简单、高效,它为解决网络安全问题提供了一种新的有效的方法。

2. 行为信任

随着互联网技术的快速发展,网络中接入的计算机数量与资源日益增多,出现了许多新兴的、大规模的分布式应用系统与技术,如 P2P、网格和云服务。这些技术聚合网络上各种软、硬件资源,提供统一、开放的计算与信息服务环境。在如此开放的、异构的、动态的、分布的网络应用环境中,为用户提供可靠、安全的应用执行环境和信息共享服务,面临着更加严峻的安全技术挑战。尽管采用基于身份的信任机制能够在一定程度上保护网络应用系统的安全,但明显存在以下问题。

首先,在基于身份信任的系统中,必须事先确定管理域内、管理域间的资源是可信赖的,用户是可靠的,应用程序是无恶意的,但在这样的大规模网络应用系统中,交互实体间的生疏性以及共享资源的敏感性成为跨管理域信任建立的屏障。由于网络涉及数以百计的、处在不同安全域的计算资源,显然大量的计算资源的介入将导致无法直接在各个实体(如应用、用户与资源)间建立事先的信任关系。

其次,在基于身份信任的系统中,随着时间的推移,原先信赖的用户或资源也可能变得不可信,期望所有的用户对他们的行为负责是不现实的。因为许可应用程序在计算资源上运行,这时网络资源会被应用程序部分控制,恶意用户可以通过运行应用程序来攻击系统。在这种情况下,一个合法注册用户如果是恶意用户的话,其完全可以通过在网络应用环境上执行应用程序(或任务)来发现计算机系统的漏洞、获取其他用户的信息资源,甚至攻击系统,破坏网络资源的完整性。

为了解决上述问题,引入了基于行为的信任机制。基于行为的信任通过实体的行为历史记录和当前行为特征来动态判断实体的可信任度,根据信任度大小给出访问权限。基于行为的信任针对两个或者多个实体之间交互时,某一实体对其他实体在交互中的历史行为所做出的评价,也是对实体所生成的能力可靠性的确认。采用行为信任,在实体安全性验证的时候,往往比一个身份或者是授权更具有不可抵赖性和权威性,也更加贴合社会实践中的信任模式,因而更加贴近现实生活。

9.1.3 信任关系的划分

网络实体间的信任关系通常是有程度之分的,信任评价的目的,就是要比较准确地刻画这种程度。正是由于信任有程度区分,其评价过程才变得重要而有意义。信任的可度量性使得源实体可利用信任关系模型对目标实体的未来行为进行评估与判断,进而得到信任在某时刻的具体程度。依据不同的标准信任有不同的划分,开放系统由于本身的特点,实体之间的信任也有其独特的划分方式。

1. 身份信任和行为信任

由于开放计算环境的动态性和不确定性,当实体进行交易时需要知道它们之间的信任关系,信任不仅仅包括对实体身份的信任,还包括对实体行为的信任。

身份信任关系主要关注于对网络中的实体的身份的真实性进行验证,以判定是否授权实体进行访问,因此,身份信任通常也称为静态信任(Static Trust)。传统的安全机制有加密技术、访问控制等,它们被用来提供授权和认证,解决了身份信任的问题。

行为信任关系关注的是更广泛意义上的可信赖问题,用户可根据过去相互间行为接触经验而及时动态地调整更新彼此间的信任关系,因此,行为信任也称为动态信任(Dynamic Trust)。网络用户的行为是由任务目的确定的,对动态的行为上下文的监控可以间接反映出软件实体的可信程度,因此,研究复杂开放的网络环境下动态信任关系,我们首先需要对网络实体的行为特性进行深入分析,归纳出与可信属性相关联的行为特性,并最终建立需要监控的与可信性相关的网络实体行为指标体系。

2.　域内信任和域间信任

根据实体所属组织的不同、用途的不同以及地理位置的不同,可以将整个网络系统划分为若干个独立的子域,每个子域又包含两个虚拟域:资源域和客户域。每个实体根据其属性包含在不同的域中,每个网域都有自己的管理策略和安全策略,通过这样的划分可以很容易地解决可扩展性、自治性和异构性问题。这样一来,整个网络系统的信任关系分两个层次:一个是域内信任关系;另一个是以域为单位的域间信任关系。

在域内信任关系中,用户的信任度是由本域(domain)管理者来评价的,域管理者评价域内用户可以采取本域的管理策略,充分体现了域内自治的特点。当域的用户访问网络中其他域的服务时,提供服务者查询用户所属域的信任度。

在域间信任关系中,信任双方是域和域之间的,信任评价的对象也是以域为单位的。域的受信任程度是由其他域进行评价的,评价依据是根据该域内所有用户在网络中的行为以及该域提供的服务质量。因此域的信任度是该域所有用户在网络中的综合体现,不代表任何具体的用户。

这样整体上建立了以域为单位的信任关系(某个域内的用户是由该域来管理、评判该用户的可信度),域内的所有用户在域外的网络行为都代表"域"这个组织。这样便形成了一个分级的、各个域自治的可信模型。

3.　直接信任和反馈信任

根据信任的定义,又可以把信任关系分为直接信任和反馈信任,如图 9-2 所示。

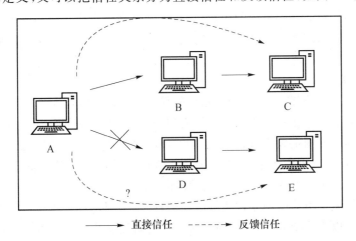

图 9-2　直接信任和反馈信任

一般来说,信任关系不是绝对的,是动态变化的。A 信任 B 提供某种服务的能力。随着与 B 协作次数的增多,A 会根据交互的成功与否,而逐渐调整对 B 的信任度,形成 A 对 B 的直接信任。另外，信任还存在反馈关系，当实体以前没有直接与某个实体交互时，只能靠别的实体提供反馈信息来参考，根据自己的策略判断推荐信息。

在图 9-2 中，如 A 信任 B，而 B 信任 C，则 A 具有对 B 提供的关于目标 C 的反馈信任度，B 是推荐人，A 对 B 有直接信任度，A 对 C 有反馈信任度。若 D 对 E 有直接信任度，而 A 对 D 没有直接信任度（不信任），那么，A 对 E 会有什么样的信任关系？目前有两种认知，一种是采取接受来自陌生节点的推荐信息，在这种方法中，若 E 请求 A 提供服务，而 A 事先没有 E 的任何信息，A 会在整个网络中使用广播的方式查询对 E 的推荐，然后再对收集到的推荐信息进行聚合，从而得到 E 的反馈信任度。另一种就是 A 只相信可信节点的反馈信息，而不采纳陌生节点的反馈信息，因此，在图 9-2 中，通过 D，A 不会形成对 E 的反馈信任度。第一种方法虽然简单，但是不太符合人类社会对推荐过程的认知规律，而且容易导致陌生节点的恶意反馈问题；第二种方法是一种比较符合人类认知规律的反馈聚合机制。

9.1.4 信任关系的建模和度量

网络环境中的信任关系建模方法可以参考现实世界的信任关系建模方法。主要信任关系模型有感性信任模型[14]（研究分布式安全策略和授权管理问题的信任描述模型）和理性信任模型[14]（研究主观信任的信任度评估模型）两大类。

1. 理性信任模型

理性信任也称客观信任，指源实体在一定环境中相信目标实体会以一定的方式执行或者不执行某项活动。理性信任的特点是精确、客观，表达为信任或不信任两种选择，信任与活动没有直接的关系。基于凭证的信任管理系统可以认为是一种理性信任模型。

理性信任可以抽象为 0 或 1 的关系，也可以用布尔值表示。这种信任关系本身就决定了信任或者不信任的条件，信任管理则根据信任关系判断是或者否。而感性信任通过经验、信誉或者风险分析来给出可信的概率，信任关系本身并不是一种非此即彼的概念。

理性信任模型包括基于公钥体系的信任机制和基于凭证的信任模型，这些信任模型存在的主要问题是用户在信任控制和扩展上没有决策权，因而不够灵活，而且用户承担了过多的风险。而密钥环的结构只适合小范围的用户社群，无法可靠地应用于分布式网络系统。为了解决公钥体系应用于分布式系统安全时存在的问题，信任管理系统通过定义策略将凭证和动作联系起来，使得用户在信任决策中有了更多的自主权。

2. 感性信任模型

感性信任也称主观信任，表达为主观相信的程度。这种信任程度和活动相关，并且随着双方活动的结果不断修正。在不同的感性信任模型中，信任程度的划分和计算也不同。感性信任模型放弃了实体间的固定关系，认为信任是一种经验的体现。对信任进行量化或者划分等级，将信任广泛应用于电子商务等领域，成为近年来研究的热点。根据信任模型的工作模式，感性信任模型可以简单地分为集中式信任模型和分布式信任模型。

集中式信任模型采用集中的方式获得信任信息，基于固定的处理中心实现信任评估。信任中心或者自身可以获得全局信息，如通过交易中心对交易的记录或者通过收集用户反馈信息实现信任评估。早期的信任模型大多是针对集中式信任评估进行设计的。集中式信任模型的主要特点是模型比较简单，易于实现，但同时也存在着集中式系统共同的负载和健壮性问题等。而且，在依赖用户反馈的系统中，信任评估的准确性和对欺骗行为的识别能力都非常有限。

分布式信任模型大多模拟人类社会的信任建立方式,通过实体之间的交互以及推荐信息的传播实现信任的评估,具体的信任评估由实体自身实现。在很多文献中,也把一些分布式信任模型称为基于信誉的信任系统(Reputation-based Trust System)或者基于社会网络的信任系统(Social Network-based Trust System)。信任和信誉是两个不同的概念,但在信任评估机制上是相同的。目前,分布式信任模型是信任管理领域的研究热点,不但在信任模型领域,在P2P、Ad hoc、传感网络和普适计算等领域都有相应的研究。特别是在P2P领域中,由于P2P网络和人类社会天然的相似性,分布式的信任机制也成了研究的重点。

任何实体间的信任关系均有一个度量值相关联。信任能用与信息或知识相似的方式度量,信任度是信任程度的定量表示,它是用来度量信任大小的。信任度可以用直接信任度和反馈信任度来综合衡量。直接信任源于其他实体的直接接触,反馈信任则是一种口头传播的名望。

信任度(TD,Trust Degree)是信任的定量表示,信任度可以根据历史交互经验推理得到,它反映的是主体(Trustor,也叫作源实体)对客体(Trustee,也叫作目标实体)的能力、诚实度、可靠度的认识,对目标实体未来行为的判断。TD可以称为信任程度、信任值、信任级别、可信度等。

直接信任度(DTD,Direct Trust Degree)是指通过实体之间的直接交互经验得到的信任关系的度量值。直接信任度建立在源实体对目标实体经验的基础上,随着双方交互的不断深入,Trustor对Trustee的信任关系更加明晰。相对于其他来源的信任关系,源实体会更倾向于根据直接经验来对目标实体做出信任评价。

反馈信任度(FTD,Feedback Trust Degree)表示实体间通过第三者的间接推荐形成的信任度,也叫声誉(Reputation)、推荐信任度(Recommendation Trust Degree)、间接信任度(ITD,Indirect Trust Degree)等。反馈信任建立在中间推荐实体的推荐信息基础上,根据Trustor对这些推荐实体信任程度的不同,会对推荐信任有不同程度的取舍。但是由于中间推荐实体的不稳定性,或者有伪装的恶意推荐实体的存在,使反馈信任度的可靠性难以度量。

总体信任度(OTD,Overall Trust Degree),也叫作综合信任度或者全局信任度。信任关系的评价,就是Trustor根据直接交互得到对目标实体的直接信任关系,以及根据反馈得到目标实体的推荐信任关系,两种信任关系的合成即得到了对目标实体的综合信任评价。

近年来,有非常多的文献采用不同的方法研究信任关系和信任关系的建模,这些研究主要分为4个大的研究方向:①基于凭证的信任关系(Credential-based Trust);②通用模型的研究(General Models of Trust);③基于声誉的信任关系(Reputation-based Trust);④Web和信息资源中的信任关系(Trust in Websites and Information Sources)。

9.2 可信管理

在互联网环境中,一个主体经常请求与另一个主体协同,前者称为请求者,后者称为授权者,授权者需要对请求做出访问控制决定。这个访问控制决定是在授权者对请求者不熟识甚至陌生,缺乏关于它的行为的全部信息的情况下,依赖部分信息、自主地做出的。因为在分布式环境中,没有中心化的管理权威可以依赖,不能获得某一主体的全部信息,或者根本就不认识主体,这样请求者有可能对授权者做出破坏性行为,因而产生了可信性、不确定性或风险问题。可信管理（Trust Management）是用来解决这类问题的一种技术，它提供了一个适合于开放、分布和动态特性的应用系统的安全决策框架。

9.2.1 可信管理的概念

1996 年，AT&T 实验室的 Blaze 人等为了解决 Internet 网络服务的安全问题，首次提出了"信任管理"的概念[7]，其基本思想是承认开放系统中安全信息的完整性，提出系统的安全决策需要附加的安全信息，因而将信任与分布式系统安全结合在一起。Blaze 将信任管理定义为采用一种统一的方法描述和解释安全策略（Security Policy）、安全凭证（Security Credential）以及用于直接授权关键性安全操作的信任关系（Trust Relationship）。信任管理系统的核心内容是，用于描述安全策略和安全凭证的安全策略描述语言以及用于对请求、安全凭证集和安全策略进行一致性证明验证的信任管理引擎。

基于该定义，信任管理主要研究的内容包括：制定安全策略，获取安全凭证，判断安全凭证是否满足相关的安全策略。信任管理所要回答的问题是："安全凭证集 C 是否能够证明请求 r 满足本地策略集 P"。

根据 Blaze 等人对信任管理的定义，一个信任管理系统应该包括 5 个基本组成部分[7]：

- 一种描述请求行为（Action）的语言；
- 一种识别主体（Principals）的机制；
- 一种定义应用程序策略（Policy）的语言；
- 一种定义信任证书（Credentials）的语言；
- 一个一致性检查器（Compliance Checker）。

为了使信任管理能够独立于特定的应用，Blaze 等人提出了一个基于信任管理引擎（TME，Trust Management Engine）的信任管理模型，如图 9-3 所示。

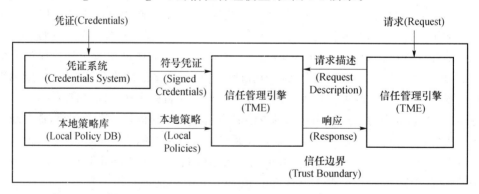

图 9-3　Blaze 的信任管理框架

其中，TME 是整个信任管理模型的核心，体现了通用的、与应用无关的一致性检验算法，并根据输入的请求、信任凭证、安全策略，输出请求是否被许可来判断结果。

信任管理引擎是信任管理系统的核心，设计信任管理引擎需要涉及以下几个主要问题：

- 描述和表达安全策略和安全信任证；
- 设计策略一致性检验算法；
- 划分信任管理引擎和应用系统之间的职能。

几个典型的信任管理系统包括：PolicyMaker、Keynote 和 Referee。它们均以 Blaze 信任管理体系和框架为基础进行设计并加以实现,我们统一称这些信任管理技术为基于策略(或凭证)的静态信任管理技术。基于策略(或凭证)的静态信任管理技术本质上是使用了一种精确的、静态的方式来描述和处理复杂的、动态的信任关系,即通过程序以形式化的方法验证信任关系,其研究的核心问题是访问控制信息的验证,包括凭证链的发现、访问控制策略的表达及验证等。应用开发人员需要编制复杂的安全策略,以进行信任评估,这样的方法显然不适合处理运行时动态演化的可信关系。

另外,基于策略(或凭证)的静态可信性保障技术主要分析的是身份和授权信息,并侧重于授权关系、委托等的研究,一旦信任关系建立,通常将授权绝对化,没有顾及实体的行为对实体信任关系的影响。而且,在基于策略(凭证)的静态可信性保障系统中,必须事先确定管理域内、管理域间的资源是可信赖的、用户是可靠的、应用程序是无恶意的。但在网格、P2P、普适计算等大规模开放计算系统中,交互实体间的生疏性以及共享资源的敏感性成为跨管理域信任建立的屏障。由于大规模网络计算涉及数以万计的、处在不同安全域的计算资源,显然大量的计算资源的介入将导致无法直接在各个网络实体(如应用、用户与资源)间建立事先的信任关系。

9.2.2　自动信任协商

在开放的、自主的网络环境中,在线服务、供应链管理和应急处理等具有多个安全管理自治域的应用中,为了实现多个虚拟组织间的资源共享和协作计算,需要通过一种快速、有效的机制为数目庞大、动态分散的个体和组织间建立信任关系,而服务间的信任关系常常是动态地建立、调整,需要依靠协商方式达成协作或资源访问的目的,并能维护服务的自治性、隐私性等安全需要。

为了解决以上问题,Winsborough 等[15-18]提出了自动信任协商(ATN,Automated Trust Negotiation)的概念。ATN 是通过协作网络实体间信任证书、访问控制策略的交互披露,逐渐为各方建立信任关系的过程。当访问者与资源/服务提供方不在同一个安全域时,基于凭证和策略的常规访问控制方法不能有效地对访问者的行为进行控制,ATN 则可以为合法用户访问资源提供安全保障,防止非法用户的非授权访问。

为了能够较系统地研究自动信任协商,Winslett 等采用形式化方法定义了信任协商策略,并描述了信任协商。凭证(Credential)和服务(Service)均被看作系统的资源,记为 C 或 R。每个资源 R 严格对应一个凭证泄露策略(也称访问控制策略),其形式化描述为 $R \leftarrow F_R(C_1, C_2, \cdots, C_k)$,表示资源 R 的泄露策略(访问控制策略)是 $F_R(C_1, C_2, \cdots, C_k)$。其中 $F_R(C_1, C_2, \cdots, C_k)$ 是一个布尔表达式,$C_1, C_2, \cdots, C_k$ 表示协商对方可能拥有的凭证。所谓一个凭证 C_i 得到满足,即表明请求提交方拥有该凭证 C_i,并泄露其内容;而当访问控制策略中涉及的所有凭证 $C_1, C_2, \cdots, C_k$ 均得到满足时,则该访问控制策略得到满足,其控制的资源 R 被解锁,即其内容可被泄露,资源 R 可以被其他协商参与方访问。

ATN 技术的优点体现在:陌生者之间的信任关系通过参与者的属性信息交换进行确立,通过数字证书的暴露来实现;协商双方都可定义访问控制策略,以规范对方对其敏感资源的访问;协商过程中,并不需要可信第三方(如 CA)的参与。最近几年,ATN 的研究已经取得迅速发展,并已经应用到一些分布式应用系统中,通过信任凭证、访问控制策略的交互披露,资源的请求方和提供方可以方便地建立实体间的初始信任关系。自动信任协商技术解决了跨多安全域隐私保护、信任建立等问题,成为广域安全协作中一个崭新的研究领域,其研究和应用在国际上备受关注。但对于网络化实体行为的关系问题,例如,如何描述网络实体信任属性及如何动态建模网络实体行为的关系,以及如何建立起信任性质和实体行为之间的内在联系及其严格的描述等问题,还没有展开深入的研究。在复杂开放的网络环境下,随着网络规模的增大,所涉及资源的种类和范围的不断扩大,应用复杂度的提高以及计算模式的革新,都需要对信任的动态属性及其与网络实体行为的关系问题进行深入探索。

9.3 动态可信管理

9.3.1 动态可信管理的概念

1994 年,Marsh[6]首先从社会学、行为学等角度对基于行为的信任管理技术(BTMT,Behavior-based Trust Management Technology)进行了开创性的研究。BTMT 也被称为动态信任管理技术(DTMT,Dynamic Trust Management Technology),其最初在"在线贸易社区(Online Trading Communities)"构建信任和促进合作中得到了广泛的研究,如在 eBay 中,由于用户的高度动态性使传统的质量保障机制不起作用,动态信任机制则使松散的系统用户间可以相互评估,并由系统综合得到每个用户的信任值。

目前,有众多的学者研究了各种分布式系统中的动态的信任关系,并使用各种不同的数学方法和数学工具,建立了动态信任关系的模型,这些研究成果体现了动态性是信任关系的本质属性。下面将根据其采用数学方法的不同选取一些新的典型的分布式环境下的动态信任模型,进行介绍和评述,进而发现目前研究存在的问题。

普适的可信管理(PTM,Pervasive Trust Management)[19]是欧洲 IST FP6 支持的 UBISEC(安全的普适计算)研究子项目。它定义了基于普适环境的域间的动态信任模型,主要采用改进的证据理论(D-S Theory)的方法进行建模,信任度的评估采用概率加权平均的方法。Song 等[20]提出了一种网格环境下的实体之间基于模糊逻辑的动态信任模型(Fuzzy-trust Model),该模型包含 3 个组成部分:信任的描述部分、信任关系的评估(模糊推理)部分和信任的进化(更新)部分。在信任的描述部分定义了信任度的模糊逻辑表示方法;模糊推理规则是根据网格中信任关系的需求提前定义的;信任的进化(更新)部分给出了一个信任值的动态更新的表达式。Xiong[21]等注意到不实反馈对信任管理模型的影响,提出了 P2P 网络中基于声誉的信任管理模型 Peer-Trust。该模型定义了反馈满意度、交易总数、反馈可靠度、交易上下文因子、社区上下文因子 5 大信任参数,并在此基础上提出了信任生成算法。对于节点的反馈可信度,Li 等提出利用节点间反馈评价的相似度来进行度量,节点倾向于信任那些与自己评价意见相似的节点所给出的反馈意见。在 Peer-Trust 模型中,Xiong 等通过交易上下文因子体现信任的上下文相关性特征,通过反馈可信度来降低不实反馈对模型性能的影响,通过社区上下文因子来激励节点提交反馈。应该说该模型的设计还是较为完整的,其仿真实验也表明该模型评价的准确率也较为令人满意。

Theodorakopoulos 等[22]提出了一种适用于 Ad hoc 网络的基于半环(semiring)代数理论的信任模型。Jameel 等[23]提出了一种普适环境下基于向量机制的信任模型。Yu 等[24]提出了一种基于熵(entropy)理论的信任模型。He 等[25]提出了一种普适环境下基于云模型(cloud model)的信任模型(CBTM)。Melaye 等[26]基于贝叶斯网络模型提出了一种使用 Kalman 信息过滤方法的动态随机估计模型,支持一个系统的动态进化过程,而且无论有无新的上下文被检测到,模型都会自动进化,这个恰当的数学工具非常适合于动态信任模型的需求。Duma等[27]提出了一种 P2P 环境下基于强化学习方法的动态信任模型。

在国内,以北京大学、国防科技大学、复旦大学、南京大学、北京航空航天大学、西安交通大学等为代表的科研机构对动态信任关系预测方法已经展开了一些研究工作,并取得了丰富的研究成果。例如,常等[28]研究了 P2P 环境下的信任度量模型,通过数理统计方法,引入近期信任、长期信任、惩罚因子和推荐信任 4 个参数来反映节点的信任度。田等[29]提出了可信网络中一种基于行为信任预测的博弈控制机制,论述了如何利用贝叶斯网络对用户的行为信任进行预测。陈等[30]利用机器学习方法研究了动态信任评估模型,算法采用基于规则的机器学习方法,具有从大量输入数据中自学以获取评估规则的能力。王等[31-32]提出了一个适用于网构软件的信任度量及演化模型。该模型不仅对信任关系度量过程和信任信息传递及合并过程进行了合理抽象,而且还提供了一种合理的方法,用于促进协同实体间信任关系的自动形成与更新。该模型有助于解决开放环境下网构软件的可信性问题。田等[33]提出一种基于推荐证据的 P2P 网络信任模型(RETM,Recommendation Evidence Based Trust Model),解决了基于推荐的信任模型中普遍存在的在汇聚推荐信息时无法处理不确定性信息以及强行组合矛盾推荐信息引起的性能下降问题,同时,RETM 采取推荐证据预处理措施,在合成之前有效过滤了无用的以及误导性的推荐信息,使得该模型具有一定的抗攻击性能。

不同于基于策略的静态信任管理技术和基于证书和访问控制策略交互披露的自动信任协商技术,动态信任管理技术与相关理论的主要思想是[12]:"在对信任关系进行建模与管理时,强调综合考察影响实体可信性的多种因素(特别是行为上下文),针对实体行为可信的多个属性进行有侧重点的建模。强调动态地收集相关的主观因素和客观证据的变化,以一种及时的方式实现对实体可信性评测、管理和决策,并对实体的可信性进行动态更新与演化。"

和传统的信任研究相比,动态信任管理的研究重点体现在以下几个方面[18-33]。

(1)动态信任关系的内涵研究

动态信任关系的内涵研究包括信任动态性的体现、造成信任关系动态性的因素及分析、信任关系的动态性对信任关系的建立和传播的影响等。和广义的信任关系的内涵研究相比,动态信任关系的研究更强调对信任关系的各个不同属性的分析,更注重对信任上下文、信任环境、不确定因素等信任相关因素的分析,更倾向于全面、深入的分析,而不是基本要素的提取。

(2)动态信任模型研究

动态信任模型研究主要研究能够合理表征动态信任关系的抽象形式,以及动态信任关系的形成和传播的抽象表示及演算方法。和传统的信任模型研究相比,动态信任关系的表示形式更加复杂,需要表达的抽象变量更多。而且,信任的形成和传播受到多个变量的动态影响,模型的复杂性更高。因此,如何在模型的复杂性和实用性之间进行折中也是动态信任模型要解决的问题之一。传统的信任模型在描述动态信任关系时,其表现能力限制了它对信任关系动态性的表达。因此,动态信任模型是在传统信任模型基础上进行改进或者引入新的抽象化机制的结果。同时,相应的信任模型评估准则也不同。

(3)动态信任关系管理

相较于传统的信任管理,动态信任关系管理有以下新的特征:需要尽可能多地收集与信任关系相关的信息,并将其转化为影响信任关系的不同量化输入;在信任管理中强调对信任关系进行动态的监督和调整,考察信任关系的多个属性,同时考虑不同信任关系之间的关联性,因此,需要管理的信任网络的复杂性和不确定性提高了;在决策支持方面,强调综合考虑信任关系中的各主要因素以及其他相关联的安全因素进行决策,因此,动态信任管理中的可信决策制定需要更加复杂的策略支持;动态信任管理技术要求采用分布式信任评估和分布式决策的形式,同时要求解决不同实体之间的信任管理的协调问题,根据实体能力的差异采取不同的信任管理策略。

对动态信任关系进行研究,有助于促进信任管理技术的进步,通过动态的信任管理技术满足 Internet 中的动态性和安全性需求。和传统的安全手段相比,信任管理机制承认 Internet 中不同实体的自主性和彼此之间的差异性,尊重个体利益,并且利用实体自身的行为差异和价值取向建立信任网络和相应的信任激励监督机制,从而鼓励基于信任的合作行为,抑制破坏性的行为,通过信任关系将网络中的不同实体组织成相对有序的团体,这和人类社会走向稳定的发展规律相吻合。因此,我们相信动态的信任管理技术的发展有助于更加有效地解决 Internet 发展中的混乱性问题。可以说,信任管理技术向动态性方向发展的趋势符了 Internet 不断发展的趋势,是解决 Internet 中的信任问题的有效手段之一。

9.3.2　动态可信管理的发展

从以上分析可以看出,信任管理系统的研究从集中式的信任关系到分布式的信任关系、从静态的信任模型到动态的信任模型、从证据理论模型到多种数学模型的提出,可以说,信任管理系统的研究是非常活跃的一个课题。可以看出,针对开放系统的动态信任管理技术是下一步的研究工作,今后的研究趋势除 9.3.1 节提到的对动态信任关系的内涵研究、动态信任模型研究和动态信任关系管理研究外,还包括以下两个方面。

1. 大规模网络应用环境中的动态信任管理技术

在网格计算、普适计算、P2P 计算、Ad hoc 环境中,实体间相互的信任关系和信任环境有了根本性的变化,有必要研究新的应用环境中的信任管理技术。为了解决信任管理模型的自适应性问题,需要研究信任管理中的上下文传感器主动部署技术,信任模型的自主配置技术等问题。

2. 在大规模网络应用环境中的可扩展性问题

信任管理中的关键问题之一是如何通过有效的方式聚合反馈信任信息,目前的信任机制大多通过基于信任链的广播方式在整个系统中进行反馈信任信息的搜索,导致了在大规模的分布式环境下系统运算的慢收敛性和巨大的时空开销,进而影响了系统的可扩展性。在大规模分布式系统中,任何信任管理机制的设计,可扩展性都是首要考虑的因素。

9.4　本 章 小 结

在开放网络中,信息安全是至关重要的,而可信管理是信息安全的前提与基础。近几年,课题组在信任模型的相关问题上进行了深入研究,在 P2P 领域[34]、WSN 领域[35]、云计算领域[36-39]、物联网领域[40]均取得了一定成果。

本章对可信管理的相关概念进行了阐述,首先介绍了信任与信任关系,其次讨论了可信管理的概念、信任度评估及自动信任协商,最后介绍了动态可信管理的概念与发展。目前信任度评估和信任模型构建是可信管理领域的两个重要研究方向,本章对信任、可信管理、动态可信管理等的介绍,作为本书后续章节的铺垫。

本章参考文献

[1] Rindeback C，Gustavsson R. Why trust is hard—challenges in e-mediated services [C]//The 7th International Workshop on Trust in Agent Society. Berlin：Springer，2003：180-199.

[2] Wiersema M F，Bantel K A. Top management team demography and corporate strategic change[J]. The Academy of Management Journal，1992，35（1）：91-121.

[3] Hartman F. The role of trust in technology innovation[C]// IEEE International Conference on Industrial Informatics. Banff：IEEE，2003：8-14.

[4] Deutsch M. The Resolution of Conflict[M]. New Haven：Yale University Press，1973.

[5] Chokhani S，Ford W. Internet X.509 public key infrastructure certificate policy and certification practices framework［EB/OL］.（2003-11-01）［2018-03-30］. https://datatracker. ietf. org/doc/rfc3647.

[6] Marsh S P. Formalizing trust as a computational concept[D]. Stirling：University of Stirling，1994.

[7] Blaze M，Feigenbaum J，Lacy J. Decentralized trust management[C]//The 17th Symposium on Security and Privacy. Washington DC：IEEE，1996：164-173.

[8] Welty B，Becerra-Fernandez I. Managing trust and commitment in collaborative supply chain relationships[J]. ACM，2001，44（6）：67-73.

[9] Jøsang A. An algebra for assessing trust in certification chains[C]// Network and Distributed Systems Security Symposium. San Diego：DBLP，1999.

[10] Grandison T，Sloman M. A survey of trust in Internet applications[J]. IEEE Communications，Survey and Tutorials，2000，3（4）：2-16.

[11] Dimitrakos T. System models，e-risks and e-trust. Towards bridging the gap？［C］// Conference on Towards the E-Society：E-Commerce，E-Business，E-Government. Deventer：Kluwer Academic Publishers，2001.

[12] 李小勇，桂小林. 大规模分布式环境下动态信任模型研究[J]. 软件学报，2007，18（6）：1510-1521.

[13] 李小勇，桂小林. 可信网络中基于多维决策属性的信任量化模型[J]. 计算机学报，2009，32（3）：405-416.

[14] 黄辰林. 动态信任关系建模和管理技术研究[D]. 长沙：国防科学技术大学，2005.

[15] Winsborough W H，Li N H. Safety in automated trust negotiation[J]. ACM Transactions on Information and Systems Security，2006，9（3）：352-390.

[16] Nejdl W，Olmedilla D，Winslett M. PeerTrust：automated trust negotiation for peers on the semantic web[C]// Workshop on Secure Data Management in a Connected World. Toronto：VLDB，2004：118-132.

[17] Yu T，Winslett M，Seamons K E. Supporting structured credentials and sensitive policies through interoperable strategies for automated trust negotiation[J]. ACM

Transactions on Information and Systems Security，2003，6（1）：1-42.

[18]　Yu T，Winslett M，Seamons K E. Automated trust negotiation over the Internet [C]//The 6th World Multiconference on Systemics，Cybernetics and Informatics. [S. l.]：[s. n.]，2002：268-273.

[19]　Almenarez F，Marin A，Diaz D，et al. Developing a model for trust management in pervasive devices[C]// The 4th IEEE Annual International Conference on Pervasive Computing and Communications. Pisa：IEEE，2006：267-271.

[20]　Song S S，Hwang K，Macwan M. Fuzzy trust integration for security enforcement in grid computing[C]//The IFIP International Conference on Network and Parallel Computing. Wuhan：IFIP，2004：9-21.

[21]　Xiong L，Liu L. PeerTrust：supporting reputation-based trust for peer-to-peer elec-tronic communities[J]. IEEE Transactions on Knowledge and Data Engineering，2004，16（7）：843-857.

[22]　Theodorakopoulos G，Baras J S. On trust models and trust evaluation metrics for Ad hoc networks[J]. IEEE Journal on Selected Areas in Communications，2006，24（2）：318-328.

[23]　Jameel H，Hung L X，Kalim U，et al. A trust model for ubiquitous systems based on vectors of trust values[C]//The 7th IEEE International Symposium on Multimedia. Irvine：IEEE，2005：674-679.

[24]　Yu W，Han Z，Liu J K R. Information theoretic framework of trust modeling and evaluation for Ad hoc networks[J]. IEEE Journal on Selected Areas in Communica-tions，2006，24（2）：305-317.

[25]　He Rui，Niu Jianwei，Zhang Guangwei. CBTM：a trust model with uncertainty quan-tification and reasoning for pervasive computing[C]//The 3rd International Confer-ence on Parallel and Distributed Processing and Applications. Nanjing：Springer，2005：541-552.

[26]　Melaye D，Demazeau Y. Bayesian dynamic trust model[C]// The 4th International Central and Eastern European Conference on Multi-Agent Systems. Budapest：Springer，2005：480-489.

[27]　Duma C，Shahmehri N，Caronni G，et al. Dynamic trust metrics for peer-to-peer sys-tems[C]// The 16th International Workshop on Database and Expert Systems Appli-cations. Copenhagen：IEEE，2005：776-781.

[28]　常俊胜，王怀民，尹刚. DyTrust：一种 P2P 系统中基于时间帧的动态信任模型[J]. 计算机学报，2006，29(8)：1301-1307.

[29]　田立勤，林闯. 可信网络中一种基于行为信任预测的博弈控制机制[J]. 计算机学报，2007，30(11)：1930-1938.

[30]　陈菲菲，桂小林. 基于机器学习的动态信誉评估模型研究[J]. 计算机研究与发展，2007，44(2)：223-229.

[31]　王远，吕建，徐锋，等. 一个适用于网构软件的信任度量及演化模型[J]. 软件学报，2006，17(4)：682-290.

［32］ 王远，吕建，徐锋，等. 一种面向网构软件体系结构的信任驱动服务选取机制［J］. 软件学报，2008，19(6)：1350-1362.

［33］ 田春岐，邹仕洪，王文东，等. 一种基于推荐证据的有效抗攻击 P2P 网络信任模型［J］. 计算机学报，2008，31(2)：270-281.

［34］ Li Xiaoyong, Zhou Feng, Yang Xudong. Scalable feedback aggregating (SFA) overlay for large-scale P2P trust management［J］. IEEE Transactions on Parallel and Distributed Systems，2012，23(10)：1944-1957.

［35］ Li Xiaoyong, Zhou Feng, Du Junping. LDTS：A lightweight and dependable trust system for clustered wireless sensor networks［J］. IEEE Transactions on Information Forensics and Security，2013，8(6)：924-935.

［36］ Li Xiaoyong, Ma Huadong, Yao Wenbin, et al. Data-driven and feedback-enhanced trust computing pattern for large-scale multi-cloud collaborative services［J］. IEEE Transactions on Services Computing，2015.

［37］ Li Xiaoyong, Yuan Jie, Ma Huadong, et al. Fast and parallel trust computing scheme based on big data analysis for collaboration cloud service［J］. IEEE Transactions on Information Forensics and Security，2018，13(8)：1917-1931.

［38］ Li Xiaoyong, Ma Huadong, Zhou Feng, et al. Service operator-aware trust scheme for resource matchmaking across multiple clouds［J］. IEEE Transactions on Parallel and Distributed Systems，2015，26(5)：1419-1429.

［39］ Li Xiaoyong, Ma Huadong, Zhou Feng, et al. T-broker：a trust-aware service brokering scheme for multiple cloud collaborative services［J］. IEEE Transactions on Information Forensics and Security，2015，10(7)：1402-1415.

［40］ Gao Yali, Li Xiaoyong, Li Jirui, et al. A dynamic-trust-based recruitment framework for mobile crowd sensing［C］// 2017 IEEE International Conference on Communications. Paris：IEEE，2017：1-6.

第10章

可信模型的构建

可信是区分程度的,需要对可信进行量化研究。用数学的观点对其进行度量,一般采用可信值或者信任度来表示可信的程度。从完全不可信到完全可信,可以用连续区间来表示可信值的变化范围。针对可信度的量化表达,许多学者提出了相应的可信表达和推理模型。本章将介绍可信模型的构建并根据所采用数学方法的不同选取一些典型的分布式环境下的动态可信模型进行介绍和评述,进而提出进一步的发展趋势。

10.1　可信模型概述

10.1.1　可信模型的发展背景

随着大规模的分布式系统,如分布式计算、普适计算、P2P 计算、Ad hoc 网络、云计算、边缘计算等应用的深入研究,应用系统表现为由多个软件服务组成的动态协作系统。系统形态正从面向封闭的、熟识用户群体和相对静态的形式向开放的、公共可访问的和动态协作的服务模式转变。另外,在开放的分布式环境中,没有中心化的管理权威可以依赖,不能获得某一主体的全部信息,或者根本就不认识主体,这样,请求者有可能对授权者做出破坏性行为,在这种动态和不确定的环境下,原有的 PKI 中基于 CA 的静态信任机制不能适应这种新的应用需求,而信任管理技术为解决分布式环境中新应用形式的安全问题提供了新的途径。

目前,有众多的学者研究了各种分布式系统中的动态的信任关系,并使用各种不同的数学方法和数学工具,建立了动态信任关系的模型,这些研究成果体现了动态性是信任关系的本质属性,学者们利用信任模型去定义和实现这种动态的信任关系。

10.1.2　可信模型构建的主要任务

Blaze 等[1-5]将信任管理定义为采用一种统一的方法描述和解释安全策略(Security Policy)、安全凭证(Security Credential)以及用于直接授权关键性安全操作的信任关系。信任管理系统的核心内容是,用于描述安全策略和安全凭证的安全策略描述语言以及用于对请求、安全凭证集和安全策略进行一致性证明验证的信任管理引擎。

动态可信建模的主要思想是:在对实体信任关系进行建模与管理时,强调综合考察影响实体可信性的多种因素(特别是行为上下文),针对实体行为可信的多个属性进行有侧重点的建模。强调动态地收集相关的主观因素和客观证据的变化,以一种及时的方式实现对实体可信性评估、管理和决策,并对实体的可信性进行动态更新与演化,其主要任务包括以下几个方面。

（1）信任关系的初始化

主体和客体信任关系的建立,需要经历两个阶段:客体的服务发现阶段(服务请求阶段)以及主体的信任度赋值和评估。例如,当一个客体需要某种服务时,能够提供某种服务的服务者可能有多个,客体需要选择一个合适的服务提供者,这需要根据服务者的历史交互记录和声誉等因素来决定。

（2）观测

监控节点间所有交互的行为,获取证据是动态信任管理的关键任务之一,信任的评估和决策依据在很大程度上依赖于观察者。信任值的更新需要根据观测系统的观测结果进行动态更新。主要有两个任务:节点之间交互上下文的观测与存储和触发信任值的动态更新。当一个观测系统检测到某个实体的行为超出了许可或者实体的行为是一个攻击性行为时,则需要触发一个信任度的重新评估和新的访问控制授权。

（3）信任度的评估和预测

根据数学模型建立的运算规则,在时间和观测到的证据上下文的触发下动态地进行信任值的重新计算,是信任管理的核心工作。实体 A 和实体 B 交互后,A 需要更新信任信息结构表中对 B 的信任值。如果这个交互基于反馈者的交互,主体 A 不仅要更新它对实体 B 的信任值,而且也要评估对它提供反馈的主体的信任值,这样,信任评估可以部分解决可信模型中存在的恶意推荐问题。

10.1.3　可信模型构建的基本步骤

一般情况下,可信模型的构建可以遵循以下 3 个基本步骤:信任度的定义、信任度的获取、信任度的评估和更新。

（1）信任度的定义

首先要定义信任度的取值范围,这个空间一般是一个模糊逻辑定义的集合。例如,可以定义信任值为 $[0,1]$ 上的值,也可以是 $[-1,1]$,或者是 $0 \sim 10$ 之间的一个正整数,既可以是连续的量,也可以是离散的整数值。

（2）信任度的获取

一般要考虑两种方式的信任值获取方式:直接(Direct)方式和间接(Indirect)方式。在 Direct 方式中,信任关系是通过主体对客体自然属性的判断而直接建立的。当对另一个实体完全没有了解时,信任度设置成默认值(如 0.5 或者 0);在 Indirect 方式中,通过第三方的推荐(Recommend)建立信任关系和获取推荐的信任值,反馈信任值的获取要根据建立的反馈信任度计算的数学模型进行计算。

（3）信任度的评估和更新

根据时间和上下文的动态变化进行信任度的动态更新,在每次交互后,主体 A 更新信任信息结构表中对主体 B 的信任值,如果一个交互是满意的,微调高直接信任值;如果交互不满意,微降低直接信任值。但在有些模型中,对信任度进行评估时,即使没有发生交互,信任者关于某一被信任者的信任度也会随着时间的流逝而改变。

10.1.4　可信模型的设计原则

一般情况下,可信模型的建立需要考虑以下设计原则。

1. 准确性

可信模型的准确性(Accuracy)包括信任值和可信决策两层含义,信任值评估反映了可信模型中信任计算部分的优劣,而可信决策评估则反映了可信模型的决策设计和决策策略的优劣。可信模型的核心在于基于客观事实做出能够反映主体的主观倾向的可信度评估与预测,其准确性在于对客观事实和主体的主观影响力的体现上。可信模型的准确性体现在信任值计算的准确性以及可信决策制定的正确性上,可以从主观和客观两个方面加以度量。一方面是可信模型的评估结果和被评估对象的客观能力(真实能力)的匹配程度,指当主体通过某一可信模型对客体进行评估时,可信模型产生的评估结果与客体的实际能力的一致性程度。另一方面是可信模型的评估结果与主体主观意愿的匹配程度,是指当主体通过某一可信模型对客体进行评估时,产生的评估结果与主体的主观期望的一致性程度,或者说主体对客体产生的评估结果的认同程度。

2. 可扩展性

可扩展性(Scalability)指的是可信模型适应大规模网络系统节点数目增加的能力。节点数目的增加导致了节点间更多的信任关系信息。因此为了维护更大量的信任关系会导致每个节点有更多的存储和计算开销。这些开销,除维持更多的索引和路由信息外,都是针对可信模型的。系统中有大量节点的自然后果是关于信任信息查询请求数量的增加,这增大了网络的流量且根据不同的可信模型可能增加了每个节点的计算负荷。因此,所有这些因素一起决定了可信模型的可扩展性。要提高信任系统的可扩展性,需要考虑带宽成本、资源存储成本、负载均衡等问题。

在某些特定领域中,可扩展性是衡量可信模型的重要指标之一。在这类资源有限的环境中,可信模型的设计目的不仅仅是为了获得最大的信任评估效果,而且还要在评估效果和实现代价之间进行折中,甚至优先考虑资源占用问题。只有在满足资源使用条件的前提下存在的可信模型才是有价值的。

3. 动态适应性

动态适应性(Dynamic Adaptability),就是可信模型在各种不确定因素的动态影响下提供稳定服务的能力。一个好的可信模型能够在复杂的动态环境中继续提供稳定的服务,能够自动地适应网络实体和网络环境的动态变化。

动态适应性可根据不同种类的信任关系采用不同的评估指标。静态信任关系中实体的实际能力是稳定的,因此可信模型的适应能力评估实际是考察模型的信任评估结果和客体的实际能力的接近程度。在理想的情况下,当考察时间足够长时,信任评估结果应该收敛于客体的实际能力。评估的标准包括随着事务执行信任评估收敛程度和收敛的速度。收敛程度越高、收敛速度越快,说明可信模型的准确性和评估效果越好。对于动态变化的信任关系来说,实体的实际能力随时间、上下文等因素的变化而动态变化,可信模型的适应能力评估需要考察模型的信任评估结果是否能及时反映客体能力的动态变化,以及反映的准确程度。

4. 健壮性

健壮性(Robustness)是指可信模型能够抵抗系统内节点(好节点和恶意节点)主动或被动发起的恶意行为对信任系统攻击的能力。由于恶意节点日益增多,攻击行为花样翻新,所以对P2P信任系统的抗攻击性提出了更高的要求。好的可信模型既要能对目前现有的攻击方式有效处理,还要能自适应地学习、分析、预测和处理未来恶意节点的攻击行为。健壮性是衡量一个可信模型性能优劣的重要指标。

5. 可靠性

可靠性(Reliability)描述了可信模型基于过去的经验和(或)从其他节点获得的信息帮助节点正确地确定能够信任其他节点的范围。可信模型应能够帮助节点识别并成功防备由恶意节点传播的伪造信息(包括错误信任值),并能采取正确的对抗行动。这些正确的行为可能包括教育其他节点防备恶意节点和使伪造信息无效。

6. 激励机制

信任系统要能够提供适当的激励机制(Incentive Mechanism),一方面激励节点对其他节点做出正确的评价,另一方面要对节点的良好行为产生激励,使其有动机累积信誉。

10.1.5　可信模型的分类

根据可信模型应用的网络环境不同,将可信模型进行分类,典型的模型有:普适环境下的可信模型、P2P 计算环境的可信模型、分布式计算环境的可信模型、Ad hoc 计算环境下的可信模型、云计算环境下的可信模型、边缘计算环境下的可信模型、D2D 移动通信网络环境下的可信模型等。

在相同应用环境和场景下,可以根据所采用的数学方法不同,对可信模型进行分类,典型的可信模型有:基于概率潜在语义分析的信任评估模型、基于服务质量的信任推荐模型、基于行为的信任模型、基于贝叶斯理论的信任模型等。

10.2　典型可信模型介绍

10.2.1　基于改进证据理论的信任模型

PTM(Pervasive Trust Management)[6]是欧洲 IST FP6 支持的 UBISEC(安全的普适计算)研究子项目。它定义了基于普适环境的域间的动态信任模型,主要采用改进的证据理论(D-S Theory)的方法进行建模,信任度的评估采用概率加权平均的方法。PTM 中两个实体间的信任关系表示为 $R(A,B)=\alpha, \alpha \in [0,1]$。

$$T_i = \begin{cases} T_{i-1} + \omega V_{a_i}(1 - T_{i-1}), & V_{a_i} > 0 \\ T_{i-1}(1 - \omega + \omega V_{a_i}), & \text{其他} \end{cases} \tag{10-1}$$

其中:$V_{a_i} = W_{a_i}^{(m)} \dfrac{(a^+ - a^-)((a^+ - a^-)\delta)^{2m}}{(a^+ + a^-)((a^+ - a^-) \cdot \delta)^{2m} + 1}$($W_{a_i}$ 为某一次 action 的权重,positive 为 1、wrong 为 0.5、malicious 为 0;δ 为时间增量;常数 $m(m \geqslant 1)$ 为安全的级别(security level);严格因子(strictness factor)$\omega \in [0.25, 0.75]$ 是一个手工配置的参数;α^+ 表示 positive actions,α^- 表示 negative actions)。信任关系的计算,通过 Direct 和 Indirect 两种方式的聚合得到。在 Direct 方式中,信任是通过主体对客体的直接判断而建立的,不需要可信第三方(TTP,Trusted Third Party),当对另一个实体完全没有了解时,信任度设置成默认值 0.5。在 Indirect 方式中,通过 Recommend 建立信任关系:① A 通过 B 的推荐建立对 C 的信任:$R(A,C) = R_B R(A,B)$;②通过数字证书建立的信任 $R(A,C) = 1$,因为传统 PKI 机制就是基于布尔逻辑,推荐的信任当然为 1。但当有 n 个 Recommender 时,通过加权平均计算总体信任度。

PTM 是较早研究普适环境下动态信任关系的模型,其主要优点如下。

- 信任推导和进化的规则体现了一种严格的惩罚性。从计算公式可知,信任是得到困难、失去容易的值,因为 T_i 随着 α^+ 的增加缓慢增长,但随着 α^- 的增加会迅速降低。
- PTM 的信任模型也很好地体现了信任度随着时间和行为上下文的变化而增减的动态性。
- 它是一个具体实现和应用的动态信任模型。
- 没有复杂的迭代计算,适合普适环境下能源节约的应用需求,具有较好的计算收敛性和可扩展性。

但 PTM 模型也存在明显的不足:

- 信任模型中使用固定信任域,不能适应不同应用背景下模型的不同需求;
- 不能处理由于部分信息和新未知实体所引起的不确定性问题,没有详细的风险分析及建模风险和信任之间的关系;
- 算术平均获得间接信任度,没有考虑到信任的模糊性、主观性和不确定性。

10.2.2 基于模糊逻辑的信任模型

Song 等[7]提出了一种网格环境下的实体之间基于模糊逻辑的动态信任模型(Fuzzy-trust Model),该模型包含 3 个组成部分:信任的描述部分、信任关系的评估(模糊推理)部分和信任的进化(更新)部分。

在信任的描述部分定义了信任度的模糊逻辑表示方法。与其他大部分模型类似,信任值是一个集合[0,1]的元素,引入 3 个模糊的量来刻画网格中对某一实体(或者称为网格域)的信任关系:Γ 表示信任度(trust index),Φ 表示任务成功率(job success rate),Δ 表示入侵自我防御能力(intrusion defense capability)。Γ 由 Φ 和 Δ 根据一定的模糊推理规则确定:

$$\Gamma = \text{fuzzy-inference}(\Phi, \Delta) \tag{10-2}$$

模糊推理规则是根据分布式计算环境中信任关系的需求提前定义的。信任的进化(更新)部分给出了一个信任值 Γ(即 t_{ij})动态更新的表达式

$$t_{ij}^{\text{new}} = \alpha t_{ij}^{\text{old}} + (1-\alpha)s_{ij} \tag{10-3}$$

其中权重因子 $\alpha \in [0,1]$。对于对安全级别要求较高的系统,取较小的 α 值;对于对安全级别要求较低的系统,α 可以取较大的值。$s_{ij} = \text{fuzzy-inference}(\Phi, \Delta)$ 表示根据 Φ 和 Δ 的动态变化,由推理规则计算得到的信任值的增量。

Song 的模型的主要优点是:

- 不但使用模糊逻辑建立了信任的模糊推理规则,也研究了当网格环境动态变化时信任动态更新模块;
- 将 Φ(任务成功率)和 Δ(入侵自我防御能力)作为输入因子引入信任的决策过程,符合网格计算中任务指派和自我保护的本质需求;
- 在信任的更新部分,既考虑了动态信任值新的证据的产生,也考虑了历史因素,这符合动态信任关系的基本特点。

其不足之处是:

- 对实体行为的时间变化性考虑较少,没有讨论模型随着时间的变化如何更新,所以,模型的动态适应能力值得商榷;
- 模糊推理规则在系统建模上本身的发展问题,例如,建立较为复杂的推理过程需要较大的系统开销,影响了计算的收敛性和系统的可扩展性;

- 没有考虑间接信任值的计算问题,所以,该模型计算得到的信任值是一种直接信任值,不能反映信任值的全局可信性,是模型需要继续完善的地方之一。

10.2.3　基于相似度计算的信任模型

Xiong 等[8]注意到不实反馈对信任管理模型的影响,提出了 P2P 网络中基于声誉的信任管理模型 Peer-Trust。该模型定义了反馈满意度、交易总数、反馈可靠度、交易上下文因子、社区上下文因子 5 大信任参数,并在此基础上提出了如下的信任生成算法:

$$T(u) = \alpha \cdot \sum_{i=1}^{I(u)} S(u,i) \cdot Cr(p(u,i)) \cdot TF(u,i) + \beta \cdot CF(u) \tag{10-4}$$

其中:$Cr(p(u,i))$表示节点 v 的反馈可信度,$TF(u,i)$表示节点 u 的第 i 次交易的交易上下文因子,$CF(u)$表示节点 u 的社区上下文因子,$S(u,i)$表示节点 u 第 i 次交易中的归一化满意度,α 是归一化的综合评价权值,β 是归一化的社区上下文因子权值。

对于节点的反馈可信度,Xiong 等提出利用节点间反馈评价的相似度来进行度量,节点倾向于信任那些与自己评价意见相似的节点所给出的反馈意见。

$$Cr(p(u,i)) = \frac{Sim(p(u,i),w)}{\sum_{j=1}^{I(u)} Sim(p(u,i),w)} \tag{10-5}$$

在 Peer-Trust 模型中,Xiong 等通过交易上下文因子体现信任的上下文相关性特征,通过反馈可信度来降低不实反馈对模型性能的影响,通过社区上下文因子来激励节点提交反馈。应该说该模型的设计还是较为完整的,其仿真实验也表明该模型评价的准确率也令人较为满意。

其主要不足是:

- 评价相似性的计算要求节点保留有大量的历史交易和评价数据,同时节点反馈可信度的计算也较为复杂,对 P2P 中的网络节点在存贮能力和计算能力上都提出了较高的要求;

- 由于 P2P 网络中节点交易的稀疏性,不同节点交易对象的交集常常为空,使得节点反馈可信度的计算事实上也很难得到较有意义的结果;

- 没有对一些参数,如 α 和 β,在取值上进行具体的讨论或给出建议,在实验中,研究人员甚至简单地将两者分别取值 1 和 0,社区上下文因子的反馈激励作用自然也不复存在了。

10.2.4　基于半环代数理论的信任模型

Theodorakopoulos 等[9]提出了一种适用于 Ad hoc 网络的基于半环(semiring)代数理论的信任模型。将信任问题定义为一个有向图 $G(V,E)$ 的路径问题,用节点代表实体,有向边代表信任关系,然后使用半环代数理论计算两个节点之间的信任值并进行信任评估。权重函数定义为 $l(i,j):V \times V \rightarrow S$,$S$ 是观念空间(opinion space),表示为笛卡儿乘积 $S=[0,1] \times [0,1]$,trust(信任值)是一个估算值,是两个实体间经过多次交互后确立的准确和可靠的值,代表了信任的质量,在做请求实体是否可信判断时更为有用。

该模型可以完成两个任务:①可以完成一个实体对另一个实体 opinion space 的动态计

算;②求两个实体之间通信时的信任路径。半环代数理论可以用来求解有向图中的有向边和顶点值的聚合问题,半环的代数结构为 $(S, \oplus, \otimes)$,S 是一个集合,$(\oplus, \otimes)$ 满足一系列操作属性的二元运算,在有向图中,$\otimes$ 操作可以用来求解一条路径上各个节点的推荐观念值(opinion value)的聚合,$\oplus$ 操作可用来求两个实体之间多条路径上的 opinion value 的聚合。利用半环求 opinion value 为

$$(t_{ik}, c_{ik}) \otimes (t_{kj}, c_{kj}) \rightarrow \left(\frac{1}{\frac{1}{t_{ik}} + \frac{1}{t_{kj}}}, c_{ik} c_{kj} \right), (t_{ij}^{p1}, c_{ij}^{p1}) \oplus (t_{ij}^{p2}, c_{ij}^{p2}) \rightarrow \left(\frac{c_{ij}^{p1} + c_{ij}^{p2}}{\frac{c_{ij}^{p1}}{t_{ij}^{p1}} + \frac{c_{ij}^{p2}}{t_{ij}^{p2}}}, c_{ij}^{p1} + c_{ij}^{p2} \right) \quad (10-6)$$

其中,数对 (t, c) 为 opinion 的值,具体含义见文献[9]。

该模型的主要优点是:

- 提出了一种新的信任关系建模方法——有向图的方法。借助于半环理论,可以计算请求实体的信任度的值,还可以计算得到一条实体之间最信任的路径,这对于两点之间进行可靠通信也是有用的;
- 推荐信任度的计算使用多级的信任链的方式,能够较准确地反映全局的信任度;
- 根据研究人员的模拟结果,在信任链的建立过程中能够较准确地区分诚实的实体和恶意的实体,说明模型具有较好的动态适应能力和较好的恶意行为检测能力。

其有待完善之处是:

- 没有明确讨论信任值的初始化问题,仅仅说明初始值由请求实体根据自己的标准给定,但请求实体一般会分配一个很高的 opinion value,这样风险会很高;
- 没有风险评估机制;
- 对上下文基于时间的动态变化问题没有定义,也没有说明计算更新的时间间隔;
- 信任链的方法建立聚合推荐信任度,信任链的跳数越多,计算的收敛速度越慢,可扩展性是该模型最大的挑战,所以该模型比较适合于节点数目比较少的网络,不适用于大规模网络。

10.2.5　基于向量机制的信任模型

Jameel 等[10]提出了一种普适环境下基于向量机制的信任模型,P 对 Q 的信任度值 t_P,$Q \in [0,1]$。假设系统中共有 n 个实体 $Q_1, Q_2, \cdots, Q_n$,Q_i 的信任度用向量定义为 $\boldsymbol{Q}_i = (t_{Q_iQ_1}, t_{Q_iQ_2}, \cdots, t_{Q_iQ_{i-1}}, t_{Q_iQ_{i+1}}, t_{Q_iQ_n})$。该信任模型引入向量运算机制来描述信任关系,其主要优点是:①综合考虑自信任(confidence)、历史、时间等因子来反映信任关系动态性;②该模型对于一些不确定性的因素进行了数学模型化,引入了信任因子、历史因子、时间因子等,这是它与其他模型相比最显著的特点;③具有较好的动态适应能力,对恶意行为具有一定的敏感性和较强的抵御能力;④模型尽管使用向量机制,但均为一些简单的算术运算,没有复杂的迭代计算,所以,模型具有较快的收敛速度和较好的可扩展性。其不足主要是:①不能解决实体之间为了相互之间的利益在推荐时进行欺骗的行为,它假设具有高信任度的推荐者不会提供不可靠的推荐信任;②没有风险分析机制及建模风险和信任之间的关系;③没有考虑服务者的声誉,推荐信任值的计算只相信邻居节点,这样,计算得到的信任度不能代表全局性。

10.2.6　基于熵理论的信任模型

Sun[11]等提出了一种基于熵(entropy)理论的信任模型,用 T(Subject:Agent, Action)表

示信任关系，$T \in [0,1]$，用 P(Subject：Agent，Action) 表示 Agent 从 Subject 的观点来看可能对 Subject 采取 Action 的概率。该模型的主要优点是：①Sun 等指出，信息理论中的熵具有表示信任关系不确定性的自然属性；②使用该方法，推荐信任度的计算使用多级多路径的信任链的方式，能够较准确地反映全局的信任度；③可以实现信任值的动态更新，模型具有较好的动态适应能力；④可以进行可信路由的选择，也可以有效地检测和抵御恶意节点的攻击行为。该模型的不足之处是：①在信任度动态更新的模型中，仅仅给出了一个示例，没有给出一个通用的数学模型；②行为上下文的定义比较单一，也比较模糊，没有定义多 Action 的情况；③信任度评估模型缺少灵活的机制，如参数设置太单一；④多级多层的信任链计算全局信任度，模型具有较慢的计算收敛性，所以可扩展性是该模型的主要问题之一。

10.2.7 基于云模型的信任模型

He 等[12]提出了一种普适环境下基于云模型（cloud model）的信任模型（CBTM）。该模型以云的形式，将实体之间信任关系的信任程度描述和不确定性描述统一起来，并给出了信任云的传播和合并算法。CBTM 首次提出的云信任模型是在开放网络环境中进行信任管理时的一种选择。其主要优点是：①考虑了实体之间信任的不确定性，并以云的方式将信任程度和不确定程度结合起来，理论上更合理；②推荐信任度采用多条信任链的方式进行聚合计算，能够得到较为准确的全局信任度；③计算得到的信任链也是一条可信的路径，这对于两点之间进行可靠通信也是有用的。其主要不足是：①没有充分考虑普适环境下上下文的动态变化性，也没有引入时间粒度反映这种变化，模型还很粗糙；②没有风险评估机制，也没有考虑协同欺骗和恶意节点的问题；③没有初始信任值的计算方法；④多条多级的信任链计算全局信任度，需要较多的时空开销，模型具有较慢的计算收敛性，影响了模型的可扩展性。

10.2.8 基于信息过滤方法的信任模型

Melaye 等[13]基于贝叶斯（Bayesian）网络模型提出了一种使用 Kalman 信息过滤方法的动态随机估计模型，支持一个系统的动态进化过程，而且无论有无新的上下文被检测到，模型都会自动进化，这个恰当的数学工具非常适合于动态信任模型的需求。该模型的不足之处是：①没有具体定义影响信任动态性上下文信息，仅仅给出了一个简化的模型；②没有说明信任值的初始化问题，如两个实体如何进行初次交互时信任如何建立；③ 没有说明具体适用的环境；④实现过滤器需要额外的时空开销，且运算比较复杂，在大规模的分布式环境下，可扩展性也是该模型的问题之一。

10.2.9 基于强化学习方法的信任模型

Duma 等[14]提出了一种 P2P 环境下基于强化学习方法的动态信任模型。信任度的取值范围也是采用集合 $[0,1]$。与其他 P2P 信任模型显著不同的是，它引入近期信任、长期信任、惩罚因子和推荐信任 4 个参数来反映节点信任度，通过反馈控制机制，动态调节计算节点的信任值的上述参数，所以，该模型是一个自适应的系统。该模型的不足之处是：①只根据邻居节点的推荐计算推荐信任值，计算得到的是一种局部信任度，影响了信任评估的准确性；②信任度取短期信任和长期信任中的最小值，虽然有利于安全性的提高，但这也限制了模型的服务范围，许多节点的服务请求由于近期的一些误操作而会被拒绝，为了提高模型的适应能力，需要进一步改进。

10.3 可信模型的主要问题及发展展望

10.3.1 现有可信模型的普遍问题

近年来,可信模型的研究一直是学者们关注的热点,但目前的可信模型还存在一些明显的问题。

1. 信任关系定义的混乱性

信任关系是最复杂的社会关系之一,也是一个非常主观化的心理认知,是一个实体的主观决定。对"信任"也还没有统一的定义,各种模型各自提出了信任的定义,甚至它们所使用的语言词汇也各不相同。虽然一些学者也努力提出一些所谓的"普适定义",但都还没有被广泛接受。

2. 信任模型的多样性

各种模型都是基于不同的应用背景提出来的,例如,分布式环境下的信任模型强调动态性和不确定性;而电子商务中的信任模型强调交互双方的互信。所以,不同的应用提出了不同的信任模型。

3. 模型性能的评价困难

对于一个模型的性能优于其他模型的评价是一个非常困难的工作,在我们介绍的以上模型中,模型性能的评价大多采用模拟实验的办法进行功能的评价,而没有进行实际性能的评测。

4. 模型的实现问题

在以上介绍的动态信任模型中,仅有 PTM 实现了一个原形模型,在访问控制和服务发现中进行了一些应用,其他模型都没有说明实现问题。

5. 决策因子简单

这些模型大多没有综合考虑各种可能的输入因子。例如,大多数模型没有风险机制,没有考虑服务者的声誉,不能很好地消除恶意推荐对信任评估的影响,没有解决初始信任值如何获得的问题,等等。

10.3.2 可信模型构建的发展展望

1. 可信推荐与反馈

可信模型方面的研究工作使用多种不同的数学方法和工具来反映信任关系的复杂性、动态性和不确定性,并最终建立了动态信任关系的评估与预测模型。毋庸置疑,这些研究成果有效地推动了动态信任关系评测理论研究的发展和极大地丰富了人们对动态信任关系内涵的进一步认识,但通过深入的分析,我们不难发现目前研究中仍然存在一些问题,还没有引起学者们足够的重视:首先,动态信任管理研究中的一个关键问题是如何通过有效的方式聚合反馈信任信息,而现有信任关系预测机制大多通过基于信任链的广播方式在整个系统中进行反馈信任的搜索,导致了在大规模的分布式环境下系统运算的慢收敛性和巨大的网络带宽开销,进而影响了系统的可扩展性。其次,现有的信任模型在计算全局可信程度时,大多采用专家意见法或者平均权值法等主观的融合计算方法,致使预测结果带有较大的主观成分,影响了可信决策的科学性,而且缺少灵活性,一旦权值确定,将在实际应用中很难由系统动态地去调整它,致使模型缺少自适应性,进而影响了模型的准确性。另外,在整个网络中进行反馈信任的搜索,不可避免地会有大量的恶意反馈行为存在[1-10]。

因此,有必要进一步探索可信推荐和反馈机制。

2. 信任决策与分配

在动态信任评估与预测中,直接信任和反馈信任无疑是影响人们进行决策的两个关键因子。已有的研究主要依赖信任模型对事务执行的可信程度进行评估,根据信任模型制定可信决策(Trust-based Decision-making),而很少考虑总体信任决策中的哪一个决策因子更重要的问题。这就造成了可信决策中的两个不足[1-3]。

- 对不确定性因素的评估不够全面。仅仅考虑了被信任者的可信性相关的两个要素,而没有对事务执行本身的不确定性进行评估,因此缺乏合理性。
- 将专家的主观因素在信任决策中的影响扩大化。

因此,有必要进一步地探索总体信任度聚合计算中的权重分配问题,增强所建立的信任模型在实际应用中的实用性问题。

3. 可信模型性能评测

对于一个模型的性能优于其他模型的评价是一个非常困难的工作,虽然很多学者已经从多个角度提出了各自领域内的信任模型,但对于如何评定模型的优劣,以及可计算信任模型应该满足哪些要求等可信模型评估中的基本问题都缺乏共识。因此,如何对可信模型进行客观的性能评测也是一个值得研究的方向。

4. 新技术领域可信模型构建的研究和应用

近年来,物联网技术、云计算技术、边缘计算技术、D2D 移动通信技术等新技术领域迅猛发展,带来了更多信任管理的需求,现有的信任管理技术已经远远无法满足其发展需要,需要相应的可信管理技术快速成熟以相互促进发展,因此新技术领域中可信模型构建的研究和应用将是未来长久不懈的研究方向。

10.4　本章小结

本章介绍了可信模型构建的主要任务、基本步骤和设计原则,介绍了不同计算环境下的典型可信模型——普适计算环境的信任模型、分布式计算环境的信任模型、P2P 计算环境的信任模型、Ad hoc 计算环境的信任模型及其他典型模型,详细分析了这些模型的特点和缺点。最后,对可信模型普遍存在的问题及发展展望进行了探讨。

本章参考文献

[1]　Blaze M, Feigenbaum J, Lacy J. Decentralized trust management[C]//1996 IEEE Symposium on Security and Privacy. Oakland: IEEE, 1996: 164-173.

[2]　Blaze M, Feigenbaum J, Keromytis A D. Keynote: trust management for public-key infrastructures[C]//International Workshop on Security Protocols. Berlin: Springer,

1999：59-63.

[3] Blaze M，Ioannidis J，Keromytis A D. Trust management for IPSec[C]//Network and Distributed Systems Security Symposium. San Diego：DBLP，2001：139-151.

[4] Blaze M，Ioannidis J，Keromytis A D. Offline micropayments without trusted gardware[C]//The 5th International Conference on Financial Cryptography. Berlin：Springer，2001：21-40.

[5] Blaze M，Feigenbaum J，Ioannidis J，et al. The KeyNote trust management system version 2[EB/OL]. (1999-09-01)[2018-03-30]. https://tools. ielf. org/html/rfc2704.

[6] Almenarez F，Marin A，Diaz D，et al. Developing a model for trust management in pervasive devices[C]//Fourth Annual IEEE International Conference on Pervasive Computing and Communications Workshops. Pisa：IEEE，2006：267-271.

[7] Song S S，Hwang K，Macwan M. Fuzzy trust integration for security enforcement in grid computing[C]//The IFIP International Conference on Network and Parallel Computing. Wuhan，IFIP：2004，9-21.

[8] Xiong L，Liu L. PeerTrust：supporting reputation-based trust for peer-to-peer electronic communities[J]. IEEE Transactions on Knowledge and Data Engineering，2004，16 (7)：843-857.

[9] Theodorakopoulos G，Baras J S. On trust models and trust evaluation metrics for Ad hoc networks[J]. IEEE Journal on Selected Areas in Communications，2006，24 (2)：318-328.

[10] Jameel H，Hung L X，Kalim U，et al. A trust model for ubiquitous systems based on vectors of trust values[C]//The 7th IEEE International Symposium on Multimedia. Irvine：IEEE，2005：674-679.

[11] Sun Y L，Yu W，Han Z. Information theoretic framework of trust modeling and evaluation for Ad hoc networks[J]. IEEE Journal on Selected Areas in Communications，2006，24 (2)：305-317.

[12] He Rui，Niu Jianwei，Zhang Guangwei. CBTM：a trust model with uncertainty quantification and reasoning for pervasive computing[C]//The 3rd International Conference on Parallel and Distributed Processing and Applications. Nanjing：Springer，2005：541-552.

[13] Melaye D，Demazeau Y. Bayesian dynamic trust model[C]// The 4th International Central and Eastern European Conference on Multi-Agent Systems. Budapest：Springer，2005：480-489.

[14] Duma C，Shahmehri N，Caronni G，et al. Dynamic trust metrics for peer-to-peer systems[C]// The 16th International Workshop on Database and Expert Systems Applications. Copenhagen：IEEE，2005：776-781.

第11章

电子商务领域的可信管理

电子商务(EC,Electronic Commerce)已经与人们的社会生活密不可分。电子商务通常是指在全球各地广泛的商业贸易活动中,在互联网开放的网络环境下,基于浏览器/服务器应用方式,买卖双方不谋面地进行各种商贸活动,实现消费者的网上购物、商户之间的网上交易和在线电子支付以及各种商务活动、交易活动、金融活动和相关的综合服务活动的一种新型的商业运营模式。然而电子商务的发展一直伴随着可信问题的困扰,可信问题直接限制和约束电子商务的发展,因此对电子商务可信问题的机制研究及对策寻求从未间断。

11.1 电子商务中的可信问题

11.1.1 电子商务的基本概念

电子商务是在互联网开放的网络环境下,基于浏览器/服务器,买卖双方不谋面地进行各种商贸活动,实现消费者的网上购物、商户之间的网上交易和在线电子支付以及各种商务活动、交易活动、金融活动和相关的综合服务活动的一种新型的商业运营模式。电子商务分为ABC、B2B、B2C、C2C、B2M、M2C、B2A(即 B2G)、C2A(即 C2G)、O2O 等。

1. 电子商务的定义

狭义上讲,电子商务是指:通过使用互联网等电子工具(这些工具包括电报、电话、广播、电视、传真、计算机、计算机网络、移动通信等)在全球范围内进行的商务贸易活动。它是以计算机网络为基础所进行的各种商务活动,包括商品和服务的提供者、广告商、消费者、中介商等有关各方行为的总和。人们一般理解的电子商务是指狭义上的电子商务。广义上讲,电子商务一词源自于 Electronic Business,就是通过电子手段进行的商业事务活动。通过使用互联网等电子工具,使公司内部、供应商、客户和合作伙伴之间,利用电子业务共享信息,实现企业间业务流程的电子化,配合企业内部的电子化生产管理系统,提高企业的生产、库存、流通和资金等各个环节的效率。无论是广义的还是狭义的电子商务的概念,它都涵盖了两个方面:一是离不开互联网这个平台,没有了网络,就称不上电子商务;二是通过互联网完成的一种商务活动。

联合国国际贸易程序简化工作组对电子商务的定义是,采用电子形式开展商务活动,它包括在供应商、客户、政府及其他参与方之间通过任何电子工具,如 EDI、Web 技术、电子邮件等共享非结构化或结构化商务信息,并管理和完成在商务活动、管理活动和消费活动中的各种交易。显然,电子商务是以商务活动为主体,以计算机技术、网络技术和远程通信技术为基础,以电子化方式为手段,在法律许可范围内所进行的商务活动交易过程;电子商务是运用数字信息技术,对企业的各项活动进行持续优化的过程。

2. 构成要素(实体)

电子商务包括 4 个要素:商城、消费者、产品、物流,各要素之间的操作关系如下。

(1) 买卖:各大网络平台为消费者提供质优价廉的商品,吸引消费者购买的同时促使更多商家的入驻。

(2) 合作:与物流公司建立合作关系,为消费者的购买行为提供最终保障,这是电商运营的硬性条件之一。

(3) 服务:物流主要是为消费者提供购买服务,从而实现再一次的交易。

3. 关联对象

电子商务的形成与交易离不开以下 4 方面的关系。

(1) 交易平台

第三方电子商务平台(以下简称第三方交易平台)是指在电子商务活动中为交易双方或多方提供交易撮合及相关服务的信息网络系统总和。

(2) 平台经营者

第三方交易平台经营者(以下简称平台经营者)是指在工商行政管理部门登记注册并领取营业执照,从事第三方交易平台运营并为交易双方提供服务的自然人、法人和其他组织。

(3) 站内经营者

第三方交易平台站内经营者(以下简称站内经营者)是指在电子商务交易平台上从事交易及有关服务活动的自然人、法人和其他组织。

(4) 支付系统

支付系统(Payment System)由提供支付清算服务的中介机构和实现支付指令传送及资金清算的专业技术手段共同组成,用以实现债权债务清偿及资金转移的一种金融安排,有时也称为清算系统(Clear System)。

4. 存在价值

电子商务存在价值就是让消费者通过网络在网上购物、网上支付,节省了客户与企业的时间和空间,大大提高了交易效率,特别是对于工作忙碌的上班族,也大量节省了宝贵时间。在信息多元化的 21 世纪,消费者可以通过足不出户的网络渠道,如淘宝、新蛋等了解本地商场商品信息,然后再享受现场购物的乐趣,这已经成为消费者的习惯。

5. 移动电子商务

移动电子商务就是利用手机、PDA 及掌上计算机等无线终端进行的 B2B、B2C 或 C2C 的电子商务。它将互联网、移动通信技术、短距离通信技术及其他信息处理技术完美地结合,使人们可以在任何时间、任何地点进行各种商贸活动,实现随时随地、线上线下的购物与交易、在线电子支付以及各种交易活动、商务活动、金融活动和相关的综合服务活动等。

另外,虚拟世界是电子商务的一个非常有趣的模式。它是用户自定义的世界,人们可以在里面互动、娱乐和做生意。

11.1.2 电子商务的发展历程

1. 萌芽与起步期(1997—1999 年)

在此阶段我国电子商务服务企业仅增长 5.2%,当时互联网全新的引入概念鼓舞了第一批新经济的创业者,他们认为传统的贸易信息会借助互联网进行交流和传播,商机无限。所以,1997 年 12 月,中国化工网上线,成为中国首家垂直 B2B 网站,紧接着,阿里巴巴在开曼群岛注册,1999 年王峻涛创办 8848,意味着首家 B2C 电子商务网站诞生,同年 8 月国内首家 C2C 平台易趣网上线。

2. 冰冻与调整期(2000—2003 年)

互联网泡沫破灭的大背景下,电子商务的发展也受到严重的影响,创业者的信心受到挑战,尤其是那些依靠外来投资,而自身没有找到自己独特的盈利模式的企业,经历着严峻的考验,包括 8848、阿里巴巴在内的知名电子商务网站都进入了寒冬期。而依靠"会员+广告"模式的行业网站集群,则大都实现了集体盈利,安然度过互联网最为艰难的"寒潮"时期。但是电子商务并没有停下步伐,2000 年 6 月中国电子商务协会正式成立,2001 年中国人民银行颁布《网上银行业务管理暂行办法》,同年 11 月中国电子政务应用示范工程通过论证。由此可见,电子商务的发展已经势不可挡。

3. 复苏与回暖期(2003—2005 年)

2003 年后电子商务出现了快速复苏回暖,部分电子商务网站也在经历过泡沫破裂后,更加谨慎务实地对待盈利模式和低成本经营。2003 年 5 月,阿里巴巴投资成立淘宝并推出支付宝,同年 12 月慧聪网香港上市,2004 年 6 月第一届网商大会成功举办,2005 年《电子签名法》正式施行,同年 8 月阿里巴巴并购雅虎中国。此时电子商务网站总数占现有网站总数的 30.1%,2003 年还成立了不少电子商务网站。

4. 崛起与高速发展期(2006—2007 年)

互联网环境的改善、理念的普及给电子商务带来了巨大的发展机遇,大部分 B2B 行业电子商务网站开始实现盈利,同时阿里巴巴在香港的成功上市,大大推动了我国行业电子商务进入新一轮高速发展与商业模式创新阶段。2006 年 6 月环球资源收购慧聪国际,结成中国最大 B2B 战略联盟;同年 12 月网盛科技上市,标志 A 股"中国互联网第一股"诞生。这些无疑催生了电子商务的发展。

5. 转型与升级期(2008 至今)

尽管受到国际金融危机的影响,但是 2008 年以来我国电子商务仍然以较高的速度增长,除 2009 年、2010 年外,其他年份的增长率都在 30% 以上,此时,我国电子商务初步形成了具有中国特色的网络交易方式,网民数量和物流快递行业都快速增长,电子商务企业竞争激烈,平台化局面初步成型。在外贸转内销与扩大内需、降低销售成本的指引下,内贸在线 B2B 与垂直细分 B2C 却获得了新一轮高速发展,不少 B2C 服务商获得了数目可观的风险投资的资本青睐,传统厂商也纷纷涉水,B2C 由此取得了前所未有的繁荣与发展。而在 C2C 领域,随着搜索引擎巨头百度的进入,使得网购用户获得了更多选择的空间,行业竞争更加激烈化。该时期电子商务行业优胜劣汰步伐加快,模式、产品、服务等创新不断出现。

11.1.3 电子商务中可信管理的重要性

尽管关于电子商务与可信、不确定性及其风险之间的关系众说纷纭,但对"可信仅仅在有风险的情形下才有意义"的观点,大部分都表示认同。这种观点包括两种含义:第一,风险是可信产生的前提,没有风险就无所谓可信;第二,可信是降低风险认知进而促进行为的中介变量。实质上,可信和风险之间的关系是辩证的。正如 Rouseau 所说"风险为可信创造机会,可信导致承担风险"。相较于传统商务可信,电子商务可信显得更加重要的原因在于它所面临的不确定性和风险性程度要更高,范围要更广,情况也更加复杂。它不仅与传统商务一样涉及交易本身特定的不确定性和风险性,还涉及交易所依赖的技术系统平台的不确定性和风险性。

交易所依赖的技术系统平台的不确定性和风险性,是交易者所无法控制和影响的,通常被归类为外在的或者环境的不确定性和风险性。外在的不确定性和风险性一般指社会的不确定性和风险性,它产生于环境动态力量和相关环境因素的复杂性。在电子商务的情形下,外在的不确定性主要与潜在的技术源错误及安全缺陷相关。简单来说,它与技术特定的风险相关,这种风险是买卖双方即使签订协议或合同都难以避免的。

一次在线交易能否安全和顺利完成,依赖于所运用的软硬件能否发挥其有效功能,以及加密协议的数据交换服务是否能提供足够的安全。数据安全漏洞常常出现在数据传送的渠道中或者电子商务系统的终端。在 B2C 电子商务中,系统的终端是消费者桌面系统、互联网零售商服务器和所涉及的电子银行等电子服务中介商,用户仅仅在他拥有的系统之内能直接控制交易安全,而对交易中所涉及的其他参与者的系统安全的控制却无能为力。网站零售商可以通过加密、安装防火墙、利用认证机制和确保隐私的方法来降低系统依赖的不确定性和风险性,但也只能提高自己所能直接控制的部分系统的安全性。

交易特定的不确定性可以认为是一种内在的或市场的不确定性和风险,它产生于经济行为者的决策失误和容易导致机会主义行为的买卖双方信息的不对称分布。从消费者的角度来看,交易中特定的不确定性与互联网零售商和他在交易过程中的潜在行为相关。另外一个与交易特定不确定性和风险性密切相关的主要因素是网上提供的产品和服务质量,这依赖于销售者的经营能力和意愿。与传统市场相比,电子市场的商品和服务质量更难评估。在电子商务的虚拟环境中,现实世界中的许多个人互动的因素或消失或不适用(如面部表情、姿势和身体语言等),使可信的建立更加困难。

许多研究者认为,建立可信和努力获取信息是降低不确定性和风险性认知的两种选择机制。换句话说,假如缺乏可信,就必须获取更多的信息以降低电子商务系统依赖的或者特定交易的不确定性和创造更多的可信。从管理的角度来看,人们也许认为在一项新技术(如互联网)采用的初期提供以下两方面的信息是重要的:一是关于电子商务系统基本功能和安全性相关的信息,这有利于降低对系统依赖不确定性的认知;二是关于网上经营者的特点和经营过程的信息,这有利于降低对特定交易不确定性的认知。

11.1.4 电子商务中可信的研究现状

如前所述,电子商务的交易安全和交易主体间的可信问题尤为重要,信任的缺失导致网上交易中欺诈、受骗的现象屡屡发生。因此,为促进电子商务持续、快速、健康的发展,研究如何建立或增进电子商务交易双方的可信问题尤为必要[1]。

可信管理涉及多个方面。近几年越来越多的学者更加注重该领域的研究,并取得了很多研究成果,其中很多可信模型和算法都是通用的或值得借鉴的。因此,在本章中所参考的文献将不仅仅局限于电子商务这一个领域,而是介绍所有与其相关的、在不同应用中的可信管理模型,尤其是在 P2P 网络中与电子商务可信模型有关的内容。

根据可信机制的不同,可分为基于身份的可信模型、基于角色的可信模型、自动可信协商模型、基于声誉的可信模型。

1. 基于身份的可信模型

基于身份的可信模型主要是依据请求方的身份进行授权,需要设定统一的安全管理域。然而,在开放的互联网中,由于参与主体规模的庞大性、运行环境的异构性、活动目标的动态性以及自主性等特点,各资源主体往往隶属于不同的权威管理机构,使得基于身份的访问控制技术在跨多安全域进行授权及访问控制时显得力不从心,暴露出许多弱点。

Blaze 等[2]开发了第一代可信管理系统 PolicyMaker。PolicyMaker 是根据策略和凭证来进行可信决策的,它接受一组局部的政策声明、一系列的证书和一个字符串来描述一个值得信赖的动作。外部的程序能够识别 DSA 和有 PCP 符号的 PolicyMaker 的断言,然后可以通过一个简单的互联网 e-mail 应用程序将 X.509 和 PCP 证书的格式转换成 PolicyMaker 的断言。PolicyMaker 要求安全服务的设计者和实现者能够考虑可信管理问题。

REFEREE 可信管理系统主要是面向 Web 上的内容[3],为 Web 客户和服务器提供了一个通用的政策评估机制和可信政策语言。在 REFEREE 系统中,所有可信决策都是通过政策控制来实现的,即 REFEREE 是一个用政策来制定政策的系统。

2. 基于角色的可信模型

基于角色的可信模型依赖主体属性在陌生的交易双方之间建立可信关系[4-5]。在这类系统中,节点依据其兴趣加入不同的社区。社区是拥有共同兴趣的节点集合,同一个节点可以加入不同的社区,依据节点对于不同社区的隶属程度,决定其在不同方面的可信度。

3. 自动可信协商模型

自动可信协商(ATN,Automated Trust Negotiation)是由 Winsborough 等[6]提出的可信管理方案,它可以在多个虚拟组织间的资源共享和协作计算时,快速有效地在个体与组织之间建立可信关系。迄今为止,ATN 的研究已得到迅速发展,提出了多种研究方法和技术,但 ATN 整体性研究工作尚处于初级阶段,就其研究和应用前景来看,是一个值得关注的方向。

Nejdl 等[7]的 Peer-Trust 模型可以用来表达不同种类访问控制的政策,在分布式 e-learning 的环境下,利用 Peer-Trust 政策语言能够自动地协商和建立可信。

Bonatti 等[8]在 Peer-Trust 的基础上,将分布式可信管理政策和临时的商业规则以及访问控制行为合并起来,提出了一个临时可信协商框架 Protune。Protune 的规则语言扩展了 PA-PL,PAPL 曾被公认为是截至 2002 年时最完整的可信协商的政策语言。该框架的特色是提供了一个强大的声明性元语言来驱动一些关键的协商决策和监控协商的完整性约束。

4. 基于声誉(声望)的可信模型

基于声誉的可信模型模仿人类社会的可信机制,并假设拥有较高声誉的人通常具有较高的可信度,其基本方法是通过对方的声誉来推测他的可信度。现有的可信模型大多是基于声誉的可信机制。可信管理是一种能在各节点间建立可信关系的机制,而声誉是根据以前直接或间接的交互得到的,用于评估一个节点对另一个节点的可信程度。

基于声誉的可信模型的研究方式有很多,下面从研究方法上做一简单介绍。

(1)利用加权法计算可信值研究可信模型

进行可信决策的信息通常是多方面的,早在 1994 年,Marsh[9]就提出了一个可信计算模型。Marsh 用一组变量来描述可信,包括重要性、能力、效用和风险等,给出了一种合成可信的方法,同时还强调时间也是合成最后可信值的一个关键变量。该模型考虑的因素比较全面,后来被认为是第一个比较全面、正式的可信模型。但该模型需要确定很多变量,而在真实的情况下这些变量又很难获得,所以现在的研究者并没有按照 Marsh 的模型继续研究下去,但是他所提出的一些理念至今还被广泛地应用,如可信值可以被量化成一个连续的变量以及可信的几种类型等。

Abdul-Rahman 等[10]将可信和声誉合并到一起来进行虚拟团体中的可信计算。在他们的模型中,可信被定义为 agent 执行某个特定操作的主观概率。而声誉被定义为基于观察和过去的经验,一个 agent 对另一个 agent 未来行为好坏的一个预期。可信来源于 agent 自己过去直接交互的经验和知识,而声誉来源于其他 agent 的意见和推荐,最后利用加权平均的方法将这两个参数合并成最后的可信评价。在该模型中,一个最大的问题在于如何确定加权平均的权重,因为权重不同最后的结果将会完全不同,而权重的确定是非常主观和不确定的。

Huynh 等[11]提出了一个在开放 agent 体领域进行可信评估的计算模型 FIRE。FIRE 综合了多个可信组件,其中包括直接交互可信值、基于角色可信值、基于观察的声誉值和验证过的声誉值 4 个主要参数,最后用加权平均的方法来计算最终的可信评价值。在最后可信值合并的过程中,FIRE 模型和 Abdul-Rahmam 的模型所采用的方法是一样的。FIRE 的优点是能将多种不同的评价方式综合考虑,从而可以在信息非常少的时候也能给出相应的评价,但 FIRE 是一个静态参量模型,所有参数都需要重新设置来适应不同的领域,因此模型的适应性和可扩展性较差。

Kamvar 等[12]基于可信的传递性,提出了 P2P 环境下基于全局声誉的可信模型 Eigen-Rep。EigenRep 通过邻居节点间相互满意度的迭代来获取节点的可信度。在无恶意行为的网络中,该模型计算得到的声誉值可以较好地反映节点的真实行为,但该模型存在着收敛性问题,需要预先选定一些信誉高的节点作为起始节点,一旦这些节点不能工作或是退出网络,那么模型就无法正常工作。该模型的另一个缺点是具有较高的通信代价(每次交易都会导致全网络的迭代)。

Dou 等[13]在迭代收敛性和模型安全性方面对 EigenRep 进行了改进,但改进后的模型未考虑效率问题,且其安全性是通过引入额外的认证机制和惩罚措施来实现的。

Resnick 等[14]提出利用置信因子来综合局部声誉和全局声誉,但没有给出置信因子的确定方法。

Xiong 等[15]也提出了一种利用置信因子来综合局部声誉和全局声誉的可信机制 Peer-Trust。他们综合考虑了影响可信度量的多个可信因素:对交易的评价、节点与其他节点交易的次数、提供评价的节点的可信度、交易上下文和社区上下文,并提供了一种纯分布式的可信度计算方法。虽然考虑了较全的可信因素,并能很好地应对虚假评价,但却没有给出可信因素的度量方法以及置信因子的确定方法,这种机制也难以对抗共谋行为。

姜等[16]提出了一种 P2P 电子商务中基于声誉的可信机制,全面地引入了影响可信度量的可信因素,提出了置信因子的确定方法,给出了一种节点评价的质量模型,并给出了节点所给评价的可信度计算方法。

Liang 等[17]提出了一个以电子商务为背景的 P2P 个性化的可信模型 PET。PET 模型将信誉评估和风险评估集成到一起,把信誉评估建模成长期的可信度,风险评估建模成短期的可信度,通过设置各自的权重来进行最后的可信度的计算。

(2)利用证据理论研究可信模型

Yu 等[18]提出的模型与 Abdul-Rahmun 的模型很类似,当一个 agent 评估一个通信者的可信度时,将局部的证据(过去直接交互的经验)与其他智能体对该通信者的评价合并在一起考虑。但不同的是,Yu 利用证据理论来传播和合并一个 agent 对其他 agent 的可信评价,从而使得模型更具说服力。此外,还有 Hou 等[19]提出的基于证实理论的可信模型。

(3)利用贝叶斯网络或贝叶斯函数来描述可信度的不同方面,并将这些方面合成起来的可信模型

Wang 等[20]提出了利用贝叶斯网络来描述可信度的不同方面,并将这些方面合成起来的

可信模型。在该模型中,研究者对可信进行了进一步的细分:①用户对自己的节点的可信;②对服务提供者的可信;③对提供推荐的节点的可信;④对所在小团体的可信。文中指出,在P2P网络中,相互之间进行经验交流的节点比相互之间不通信的节点的性能要好,而且利用适应个体差异的可信值来进行可信计算可以进一步地提高性能。

陈等[21]提出了一个在网络环境中基于贝叶斯函数的可信模型。通过可信模型对节点的分析和判断,采纳推荐能力最强的中间节点作为推荐者,并搜索出到资源节点的可信链路,然后利用贝叶斯函数对经由可信链路获得的资源节点的每种属性进行综合评估,最后确定是否访问该资源节点。该模型的主要特点是减少了可信链路上中间节点的主观随意性的判断,请求者可以根据自己的需要自主地进行可信决策,因而具有一定的灵活性。

Wang 等[22-23]利用贝叶斯网络(BN)来建立可信模型。每个节点为所有与其交互过的节点建立一个BN,通过BN,请求者可根据自己关心的内容,计算服务提供者的可信概率,每种概率表达了peer在某一方面的可信度。

(4) 基于模糊逻辑推理的 P2P 可信模型

针对EigenTrust模型需要预先选择起始可信节点的缺点,Song 等[24]提出了一个基于模糊逻辑推理的P2P的声望系统PowerTrust。通过分析eBay的真实数据,Song证明了eBay上用户的交易次数符合幂律分布,而对某个节点可信评价起决定作用的是只占整个用户中一小部分的超级客户。在合成最后的可信值时,PowerTrust将所有直接邻居的评价聚合起来,同样是采用加权平均的方法,只不过PowerTrust的权重是由3个变量的模糊值来确定的:节点的信任值、交易的时间、交易的数量。由于采用模糊逻辑,PowerTrust可以更好地解决P2P系统中可信计算的不确定性、模糊性和信息的不完全性等问题。

Ramchurn 等[25]开发了一个基于置信度和信誉值的模型,利用模糊集来指引智能体对过去的交互进行评价并重新建立彼此之间的关系。通过分析某个智能体的过去交互的历史来获取它的置信度,并通过从社区中其他智能体处获取的经验得出该智能体的信誉值。这个模型采用主观的策略来评价信息来源的可信值,因而有可能会导致系统中可信的智能体不被可信。

Zhou 等[26]在PowerTrust的基础上提出了利用"闲谈"(gossip)来进行可信计算的模型GossipTrust。GossipTrust利用节点之间相互传递的"小道消息"并行地计算所有节点的全局可信值,每个节点局部的可信值可以快速地聚集成全局可信值,经过几个周期的选代,全局可信值就可以收敛到一个确定的值。GossipTrust模型解决了非结构化的P2P系统中的可信计算问题,而且具有较强的可扩展性和健壮性。但是由于在传递"小道消息"的过程中会带来很大网络通信负载,该模型在繁忙的网络中不适用。

唐等[27]将语言变量模糊逻辑引入主观可信管理研究中,提出了可信的度量机制,运用模糊IF-THEN规则,对人类可信推理的一般知识和经验进行了建模,提出了一种灵活直观、具有很强描述能力的形式化的可信推理机制。

张等[28]引进节点的自治机制约束节点不诚实行为,使每一个节点可以自主地建立一张与其交易的节点的可信表,并通过主观推理方法得到其他间接节点的可信值,提高了网络本身的自适应性。

Song 等[29]也提出了基于模糊理论的可信模型等方案。

(5) 利用路径代数来计算可信的传递,从而量化可信值和不可信值

Richardson 等[30]的可信模型利用路径代数来计算可信的传递并量化可信值和不可信值。与EigenTrust计算全局可信值不同,Richardson模型计算的是针对每个节点个体的个性化的

可信值,而且该模型可以十分有效地抵抗外界环境的噪声。

（6）利用最大似然估计法进行可信研究

针对 EigenRep 可信模型导致计算代价和通信代价较高的问题,Despotovic 等[31]提出了利用最大似然估计法计算 P2P 环境下的节点可信度的方法。为了提高估计的准确性,研究者引入了节点撒谎度的概念,但没有给出撒谎度的计算方法。

（7）通过可信网络的连通关系来计算可信度

Golbeck 等[32]通过可信网络的连通关系来计算可信度,起始节点将询问请求发送到它的邻居,如果这些邻居没有相关的信息,那么就再向邻居的邻居逐步地扩展开来。在搜索路径上,可信度低的节点所提供的可信评价将被忽略,最后起始节点会平均所有评价值,然后四舍五入为 0 或者 1(0 代表不可信,1 代表可信)。该模型是建立在人与人之间的社会网络基础上的,它的有效性在应用程序 TrustMail 中得到了验证。

Sabater 等[33]提出了一个基于声望的可信系统 Regret,该系统有一个分等级的本体结构,利用社会网络分析可以将各种不同类型的声望综合起来计算出最终的节点可信值。

（8）基于时间锁的动态可信模型

常等[34]针对现有的可信模型对节点行为改变的动态适应能力和对反馈信息的有效聚合能力支持不足,提出一个基于时间帧的动态可信模型 DyTrust,使用时间帧标志出经验和推荐的时间特性,引入近期可信、长期可信、累积滥用可信和反馈可信度 4 个参数来计算节点可信度,并通过反馈控制机制动态调节上述参数,提高了可信模型的动态适应能力。

（9）基于矢量空间的分布式可信模型

郭等[35]借助社会网络可信关系模型,利用时间敏感因子来提高可信模型检测节点行为的敏感性,通过基于矢量空间模型的推荐可信度来防止节点的串谋和诋毁攻击,从而构建了一个基于矢量空间的分布式可信模型,并基于 R-Chain 给出了该模型的分布式实现方案。

（10）基于节点之间评分行为的相似度计算节点可信值的模型

李等[36]提出了一个基于 P2P 环境下的全局可信模型 SWRtrust。该模型对不同节点的评分赋予不同的权重,而该权重是根据节点之间评分行为的相似度计算出来的。研究者利用两个节点评分向量的余弦三角函数来计算相似度,并采用归类的方法来解决向量稀疏的问题。通过使用相似度加权模型,可以避免伪装的恶意节点的攻击。

Ziegler 等[37]提出在某个特定的领域,如书籍和电影推荐系统,利用可信度与用户兴趣爱好相似度之间的关联可以提高推荐系统的有效性和准确性。

（11）应用关系集合的 P2P 网络可信模型

刘等[38]为解决当前 P2P 网络中存在的一些安全问题,提出一种应用关系集合的 P2P 网络可信模型(RSTM,Relationship Set Trust Model)。该模型利用关系集合,随机抽取节点,对给出应答消息的节点进行推荐,对提供服务的节点进行评估,对有不良行为者给予一定的惩罚措施。

（12）基于神经网络的可信模型

Song 等[39]提出基于神经网络的可信模型,其基本思路是通过神经网络聚合多个局部声誉来近似得到全局声誉。一旦一个用户的全局神经网络建立,当处于稳定状态时,只要将用户的多个局部声誉输入网络,就可以立刻得到全局声誉;当网络中发生状态变化时,监视进程将重新训练神经网络。

（13）基于博弈论的可信模型

Buragohain 等[40]使用博弈论模型,依据节点的可信程度的高低对节点实行区分服务。

11.2　电子商务中的可信机制

可信是电子商务安全的一个重要方面,网络交易中的诚信问题已成为电子商务发展的瓶颈。在电子商务活动中,客户和商家一般不直接接触,而是通过互联网进行交易和支付活动。客户担心自己进行支付以后商品或商家不提供应有的商品或服务,或者商家提供无效或劣质的商品或服务,而商家担心提供有效的商品或服务之后不能获得有效的支付。每一个交易方都希望了解其他交易方身份的真实性,获得其他交易方的可信状态。

从电子商务活动的不同角度来看,可信可分为基于身份的可信和基于交易行为的可信。基于身份的可信用于确认交易方身份的真实性,通常采用静态验证机制来决定交易方身份的可信性,常用的技术包括加密技术、签名技术、数据隐藏技术、认证授权技术及访问控制策略。基于交易行为的可信用于评估交易实体的可信程度,常常通过考察交易实体的行为历史纪录、当前行为特征来判别其可信度。

11.2.1　身份认证机制

在电子商务交易中,进行身份认证的方法主要有两类:基于口令的身份认证与基于公钥密码学技术的身份认证。

1. 基于口令的身份认证

口令机制是商业活动中最常用最简便的安全机制。在基于口令的身份认证机制中,应防范口令猜测、口令欺骗等攻击,并防止口令文件泄露。最基本的措施包括:设置较长口令;改变系统缺省口令;口令中混合使用大小写字母,并尽可能包含数字和非字母符号;避免使用易于猜测的口令;经常变更口令。

在电子商务系统中,应确保口令信息在通信通道传输中和存储期间的安全,避免被入侵者从磁盘数据文件中窃取或从通信信道截获,有效的办法是使用单向函数对口令进行处理。

在 Unix 系统中,用户登录一般使用下面的 Needham 口令机制[41]:假设用户 U 和系统 H 已经设置了记录(ID, $f(P)$), f 为散列函数,用户记住口令 P。用户口令登录如下:

① $U \rightarrow H$: ID;

② $H \rightarrow U$: "请输入口令";

③ $U \rightarrow H$: P;

④ H 对 P 应用函数 f,如果计算得到的 $f(P)$ 与记录中的数据匹配,就允许访问,否则拒绝访问。

Needham 方案中,系统存储的是口令的散列值 $f(P)$。即使攻击者破获了存储的口令文件,仍不能计算出原始的口令 P。此方案能防止攻击者由口令文件破获口令,但不能防范攻击者从通信信道破获口令。

下面的 S/KEY 口令机制[42]既能防止攻击者由口令文件破获口令,又能防范攻击者从通信信道截获口令。

假设用户 U 和主机 H 已经设置了 U 的初始口令记录(ID, $f^n(P)$, n), f 为散列函数。用户 U 记住口令 P; H 中 U 的当前口令记录是(ID, $f^c(P)$, c),其中 $1 \leqslant c \leqslant n$。用户口令登录如下:

①$U \rightarrow H$：ID；

②$H \rightarrow U$："请输入口令"；

③$U \rightarrow H$：$Q = f^{c-1}(P)$；

④H 从其口令文档中查找记录（ID，$f^c(P)$，c）。如果计算得到的是 $f(Q) = f^{c-1}(P)$，就允许访问，并把 U 的口令记录更新为（ID，Q，$c-1$），否则拒绝访问。

由于口令以散列函数处理后进行传输，即使攻击者截获值 Q，仍不能得到口令 P。同样，即使攻击者破获了存储的口令文件，仍难以计算口令 P。

随着计算机性能快速增长，攻击者仍可利用高性能计算机对上述方案的口令进行字典式穷举攻击。防范办法是进行"加盐"操作[43]，即在每次口令认证中加入一个被称为"盐"的随机数。随机的"盐"使得信道传输的是一个每次不同的随机值，即使攻击者截获"加盐"后的口令，仍无法恢复出原始的口令。

2. 基于数字证书的身份认证

在基于口令的身份认证系统中，字符选择的空间仍然较小。同时，口令认证机制只适用于单向身份认证系统，如商家对客户的认证。而在电子商务交易中，一般需要买方和卖方之间进行双向认证。

既安全又有效的方案就是采用基于数字证书的身份认证机制，各交易方都使用基于公钥密码的数字证书来证明其身份。数字证书认证体系又称 PKI，其中有一个或多个权威的 CA 机构进行数字证书发行和服务。由于数字证书上带有 CA 机构的签名，其真实性易于验证。使用交易方 CA 证书指示的公钥，就可对该交易方签名的交易信息进行认证。此外，签名也可作为发送者发送交易信息和接收者接收信息的不可否认证据，防止交易者对交易信息的抵赖。CA 认证机制既能实现单向认证，又能实现双向认证；既能用于交易者身份的可信，又能用于交易数据的可信。最广泛使用的数字证书类型是国际电信联盟（ITU）提出的 X.509 证书。电子商务领域广泛使用的是 Visa 和 Master 两大公司的 SET 证书。

随着 PKI 的规模的扩大，证书数量不断增多，客户地域分布日益扩大，单一的 CA 将成为可信体系的瓶颈，需要采用多 CA 体系进行可信服务。基于用户可信的多 CA 系统有 4 种基本模型：CA 的严格层次结构可信模型、分布式可信结构模型、Web 可信模型和以用户为中心的可信模型。

严格层次结构可信模型为树形结构，根在顶上，树枝朝下伸展，树叶在最下层。所有交易实体都拥有可信根 CA，并拥有根 CA 的公钥。根 CA 认证直接连接其下的子 CA，每个 CA 都认证零个或多个直连在其下的子 CA，最下一层 CA 直接认证终端实体。严格层次结构可信模型是当前主流的可信认证模型。

分布式可信结构模型把可信分散到两个或多个 CA 上。为了将多个严格层次结构的可信系统互联起来，可采取两种方式建立分布式可信结构：①中心辐射配置，即有一个中心地位的 CA，每个根 CA 都与这个中心 CA 进行交叉认证；②网状结构，所有根 CA 之间进行交叉认证。

在基于 Web 的可信模型中，许多 CA 的公钥被预装在标准的浏览器上，这些预装公钥确定了一组用户最初可信的 CA。这些 CA 通过嵌入式软件来发布，而非通过颁发证书来实现。用户通过使用浏览器与其他交易方沟通时，可通过预装 CA 来验证其他交易方数字证书及交易身份。

在以用户为中心的可信模型中，每个用户自己决定哪些证书可信。通常，用户的最初可信对象包括用户的家人、朋友或同事。一个典型的例子是优良保密协议（PGP，Pretty Good Privacy)系统[44]，其中，一个用户通过担当 CA 并使其公钥被其他人所认证来建立可信网。

3. 基于 ID 的身份认证机制

上面所述的基于数字证书的身份认证机制依赖于一个非常复杂的 PKI 体系，建立、管理和维护一个 PKI 体系异常复杂且成本高昂。可以想象，如果公钥看起来不随机，那么维护公钥体系的代价将大大减少。如果一个主体的公钥与该主体身份信息如名字、身份证号码等相关联，那么本质上将不需要认证该主体的公钥，从而不需要复杂的 PKI 体系，可信认证系统的复杂度将大大降低。

基于 ID 的身份认证机制是近年来出现的一种新的身份认证方案，最早由 Shamir A 提出[45]。密钥生成方式为：私钥＝F(主密钥，公钥)。可信机构(TA，Trusted Authority)对用户身份信息进行一次全面检验，根据可唯一标识用户的身份信息 ID 作为公钥为其生成私钥。由于用户私钥由 TA 生成，TA 当然能够阅读用户的秘密通信或伪造用户的签名，就像银行可能知晓开户用户的账户信息一样。因此，用户必须绝对信任可信机构，可信机构一般应由司法或行政授权的权威机构担任。

在电子商务活动中，利用基于 ID 的身份认证机制，不需要专门的证书和公钥，不需要用户建立一条密钥通道，也不需要交互式认证过程，就可以验证交易方身份的真实性和所签署的交易信息的真实性。

目前较为成熟的基于公钥密码学的身份认证技术主要是数字证书技术，基于 ID 的身份认证技术已成为近年来研究的热门技术，基于 ID 的可信机制的建立将促进电子商务交易中交易可信问题的解决。

11.2.2　交易体系可信评估机制

在电子商务交易环境中，使用有效的身份认证机制，能保障交易实体身份的真实性。但随着时间的推移，交易实体提供商品、服务或提供支付的可信程度是动态变化的，身份的可信性并不完全代表交易实体交易行为的可信性。因此，有必要建立有效的交易可信评估机制，评估交易方进行特定交易的可信程度，以规避可能面临的交易风险。

电子商务系统中的可信指个体在进行支付、提供商品或服务过程中所表现的可靠性、诚信度、满意度。确定某个体可信状态的途径有两种：通过与该个体多次直接进行交易接触，总结出该个体参与此类交易所表现出令人满意和可信的程度，称为直接可信度；或请其他个体推荐该个体的可信度[46]。基于推荐的可信评估能更加全面地了解个体的可信状况，但需要考虑推荐者的可信，因为恶意个体的合伙人可能进行不真实的推荐。

恶意的个体可能在若干普通事务中表现良好以抬高其可信度，而在一次较重要的交易中表现不诚实。如在多次音乐文件共享服务中表现出良好的可信度，而后在有资金转移的支付过程中表现出不诚实。因此分析个体以前参与事务所表现的可信状况以确定个体可信值时，需要考虑所参与交易的重要程度，而不能进行简单的平均计算。

为了标识某交易对个体可信的影响程度，引入交易上下文因子(Transaction Context Factor)的概念。交易影响因子越大，表明该交易对个体可信值的影响越大；反之，交易对个体可信值的影响越小。如大额交易的交易影响因子大于小额交易，重要文件服务的交易影响因子大于普通文件服务。

不同的商品交易或服务对个体的可信状况要求不同，如支付服务要求个体绝对可信，而普通文件资源共享对个体可信值则要求较低。大额交易对个体的可信要求则高于一般小额交易活动。为了应对不同交易服务对个体可信的不同要求,在确定电子商务可信机制时,个体的可信度不应单纯设定为可信和不可信,其取值应分布在某一区间内,以对应不同的可信要求。如可信度取值在区间[0,1],0 表示绝对不可信,1 表示完全可信。个体可信值越高,个体被视为越可信。

如果与个体 u 直接发生 m 次事件接触,第 i 次接触的满意度为 $S(u,i)$,$S(u,i)\in[0,1]$。第 i 次事件的事务影响因子为 $\mathrm{TF}(u,i)$,那么通过直接经验得到的个体 u 的直接可信值计算为

$$T(u)=\frac{\sum_{i=1}^{m}S(u,i)\mathrm{TF}(u,i)}{\sum_{i=1}^{m}\mathrm{TF}(u,i)} \tag{11-1}$$

如果所有事件中个体 u 均表现令人绝对满意,即对所有 i 均有 $S(u,i)=1$,则 $T(u)=1$,认为 u 绝对可信。

如果从交易环境中的其他多个成员处获得个体 u 的可信推荐值,n 为总的事件次数,$P(u,j)$ 为参与第 j 次事件的推荐者,$S(u,j)$ 为第 j 次事件中推荐者 $P(u,j)$ 对个体 u 的满意度,$T(P(u,j))$ 为推荐者的可信值,第 j 次事件的事务影响因子为 $\mathrm{TF}(u,j)$,那么基于推荐的可信计算为

$$T(u)=\frac{\sum_{j=1}^{n}S(u,j)T(P(u,j))\mathrm{TF}(u,j)}{\sum_{j=1}^{n}T(P(u,j))\mathrm{TF}(u,j)} \tag{11-2}$$

如果所有推荐者都对个体绝对满意,即对所有 j 均有 $S(u,j)=1$ 时,则 $T(u)=1$,认为个体 u 绝对可信。

既考虑与个体 u 直接接触所总结的可信度,又综合其他个体的推荐可信,这种方式能够更全面、客观地评判该个体的可信状况。计算方法是对直接接触所得的可信值 $T_1(u)$ 和基于推荐所得可信值 $T_2(u)$ 进行加权平均,即选定一权值 $a\in(0,1)$,计算为

$$T(u)=aT_1(u)+(1-a)T_2(u) \tag{11-3}$$

按照上述方法计算电子商务体系中个体的可信度,既分析与个体直接接触所获得的可信信息,又综合其他个体的推荐可信,还考虑了交易重要程度对可信的影响,可以客观、准确地获得目标个体的可信值,且能确保计算所得可信度取值于一规范的区间内,各个体的可信值都是一致规范化、可比较的。然后可利用所得可信值决定如何选择交易对象和商务伙伴,保障相关交易的安全进行。

11.3　商品可信评价方法

电子商务通过网络进行商品的生产、广告、销售和分配[47],它是在虚拟网络环境下的交易,客观上需要有一个标准或参数来衡量电子商务中商品的信誉。相对于商家的说明,用户评论更能使买家全方位地了解要购买的商品情况,从而使购买行为更加理性化。因此,在电子商务的环境下更需要对商品的可信进行准确客观的评估。通过用户对商品的评价,可以得出电子商务环境下商品声誉的综合评价指标体系。文献[48]通过对用户评论进行语义分析,将用

户评论进行自动分类、构建评论集,并通过对评论的分类采用层次分析法(AHP,Analytic Hierarchy Process)进行分析,得到基于用户评论语义的商品可信的评价结果。

11.3.1 用户评论的分类

1. 评论内容的语义分析

当前的很多电子商务网站都开辟了评论专区,方便用户发表对产品的看法。但是很多用户评论的内容都与产品使用情况无关,还有些评论存在一些恶意、虚假、主观、空洞甚至与主题毫不相关的内容。优秀的评论应该具备 3 方面的特点。首先,评论应该具有一定的长度和逻辑性,单纯的"好""不错"这样的评论内容不能准确地反映出商品的特质;其次,评论的内容应该客观公正,具备较高的真实性;最后,评论具有时效性,评论的质量随着时间的流逝会越来越低。本小节介绍一个很小的手工构建种子列表,列表中含有已经手工标记好语义性的一组形容词,利用 WordNet 来扩展种子列表。为了便于处理,本节所选取的评论内容为英文评论。

2. 用户评论分类

(1)去除停用词

停用词是指在文本中出现频率较高,但携带的信息量较少,对文本分类的任务没有贡献或贡献太小的词。如英文文本中出现的 a、am、of、the 等词。为了提高分类的准确性,本文使用英文停用词表将文本中的停用词过滤掉。

(2)词根还原

词根还原处理是英文文本处理所特有的操作,就是提取英文单词的词根,去掉单词的前缀、后缀,名词复数变单数,将一个单词的不同词形进行处理,提取出共同的词根,从而减少特征项的数量。例如,steams、steaming、steamed 这 3 个词都可以用它们的词根 steam 来表示。文献[48]采用 Porter Stemmer 算法对文本进行词根还原处理,得到文本的词频向量。

(3)相似性计算

朴素贝叶斯文本分类[47]是简单而有效的经典分类方法,该算法是基于贝叶斯定理,是对贝叶斯算法的一种改进。它基于一种假设即在文本中出现的词与词之间出现的频度是相互独立的,通过计算给定的文本属于某个类别的最高的概率,从而确定文本的类别。

11.3.2 商品可信评价模型

商品可信评价指标包括:商品表现、发货情况、售后服务。这是一种递阶层次结构,非常适合利用层次分析法进行权重指标的确定。层次分析法是一种能将定性分析与定量分析相结合的系统分析方法。可以通过数学函数的形式来表示商品可信指数,评价指标如表 11-1 所示。

表 11-1 评价指标层次

目标层	准则层	指标层
A 商品可信评价指标	B1 商品表现	C1 质量 C2 价格 C3 性价比
	B2 发货情况	D1 运费 D2 准时 D3 灵活程度
	B3 售后服务	E1 沟通态度 E2 反馈速度

1. 构造判断矩阵

建立起层次关系以后,上下层之间各元素的隶属关系就确定了。通过对每一层次信息元素的重要性给出判断,将这些判断用数值表示出来,写成矩阵形式,构造判断矩阵,并计算元素之间的权重。权重的计算方法为:计算判断矩阵每一行元素的乘积 M,然后计算 $N_i = \sqrt[i]{M_i}$,令 $P_i = N_i / \sum N_i$,则权重 $W_i = P_i^T$。判断矩阵如表 11-2~表 11-5 所示。

表 11-2　AB 判断矩阵及权重

A	B1	B2	B3	N_i	W_i
B1	1	2	3	1.82	0.53
B2	1/2	1	3	1.14	0.33
B3	1/3	1/3	1	0.48	0.14

表 11-3　B1C 判断矩阵及权重

B1	C1	C2	C3	W_{ij}
C1	1	3	4	0.63
C2	1/2	1	1/2	0.15
C3	1/4	2	1	0.22

表 11-4　B2D 判断矩阵及权重

B2	D1	D2	D3	W_{ij}
D1	1	1/2	3	0.33
D2	2	1	3	0.53
D3	1/3	1/3	1	0.14

表 11-5　B3E 判断矩阵及权重

B3	E1	E2	W_{ij}
E1	1	2	0.67
E2	1/2	1	0.33

2. 判断矩阵的一致性检验

计算判断矩阵的最大特征值 λ。考虑到 n 阶一致性的特征值是 n,且 n 阶正互反阵 A 的最大特征值 $n \geq 0$,而当 $\lambda = n$ 时,A 是一致阵。因而可以用 $\lambda - n$ 数值的大小来衡量 A 的不一致程度,即可将 $C = (\lambda - n)/(n-1)$ 作为一致性指标。引入随机一致性指标均值 R,计算一致性比率 $S = C/R$。一般地,当 $S < 0.10$,就认为判断矩阵具有满意的一致性[49]。

3. 建立综合评价

根据上面建立的各个评价矩阵,建立单因素评价矩阵,设商品表现、发货情况、售后服务的单因素评价矩阵分别为 b_i,然后分别确定各层的综合评价集合为 $Y_i = W_{ij} \times b_i$。最终商品可信评价值 $Z = W_i \times (Y_i)^T$。

11.3.3 可信评价方法在电子商务中的应用

用户购买一个商品,完成交易并支付款项后,在一个月内只可以对卖家商品做一次各个指标的评价。评语经过语义分类,分为优、良、中、差。即评语集为 $M=\{优,良,中,差\}$,区间分别为[90,100][75,89][50,74][0,49]。在网上获取某商品在一个月之内的 50 条有效评价,并进行语义分类,得到的结果如表 11-6 所示。

对表中的每个数值都除以 50,则求得各子集因素的模糊评价矩阵 $\boldsymbol{B}_i$ 和各层的综合评价集合 Y_i。其中,$Y_1=[0.49,0.33,0.13,0.05]$,$Y_2=[0.17,0.17,0.39,0.20]$,$Y_3=[0.27,0.27,0.39,0.07]$,综合评价集 $Y=[0.35,0.27,0.25,0.10]$。根据用户评语集,设 G 为评价等级各级的分值向量,$\boldsymbol{G}=(95,79.5,59.5,24.5)$,由以上求得的矩阵可以算出商品表现、发货情况、售后服务的最终评价值。

① 商品表现评价值为 81.745;
② 发货情况评价值为 57.770;
③ 售后服务评价值为 72.035;
④ 综合评价值为 71.245。

针对这些计算结果构建商品评价数据库,当用户在购买商品时,用户可以选择商品,然后在网站上查找关于该商品的评价分值,模型将离散化的用户评价指标进行量化,用户也可以针对这些指标进行查找和选择。如客户对产品售后服务更加看重,则选择售后服务评价值为 75 分以上的产品。

表 11-6 商品评价分类情况

准则层	指标层	优	良	中	差
B1 商品表现	C1 质量	21	15	12	2
	C2 价格	26	17	4	3
	C3 性价比	26	17	4	3
B2 发货情况	D1 运费	8	13	22	7
	D2 准时	16	14	18	2
	D3 灵活程度	5	9	13	23
B3 售后服务	E1 沟通态度	16	14	18	2
	E2 反馈速度	8	13	22	7

本方案将传统的离散化用户评价方法进行量化,通过对用户评价的限制,使得用户只能在交易完成后才能进行评价,以确保用户评价的准确性,这样能够防止用户通过伪造身份提高信任度,很大程度上增强了电子商务交易的安全性。

11.4 C2C 交易中的动态信任评价模型

近年来,C2C 交易平台上的商家有专业化的趋势,因此,传统的基于个人交易的信任评价体系无法全面真实地反映一个网店的可信程度。淘宝网借鉴 B2C 的信任评价方法,推出店铺动态评分,但并未受到用户的欢迎。通过分析目前以淘宝网为代表的信任评价体系存在的问题,文献[50]提出一个动态信用评价模型。该模型充分考虑 C2C 交易环节中的信任要素及其权重,并引入信任值随时间推移的动态变化,对于构建一个信任的网络交易环境有积极的意义。

11.4.1 传统的 C2C 交易平台信任评价体系背景

1. C2C 交易平台信任评价的基本原理和存在问题

现有 C2C 交易平台信任评价模型中,每个用户有一张信任表,存放与自己进行过直接交易的节点的信任值。一般来说,信任值范围为[−1,0,1],1 表示满意,−1 表示不满意,0 表示不确定,数值越大表示满意的程度越高。传统信任模型的优点是实现简单,容易理解。但也存在如下的问题。①[−1,0,1]式的 3 点量表不能提供足够的区分度。②用户的信任值是基于交易次数的简单累计,不能真实反映用户的信任度。例如,A 卖家进行了 10 次交易,每 3 次交易夹杂一次欺骗行为,而 B 卖家只进行了 5 次交易,每次都是诚实的,采取简单的运算,A 的信任值却比 B 高。③传统的信任评价没有区分历史交易和近期交易,只是简单地将二者等同处理。但现实中,近期交易情况更能反映用户的信任度。

2. 淘宝网的店铺动态评分

目前,很多在 C2C 交易平台上经营网店的用户都成为专业的卖家,每个店铺同时由几个卖家(或称客服)来经营,因此他们的店铺更像一个独立的 B2C 网站。为了更好地评估一个店铺而不是一个个人的信任度,2009 年年初淘宝网引入了"店铺动态评分"机制,通过"宝贝与描述相符""卖家的服务态度""卖家发货的速度"这 3 个动态指标的评分来反映店铺的可信程度。

以上 3 个动态指标的评分范围是[5,4,3,2,1],分别代表非常好、好、一般、差、非常差。店铺动态评分弥补了传统 C2C 信任评价中"积累信任"的不足,使得评分更加有差异性,从另一个角度描述了店铺的诚信经营状况。但大部分淘宝网的用户并不欢迎这个新的评价体系,主要原因有以下几点:①这 3 个动态指标并不能完整地代表整个虚拟店铺的可信程度;②加上这 3 个动态评分,目前整个"掌柜档案"一共有 7 个评价指标,太多的评价指标会扰乱顾客对整个店铺的判断;③一个恶意评价会严重影响参与评价人数少的店铺的动态评分,但对参与人数多的店铺却影响甚微,造成不公平的现象。针对上述存在的问题,文献[50]构建了一个全新的动态信用评价模型,更好地解决 C2C 交易平台上的信任问题。

11.4.2 动态信任评价模型

1. 动态信任评价模型的理论基础

文献[50]提出的动态信用评价模型是基于以下理论构建的:信任是可以度量的,信用值用于表示个体信任程度的差别。信任的可度量性是信任建模和评估计算的理论基础,而信任评估模型就是对信任值的一种量化处理。

信任是主观的。根据 Grandison 等[51]的研究,信任是在各种因素和证据的基础上产生的个人主观认知,并且这些因素的权重各不相同。因此该模型采用层次分析法计算出每个评估指标的权重[52]。

信任是基于历史的。过去的交易经验会对现在的信任水平产生一定的影响。文献[50]提出的信用评价模型,给历史交易和当前交易赋予不同的权重,表述历史交易对当前信任值的影响。

信任是动态的。通常情况下信任不会随着时间的变化做单向的变化,而是会定期地随着变化的环境增强或者削弱。因此本模型引入惩罚/补偿函数,显示信用值随着时间推移发生的动态变化[53]。

2. 卖方信任值的评价体系

针对卖方信用值的评价问题,该模型首先确定总体评价目标,建立目标层(卖方信任值);然后把总体目标分解成一级指标体系;最后把每个一级指标体系分解成二级指标体系,如图11-1 所示。

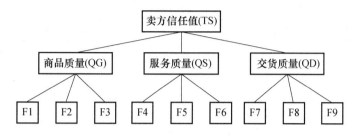

图 11-1　卖方信任值评价体系

如图 11-1 所示,整个信任指标体系的评价目标是卖方信任值 TS={QG,QS,QD},包括商品质量、服务质量、交货质量共 3 大类评价因素。其中商品质量 QG={F1,F2,F3},包括价格合理、正货无假冒和商品与图片描述相符;服务质量 QS={F4,F5,F6},包括在线回复及时,耐心解答和态度友好;交货质量 QD={F7,F8,F9},包括及时发货,包装完好和退换货方便。各评价指标的对照表如表 11-7 所示。

表 11-7　评价指标对照表

评价指标	具体内容
Fl	价格合理
F2	正货无假冒
F3	商品与图片描述相符
F4	在线回复及时
F5	耐心解答
F6	态度友好
F7	及时发货
F8	包装完好
F9	退换货方便

3. 评价指标权重的计算

卖方信任值 V_{TS} 为

$$V_{TS}=W_{QG}\times V_{QG}+W_{QS}\times V_{QS}+W_{QD}\times V_{QD} \tag{11-4}$$

V_{QG},V_{QS},V_{QD} 分别代表商品质量(QG),服务质量(QS)和交货质量(QD)的信任值,而 W_{QG},W_{QS},W_{QD} 是其相应的权重。所有的权重范围是(0,1),且 $W_{QG}+W_{QS}+W_{QD}=1$。

按照同一原理,QG,QS,QD 的信任值计算如式(11-5)、式(11-6)和式(11-7)所示,且参数定义与式(11-4)一样。

$$V_{QG}=W_{F1}\times V_{F1}+W_{F2}\times V_{F2}+W_{F3}\times V_{F3} \tag{11-5}$$

$$V_{QS}=W_{F4}\times V_{F4}+W_{F5}\times V_{F5}+W_{F6}\times V_{F6} \tag{11-6}$$

$$V_{QD} = W_{F7} \times V_{F7} + W_{F8} \times V_{F8} + W_{F9} \times V_{F9} \tag{11-7}$$

所有评估规则的权重可以通过层次分析法计算出具体值。文献[50]在淘宝网进行了为期两周的问卷调查,生成统计样本数据,并计算出式(11-4)~式(11-7)的权重系数值,如表11-8所示。

表 11-8　各指标的权重系数

一级指标	权重	二级指标	权重
QG	0.4	F1	0.5
		F2	0.2
		F3	0.3
QS	0.3	F4	0.4
		F5	0.3
		F6	0.3
QD	0.3	F7	0.2
		F8	0.3
		F9	0.5

4. 当前信任值的计算

根据信任是基于历史的原则,可以用式(11-8)计算当前交易的信任值。

$$F = \alpha F_0 + \beta F_X \tag{11-8}$$

其中:F 是卖方当前的信任值;F_0 是历史交易信任值,α 是其权重;F_X 是本次交易信任值,β 是其权重。α 和 β 应满足这样的条件:$\alpha + \beta = 1$。一般认为,当前交易中的表现总是比历史交易中的表现要重些,因此可以设 $\alpha \leqslant \beta$。

5. 每次交易前信任值的计算

根据信任是动态变化的原则,并参考其他学者提出的评价模型,文献[50]引入惩罚/补偿函数,计算在每次交易前卖方的信任值,如式(11-9)所示。

$$F = \theta + (F_0 - \theta) e^{-(t-t_0)} \tag{11-9}$$

其中:F 是卖方当前的信任值,θ 是信任中间值,F_0 是上次交易后的信任值,t 是本次交易的时间,t_0 是上次交易的时间。也就是说,在一定时间内没有交易活动,如果卖家之前的信任值在 θ 以上,则随着时间的推移,信任度会降低接近至 θ 值,称为惩罚函数;如果卖家之前的信任值在 θ 以下,则随着时间的推移信任度会增高接近至 θ 值,称为补偿函数。如此,随着时间的推移,如果卖家没有交易活动的发生,则其信任值将发生如下的变化(图11-2)。

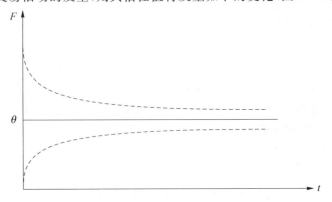

图 11-2　不进行交易时卖家信任值的动态变化

由图 11-2 可见,一个信任值高的卖家如果在一定时间内不进行交易,其信任值会逐渐下降;相反,一个信任值低的卖家,如果在一定时间内交易,其信任值会升高。该函数让曾经有过欺诈行为的卖家有改过自新的机会,也可以鼓励卖家多进行交易以避免信任值的下降。

11.4.3　信任值计算实例

文献[50]用一个例子演示了该动态信任评价模型的计算过程。在某次交易后,顾客要求通过一个利克特 5 级量表来评价每一个指标,评分范围是(5,4,3,2,1),分别代表非常满意,满意,一般,不满意,非常不满意。假设顾客在交易完成后的评价如表 11-9 所示。

表 11-9　用户评分表

指标	F1	F2	F3	F4	F5	F6	F7	F8	F9
得分	5	4	4	5	5	5	3	5	5

代入上面的式(11-4)~式(11-7),可以算出此次交易的信任值是 4.7。如果该卖家的历史交易信任值 F_0 是 4.9,根据式(11-8)设 $\alpha=0.4$,$\beta=0.6$,则当前交易的信任值 $F=4.78$。

如果此次交易后,卖家在一个月后才发生第二次交易,根据式(11-9),可以计算出此次交易前卖家的信任值 F 为 $3+(4.78-3)e^{-1}=3.65$。由此可见,如果卖家在一定时间内不进行交易,原来较高的信任值会随时间的推移发生"惩罚性"的下降,一个月内从 4.78 变成 3.65。该动态评分制度有利于鼓励卖家多进行交易以避免信任值的下降。

11.5　电子商务推荐系统中的可信管理模型

11.5.1　可信联盟及其构建

推荐系统是一种具有开放性特征的系统,它要求系统中的用户积极地参与商品评价,并依赖用户提供的商品评价信息确定目标用户的最近邻居,以此产生推荐结果。在选取邻居用户时,如果仅考虑用户评价行为之间的相似程度,而完全忽略用户的推荐行为是否真实可靠,将很可能引入恶意用户主观臆造的不真实数据,导致系统推荐商品时误把恶意用户当成相似用户,从而对推荐精确度产生很大的影响。鉴于此,推荐系统在遴选用户时,需要同时考虑相似程度和可信性这两方面的因素,才能确保产生准确、可信的商品推荐结果,故构建可信联盟以实现这一目标[54]。

定义 11-1　可信联盟(TC,Trustworthy Community)。可信联盟是指在商品推荐系统中,针对某一目标用户 u_i,依照某种策略选取产生的 u_i 的邻居用户所组成的集合,简记为 $T=\{c_1,c_2,\cdots,c_k\}$,其中邻居用户 $c_j(1\leqslant j\leqslant k)$ 满足如下两个条件:①c_j 与目标用户 u_i 之间商品使用行为满足相似性特征;②c_j 的推荐行为是可信的,即 TC 中的用户都是与目标用户评价行为相似的邻居用户,且其推荐行为也是可信的。

文献[55]将从以下 3 个方面来完成可信联盟的构建。首先,对传统相似度度量公式加以改进,加入商品的个性推荐属性特征,进一步确保用户间的相似程度;其次,为了评估用户所提供的推荐信息是否真实可靠,文献[55]将利用信任模型理论对商品推荐行为进行可信度量与管理;最后,将评价行为的相似度及推荐行为信任度两方面进行有机融合,确定出目标用户的相似邻居用户,构建可信联盟。

1. 评价行为的相似度计算

现假设商品推荐系统由候选商品 $s_1, s_2, \cdots, s_n$ 以及商品请求者 $u_1, u_2, \cdots, u_m$ 共同组成。其中,n 为候选商品的数量,m 为商品请求者的数量。用户日志记载着商品请求者对其使用过的商品的评价信息,商品请求者对各商品的评价可用一个 $m \times n$ 的矩阵表示,其中元素 $R_{i,k}$ 代表商品请求者 u_i 对商品 S_k 某个属性(如质量、好评度等)的评价值,通常评分越高表示用户对与这一属性相关的商品质量越满意。若 u_i 未购买过商品 S_k,则 $R_{i,k}$ 取值记为 0。现将用户 u_i 和 u_j 共同评价过的商品集记为 $S_{i,j}$,u_i 与 u_j 的相似度 $\mathrm{Sim}(i,j)$ 按皮尔逊相关系数(PCC,Pearson Correlation Coefficient)度量公式进行计算为

$$\mathrm{Sim}(i,j) = \frac{\sum\limits_{S_k \in S_{i,j}} (R_{i,k} - \overline{R_i}) \times (R_{j,k} - \overline{R_j})}{\sqrt{\sum\limits_{S_k \in S_{i,j}} (R_{i,k} - \overline{R_i})^2} \times \sqrt{\sum\limits_{S_k \in S_{i,j}} (R_{j,k} - \overline{R_j})^2}} \tag{11-10}$$

其中:$R_{i,k}$ 表示 u_i 对 S_k 的评价值,$\overline{R_i}$,$\overline{R_j}$ 分别表示 u_i 和 u_j 对 $S_{i,j}$ 中所有商品评价得出的算术平均值。根据式(11-10)可知,u_i 和 u_j 的相似度满足 $-1 \leqslant \mathrm{Sim}(i,j) \leqslant 1$,其中 -1 表示两个用户完全负相关,0 表示无关,1 表示完全正相关。一般认为,$\mathrm{Sim}(i,j)$ 数值越大,则说明两个用户的评价行为越相似。

定义 11-2 商品的推荐属性特征(Goods Recommendation Attribute Characteristics)。商品的推荐属性特征是指商品的所有属性之中,能够对商品推荐结果的质量产生较大影响的若干属性,如商品的信誉度、商品描述相符程度、商品的好评度等。商品的推荐属性特征内涵有别于商品自身所具有的属性特征,后者基于商品评价或发布,往往表现为商品质量,而前者侧重于考察其在推荐过程中所起的作用。

为了表达简便,文献[55]仅以两个常见的推荐属性特征:商品的使用频率(frequency)和信誉度(reputation)为例,其余的特征可类似扩展加入推荐系统中。在商品的推荐属性特征中,商品的使用频率是指单位时间内商品被购买的次数;商品的信誉度是指用户对已购买商品的认可程度。

通过对式(11-10)的深入分析可知,度量用户评价行为的相似度时 $S_{i,j}$ 中所有商品的贡献度都是完全一样的,式(11-10)并不能很好地体现出商品的不同属性特征对相似计算结果可能产生的不同影响,即在用户相似度计算时没有考虑与商品推荐质量密切相关的属性特征。这与商品的真实运行环境是不相符的,举例说明如下:假设 s_a 和 s_b 是被用户 u_i 与 u_j 共同购买过的商品,并且 u_i 与 u_j 对这两个商品的评价较为相似,同时假设 s_a 是一个被很多用户购买过的商品,并且许多用户对其有着大致相似的反馈。在这种情况下,即使 u_i 与 u_j 对 s_a 有着较为相似的反馈,却不能意味着他们之间的评价行为相似度一定很高,因此,在相似度计算时应该认为 s_a 对两者相似度计算的贡献较小。相反,若 s_b 是一个非主流的商品,它被购买的频率相对较低,若有两个用户对此商品评价较为相似,则他们真正成为相似用户的可能性更高,因此,在度量相似度时应该认为 s_b 的贡献度较大。

综上所述,若某个商品的使用频率很大且信誉度较高,用户对其评价大体上都是一致的,并不能有效地区分用户的推荐行为是否真正相似,使用此类商品进行评价行为的相似性推荐意义并不大。反之,若某个商品的使用频率及信誉度都很一般,使用其计算出的用户相似度才更符合实际情况,也更加有意义。鉴于以上分析,为体现推荐属性特征对推荐的影响,该模型

在计算相似度时必须增加对商品的推荐属性特征的考虑,提出融合商品的推荐属性特征的相似度计算方法。下面以加入商品的使用频率 f、商品的信誉度 r 为示范,相似度计算公式(11-10)的更新形式为

$$\text{Sim}(i,j) = \frac{\sum\limits_{s_k \in S_{i,j}} \sqrt{\mu \dfrac{1}{r_{s_k}^2} + \omega \dfrac{1}{f_{s_k}^2}}(R_{i,k} - \overline{R_i}) \times (R_{j,k} - \overline{R_j})}{\sqrt{\sum\limits_{s_k \in S_{i,j}}(R_{i,k} - \overline{R_i})^2} \times \sqrt{\sum\limits_{s_k \in S_{i,j}}(R_{j,k} - \overline{R_j})^2}} \qquad (11\text{-}11)$$

其中参数 μ 与 ω 分别是推荐属性特征信誉度和使用频率的权重因子,取值范围均为$[0,1]$。在商品评价行为相似度计算式(11-11)中,参数 μ 与 ω 可结合具体的应用场景进行调整使其度量方法更好地适应应用环境的变化。

与式(11-10)相比,式(11-11)给出的改进的相似度度量公式能更好地反映出用户的认知变化,区分不同属性特征对推荐的影响。

2. 推荐行为的信任度计算

根据可信联盟的构建思想,由改进的度量式(11-11)可选出评价行为相似的用户。利用用户评价行为的相似度可以实现相似邻居用户的简单选取与甄别,但其推荐结果的精确度不能得到有效保障,特别是当推荐系统中存在恶意用户企图通过不正当商品评价而冒充邻居用户时,商品推荐的结果将会产生较大的偏离。因此,文献[55]将对用户的推荐行为进行可信监控,利用信任管理理论建立起客观存在的推荐用户与目标用户之间的信任关系,并在此基础上实现相似邻居用户的选取,构建目标用户的可信联盟。

定义 11-3　商品推荐行为的信任(Trust of Goods Recommendation Behavior)。在商品推荐系统中,商品推荐行为的信任是指被推荐用户(目标用户)对推荐用户推荐行为的可靠性、真实性及有效性的一种主观认知程度。

在信任机制中,根据信任获取的途径,信任往往分为直接信任与间接信任两大类。文献[55]将商品推荐行为的信任分为推荐行为的直接信任和推荐行为的间接信任两大类。但与传统意义下的信任机制不同,由于商品推荐中用户间的信任关系主要取决于其对共同使用过的商品的认可或满意程度,因此,商品推荐行为的直接信任与间接信任的内涵有其不同的定义。

定义 11-4　商品推荐行为的直接信任(Direct Trust of Goods Recommendation Behavior)。在商品推荐系统中,商品推荐行为的直接信任是指推荐用户与被推荐用户(目标用户)两者间通过对共同使用的同一商品进行信息评价而产生的一种信任关系,即表现为被推荐用户对推荐用户的商品推荐行为的一种直接认可程度[54]。其值的大小称为商品推荐行为的直接信任度,简记为 RDT。

一种有效获取 RDT 的方法是在推荐系统中,让推荐用户与目标用户均直接参与商品的信息交互,并根据其对商品的评价反馈信息进行彼此间的信任度量。在信任模型中,由于 Beta 信任模型[56]基于概率论理论,其信任度量方法简单易行,更适用于基于大量商品反馈信息建立信任关系的推荐过程,文献[55]选用该信任模型构建用户间的信任关系。将 u_i 对 u_j 的商品推荐行为的直接信任度记为 $\text{RDT}(i,j)$,借鉴 Beta 信任模型中信任度量方法,可以给出直接信任度度量公式。假设用户 u_i 和 u_j 都对商品 S_k 提供过信息反馈,并将 u_i 对商品 S_k 的反馈值记为 $R_{i,k}$,u_j 对商品 S_k 的反馈值记为 $R_{j,k}$,将 $R_{i,k}$ 与 $R_{j,k}$ 两个评价值相比较,如果两个评价值间误差绝对值小于某一个固定值,则认定用户 u_i 对用户 u_j 的推荐是正确的,反之则认定推荐是错误的。将 u_i 为 u_j 执行正确推荐的总次数记为 $p_{i,j}$,错误推荐的总次数记为 $n_{i,j}$。

Beta 模型使用 Beta 概率密度函数预测用户行为的可信性,此函数主要用于计算包含了肯定事件和否定事件$(x,\overline{x})$的后验概率,其中参数 x 是指 u_j 为 u_i 提供正确商品推荐的事件,参数 $\overline{x}$ 是指 u_j 为 u_i 提供错误商品推荐的事件,则 u_i 对 u_j 商品推荐行为的直接信任度 RDT(i,j) 的计算公式为

$$\text{RDT}(i,j) = \frac{\Gamma(p_{i,j}+n_{i,j}+2)}{\Gamma(p_{i,j}+1)\Gamma(n_{i,j}+1)} x^{p_{i,j}} (1-x)^{n_{i,j}} \tag{11-12}$$

其中:Γ 为 gamma 函数,$0 \leqslant x \leqslant 1$。

因此,如果推荐用户向被推荐用户推荐的商品是正确的,则认为被推荐用户偏好该商品,被推荐用户对推荐用户的信任度增加;反之,若推荐用户推荐的商品被认为是错误的,理应认为被推荐用户不偏好此商品,则降低推荐用户的直接信任度。构建可信联盟时考虑用户推荐行为的直接信任能有效防止用户的不正当行为,加强商品推荐系统抗攻击的能力。

定义 11-5 商品推荐行为的间接信任(Indirect Trust of Goods Recommendation Behavior)。在商品推荐系统中,商品推荐行为的间接信任是指被推荐用户与推荐用户之间不存在共同购买的同一商品,其间的信任关系必须经过被推荐用户、推荐用户及其他相关用户间若干次直接信任关系的传递而产生的一种信任关系,即表现为被推荐用户对推荐用户的商品推荐行为的一种间接认可程度。其值的大小称为商品推荐行为的间接信任度,记为 RIDT。

图 11-3 的 2 个子图(a)和(b)分别展示了用户间直接信任与间接信任关系的建立过程。在图 11-3(a)中,用户 u_j 为推荐用户,u_i 为被推荐用户,他们曾经购买过的商品有若干个,形成了一个公共商品集,则基于 u_i 和 u_j 对这些商品的反馈,根据式(11-10)和式(11-11)可以建立两者之间商品推荐行为的直接信任关系,并度量出 u_i 对 u_j 的商品推荐行为的直接信任度 RDT(i,j)。在图 11-3(b)中,用户 u_i 与用户 u_a、u_b 分别建立了直接信任关系,u_i 和 u_j 之间不存在直接信任关系,u_i 和 u_j 之间的间接信任关系可以通过 u_a、u_b、u_i 以及 u_j 之间的直接信任关系传递而来,同时可以度量出 u_i 对 u_j 的商品推荐行为的间接信任度 RIDT(i,j)。

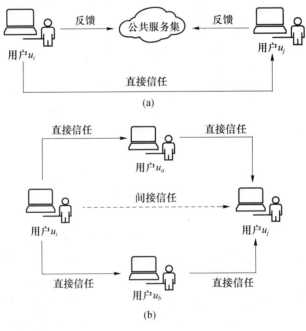

图 11-3 推荐行为的信任关系

根据用户间的信任关系可构造关系图,由图论中边与通路的定义可以看出,如果两个结点(用户)间有关联边存在,则说明这两结点间具有直接信任关系;如果两个结点间存在长度大于1的通路,则说明这两结点间存在间接信任关系,即间接信任关系是通过若干个结点间的直接信任关系传递而来的。在推荐系统中由于系统的异构性、开放性等特征,任意两个用户间未必存在直接信任关系,用户交互行为的稀疏性现象普遍存在,因此在考虑用户间的信任关系时引入推荐用户间的间接信任是十分必要的,它可以进一步确保所形成的可信联盟的完备性。

设集合 D 是由所有与目标用户 u_i 具有直接信任关系的信任用户构成的集合,u_i 与 u_j 间的间接信任关系由该集合中的用户对 u_j 的直接信任度结合其信任权重综合而成。u_j 对 u_i 的商品推荐行为的间接信任度用 RIDT(i,j) 表示,其计算方法为

$$\text{RIDT}(i,j) = \frac{\sum\limits_{d_k \in D} w_k \text{RDT}(j,k)}{\sum\limits_{d_k \in D} w_k} \tag{11-13}$$

其中 RDT(j,k) 表示集合 D 内的用户 d_k 与用户 u_j 之间的直接信任度,可以通过式(11-12)计算得到,w_k 表示用户 d_k 向 u_i 推荐用户 u_j 的信任权重。

构建联盟时,引入推荐行为的间接信任可将目标用户的信任用户群与推荐用户的直接交互经验作为推荐信息传递给目标用户。因此,若推荐用户存在恶意推荐行为,则被推荐用户就会及时将其恶意行为通过推荐行为的间接信任关系表现及时传递出去,降低推荐行为的可信程度。

定义 11-6 商品推荐行为的信任度(Trust Degree of Goods Recommendation Behavior)。商品推荐行为的信任度是对被推荐用户和推荐用户之间存在的信任关系的一种综合度量,由商品推荐行为的直接信任度 RDT 以及商品推荐行为的间接信任度 RIDT 构成,简记为 RT(i,j),其度量方法为

$$\text{RT}(i,j) = \alpha \text{RDT}(i,j) + \beta \text{RIDT}(i,j) \tag{11-14}$$

其中:RDT(i,j) 为商品推荐行为的直接信任度,RIDT(i,j) 为商品推荐行为的间接信任度;α、β 为两种信任值对应的权重,取值范围均为 $[0,1]$,满足 $\alpha + \beta = 1$。商品推荐行为的信任度越大,表示 u_j 对 u_i 的推荐行为越可信,从而其推荐结果往往越值得信赖。

3. 可信联盟的构建

结合上文计算所得的用户相似度 Sim(i,j) 及推荐信任度 RT(i,j),可以确定出用户 u_j 对 u_i 的综合权重 weight(i,j),进而实现可信联盟的构建。通过分析发现,当用户相似度值 Sim(i,j) 及推荐信任度值 RT(i,j) 越高时,该推荐用户的综合权重应该越大;当用户完全负相关或用户间信任度值为 0 时,推荐用户的综合权重值应定义为 0,故给出计算用户 u_j 对 u_i 的综合权重 weight(i,j),公式为

$$\text{weight}(i,j) = \frac{2|\text{Sim}(i,j)| \times \text{RT}(i,j)}{|\text{Sim}(i,j)| + \text{RT}(i,j)} \tag{11-15}$$

其中:Sim(i,j) 是利用式(11-11)计算所得的用户相似度值,RT(i,j) 是利用式(11-14)计算出的用户推荐行为的信任度。当 $|\text{Sim}(i,j)| = 1$,RT$(i,j) = 1$ 时用户 u_j 的综合权重最高为 1;当 $|\text{Sim}(i,j)| = 0$ 或 RT$(i,j) = 0$ 时用户 u_j 的综合权重最低为 0;当 $|\text{Sim}(i,j)| \in (-1,1)$,RT$(i,j) \in (0,1)$ 时,用户 u_j 的综合权重随着它们的增大而增长。将直接信任与间接信任融合形成推荐行为的信任度,并将其应用于权重计算,可以有效避免推荐用户评分稀疏而导致相似度计算不够精确的问题。同时,在考虑用户间行为相似度的基础上融合用户间信任关系,还

可以有效规避某些恶意用户对商品推荐产生的不良影响,提高联盟中用户的可信性。

得到用户的综合权重之后,进行联盟用户选择时,传统的选择方法主要有两类:第一类是传统的 Top-k[57] 算法,即固定用户数量 k,只选取与用户相似度最近的 k 个用户,不考虑用户相似度之间的差值。虽然该类方法有多种改进算法,但它对于孤立点的计算效果不太理想,因为当目标用户附近不存在足够多的相似用户时,一些不太相似的用户也被迫选人,直接影响联盟的精确度;第二类常用的方法为基于门槛的选择方法,与 Top-k 算法不同,依照门槛方法选择用户时,并不预先固定用户数量,而是以目标用户为参照点,选定一个阈值 M,凡是与目标用户评价行为的相似度的差的绝对值不超过阈值 M 的用户才可选入用户联盟中。因此,基于门槛的选择方法构建出的联盟用户个数是不确定的,但不会出现用户相似度相差较大的情况,由此构建出的联盟的精度也相对较高。在实际的商品推荐系统中,由于用户比较多,用户之间的联系也相对较紧密,选取基于门槛的方法会产生大量邻居用户,故按照 Top-k 方法根据综合权重值选取前 k 个用户形成可信联盟。

根据上述研究,可信联盟的构建具体步骤描述如下。

输入:目标用户 u_i,用户的商品评价信息,用户信任关系

输出:目标用户 u_i 的可信联盟 TC

① 对于目标用户 u_i,在目标用户的候选邻居中任选用户 u_j,利用式(11-11)计算用户 u_i 与用户 u_j 之间的相似度 $Sim(i,j)$;

② 根据用户之间所存在的信任关系,计算 u_j 对 u_i 的商品推荐行为的信任度 $RT(i,j)$;

③ 对于 u_i 的候选邻居 u_j,利用式(11-15)计算出综合权重 $weight(i,j)$;

④ 将多个 $weight(i,j)$ 值按从大到小进行排序,选择前 k 个用户构建可信联盟 $\{c_1, c_2, \cdots, c_k\}$,其中 c_1 与 u_i 的综合权重最高,c_2 与 u_i 的综合权重次之,依次递减。

图 11-4 给出了根据给定目标用户 u_i 的可信联盟构建流程图。

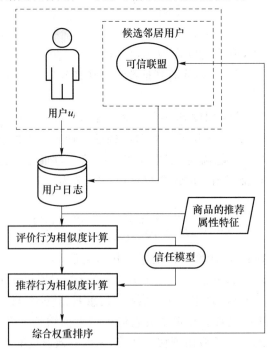

图 11-4　可信联盟构建流程图

11.5.2　基于可信联盟的商品推荐方法

经过可信联盟的构建,一组考虑商品推荐属性和信任关系的用户被遴选出来。基于此可信联盟,实现用户对商品评分值的预测和商品的推荐行为。

根据协同过滤理论,用户对商品评分的预测值 $P_{i,s}$ 可按照式(11-16)计算得出。

$$P_{i,s} = \overline{R_i} + \frac{\sum\limits_{i \in T} \text{weight}(i,j)(R_{j,s} - \overline{R_j})}{\left| \sum\limits_{i \in T} \text{weight}(i,j) \right|} \tag{11-16}$$

其中:$P_{i,s}$ 表示目标用户 u_i 对商品 S 的预测评价,$R_{j,s}$ 是用户 u_j 对商品 S 的评价,$\overline{R_i}$ 和 $\overline{R_j}$ 分别是用户 u_i 和 u_j 对 TC 中所有商品的平均评价值。

由于用户的综合权重 $\text{weight}(i,j)$ 用于可信联盟的构建,当用于式(11-16)时,需要根据用户相似度 $\text{Sim}(i,j)$ 的正负分别进行计算,如式(11-17)~式(11-19)所示。

$$\sigma_{i,s}^+ = \frac{\sum\limits_{j \in T, \text{Sim}(i,j) \geqslant 0} \text{weight}(i,j)(R_{j,s} - \overline{R_j})}{\left| \sum \text{weight}(i,j) \right|} \tag{11-17}$$

$$\sigma_{i,s}^- = \frac{\sum\limits_{j \in T, \text{Sim}(i,j) < 0} \text{weight}(i,j)(R_{j,s} - \overline{R_j})}{\left| \sum \text{weight}(i,j) \right|} \tag{11-18}$$

$$P_{i,s} = \overline{R_i} + \sigma_{i,s}^+ + \sigma_{i,s}^- \tag{11-19}$$

其中:$\sigma_{i,s}^+$ 表示可信联盟中与目标用户 u_i 正相关的用户对计算预测评分值的影响;$\sigma_{i,s}^-$ 表示可信联盟中与目标用户 u_i 负相关的用户对计算预测评分值的影响。由于完全正相关和完全负相关对计算预测值的贡献是相同的,研究者认为与目标用户完全负相关的用户对计算预测评分值的权重与完全正相关的用户对计算预测评分值的权重相同。

根据以上工作,文献[55]提出一种基于可信联盟的商品推荐方法(SRMTC,Service Recommendation Method Based on Trustworthy Community),通过将构建的可信联盟加入到推荐过程,为目标用户进行可信商品推荐。推荐方法的具体步骤描述如下。

输入:目标用户 u_i 的可信联盟 TC

输出:目标用户 u_i 的商品推荐集

① 任取可信联盟 TC 中的任一用户 c_j,计算用户 c_j 与目标用户 u_i 的相似度 $\text{Sim}(i,j)$;

② 当 $\text{Sim}(i,j)$ 非负时,对于每个商品 S,根据式(11-17)计算目标用户 u_i 对 S 的 $\sigma_{i,s}^+$;

③ 当 $\text{Sim}(i,j) < 0$ 时,对于每个商品 S,根据式(11-18)计算目标用户 u_i 对 S 的 $\sigma_{i,s}^-$;

④ 对于每个商品 S,根据式(11-19)计算目标用户 u_i 对 S 的预测评分值 $P_{i,s}$;

⑤ 将商品按预测评分值大小进行排序,其中最前的 k 个商品作为用户 u_i 的商品推荐集,商品推荐结束。

由 SRMTC 方法中步①、②、③可知:此方法的时间复杂度与输入的可信联盟(TC)中用户的个数 k 有关,因此,方法的时间复杂度为 $O(k \times n)$,其中 n 表示商品集中的商品个数。SRMTC 方法输入是上文构建的可信联盟(TC),此联盟的构建过程理论上既考虑了商品的推荐属性对用户相似度计算的影响,又加入了用户间的信任关系,因此,推荐结果不但满足了考虑商品的推荐属性特征的需求,而且还排除了拥有较低信任度的用户推荐对建立用户联盟产生的不良影响,在很大程度上保证了商品推荐方法的精确度。

11.6　本　章　小　结

如何保障电子商务活动的安全和可信,一直是电子商务的核心研究领域。一个成功的电子商务系统,首先要消除客户对交易过程中安全问题的担心,这样才能够吸引用户通过 web 购买产品和服务。使用者担心,这样在网络上传输的银行卡及个人资料被截取,银行卡资料被不正当运用;而卖家也担心收到的是被盗用的银行卡号码,或是交易不认账,还有可能因网络不稳定或是应用软件设计不良导致被黑客侵入所引发的损失;甚至有些人采用假冒网站,窃取用户的账号信息,进行网络欺诈,给合法用户造成巨大的损失。因此,在电子商务中,可以通过可信计算技术来保障身份的真实性、信息的机密性、数据的完整性以及行为的不可否认性,在完善电子商务相关法规制度下并借助完善的信用评估体系,就能保障电子商务的安全。本章通过解析电子商务中的可信机制研究现状,寻求应对电子商务可信问题的对策,让电子商务能够高效率、低成本地为各种商业贸易活动服务。本章通过分析商品可信评价方法和建立 C2C 交易中的动态信用评价模型,重点介绍了可信技术针对各个电子商务交易薄弱环节进行的安全增强措施,确保电子商务交易安全。

本章参考文献

[1]　张宇,陈华军,姜晓红,等. 电子商务系统信任管理研究综述[J]. 电子学报,2008,36(10):2011-2020.

[2]　Blaze M, Feigenbaum J, Lacy J. Decentralized trust management[C]//1996 IEEE Symposium on Security and Privacy. Oakland:IEEE, 1996:164-173.

[3]　Chu Y H, Feigenbaum J, LaMacchia B, et al. REFEREE:trust management for Web applications[J]. World Wide Web Journal, 1997, 2(3):127-139.

[4]　Khambatti M, Dasgupta P, Ryu K D. A role-based trust model for peer-to-peer communities and dynamic coalitions[C]//Second IEEE International Information Assurance Workshop. Charlotte:IEEE, 2004:141-154.

[5]　Li N, Mitchell J C, Winsborough W H. Design of a role-based trust-management framework[C]//2002 IEEE Symposium on Security and Privacy. Berkeley:IEEE, 2002:114-130.

[6]　Winsborough W H, Seamons K E, Jones V E. Automated trust negotiation[C]//DARPA Information Survivability Conference and Exposition. Hilton Head:IEEE, 2002:88-102.

[7]　Nejdl W, Olmedilla D, Winslett M. PeerTrust:automated trust negotiation for peers on the semantic web[C]// Workshop on Secure Data Management in a Connected World. Toronto:VLDB, 2004:118-132.

[8]　Bonatti P, Olmedilla D. Driving and monitoring provisional trust negotiation with metapolicies[C]//The Sixth IEEE International Workshop on Policies for Distributed Systems & Networks. Washington DC:IEEE, 2005:14-23.

[9]　Marsh S P. Formalizing trust as a computational concept[D]. Stirling：University of Stirling，1994.

[10]　Abdul-Rahman A，Hailes S. Supporting trust in virtual communities[C]//The 33rd Hawaii International Conference on System Sciences. Washington DC：IEEE，2000：6007.

[11]　Huynh T D，Jennings N R，Shadbolt N R. An integrated trust and reputation model for open multi-agent systems[J]. Autonomous Agents and Multi-Agent Systems，2006，13(2)：119-154.

[12]　Kamvar S D，Schlosser M T，Garcia-Molina H. The Eigentrust algorithm for reputation management in P2P networks[C]//The 12th International Conference on World Wide Web. New York：ACM，2003：640-651.

[13]　Dou Wen，Wang Huaimin，Jia Yan，et al. A recommendation-based peer-to-peer trust model[J]. Journal of Software，2004，15(4)：571-583.

[14]　Resnick P，Zeckhauser R. Trust among strangers in Internet transactions：empirical analysis of eBay's reputation system[J]. Advances in Applied Microeconomics，2002，11(2)：127-157.

[15]　Xiong L，Liu L. PeerTrust：supporting reputation-based trust for peer-to-peer electronic communities[J]. IEEE Transactions on Knowledge and Data Engineering，2004，16 (7)：843-857.

[16]　姜守旭，李建中. 一种 P2P 电子商务系统中基于声誉的信任机制[J]. 软件学报，2007，18(10)：2551-2563.

[17]　Liang Z Q，Shi W S. PET：a personalized trust model with reputation and risk evaluation for p2p resource sharing[C]//The 38th Annual Hawaii International Conference on System Sciences. Big Island：IEEE，2005：201.2.

[18]　Yu B，Singh M P. An evidential model of distributed reputation management[C]// The first International Joint Conference on Autonomous Agents and Multiagent Systems. New York：ACM，2002：294-301.

[19]　Hou Mengshu，Lu Xianliang，Ren Yiyong，et al. A trust model of P2P system based on confirmation theory[J]. Journal of University of Electronic Science and Technology of China，2005，39(1)：56-62.

[20]　Wang Y，Vassileva J. Bayesian network-based trust model[C]// Proceedings IEEE/WIC International Conference on Web Intelligence. Halifax：IEEE，2003：372-378.

[21]　陈建刚，王汝传，王海艳. 网格资源访问的一种主观信任机制[J]. 电子学报，2006，34(5)：817-821.

[22]　Wang Y，Vassileva J. Trust and reputation model in Peer-to-Peer networks[C]//The 3rd International Conference on Peer-To-Peer Computing. Washington，DC：IEEE，2003：150-157.

[23]　李俊青，李元振. 基于贝叶斯网络的时间感知的 P2P 信任管理模型[J]. 计算机工程与设计，2008，29(23)：5971-5975.

[24]　Song S，Hwang K，Zhou R，et al. Trusted P2P transactions with fuzzy reputation

aggregation[J]. IEEE Internet Computing，2005，9(6)：24-34.

[25] Ramchurn S，Jennings N，Sierra C，et al. Devising a trust model for multi-agent interactions using confidence and reputation[J]. Applied Artificial Intelligence，2004，18(9-10)：833-852.

[26] Zhou R F，Hwang K. Gossip-based reputation aggregation for unstructured Peer-to-Peer networks[C]//IEEE International Parallel and Distributed Processing Symposium. Rome：IEEE，2007：1-10.

[27] 唐文，胡建斌，陈钟. 基于模糊逻辑的主观信任管理模型研究[J]. 计算机研究与发展，2005，42(10)：1654-1659.

[28] 张兴兰，聂荣. P2P系统的一种自治信任管理模型[J]. 北京工业大学学报，2008，34(2)：211-215.

[29] Song S，Hwang K，Zhou R，et al. Trusted P2P transactions with fuzzy reputation aggregation[J]. IEEE Internet Computing，2005，9(6)：24-34.

[30] Richardson M，Agrawal R，Domingos P. Trust management for the semantic web[J]. Lecture Notes in Computer Science，2003，284(10)：351-368.

[31] Despotovic Z，Aberer K. Maximum likelihood estimation of peers' performance in P2P networks[C]// The Workshop on the Economics of Peer-To-Peer Systems. [S. l.]：[s. n.]，2004.

[32] Golbeck J，Hendler J. Accuracy of metrics for inferring trust reputation in semantic web-based social networks[C]//International Conference on Knowledge Engineering and Knowledge Management. Berlin：Springer，2004：116-131.

[33] Sabater J. REGRET：a reputation model for gregarious societies[J]. The Workshop on Deception Fraud & Trust in Agent Societies. [S. l.]：[s. n.]，2001：61-69.

[34] 常俊胜，王怀民，尹刚. DyTrust：一种P2P系统中基于时间帧的动态信任模型[J]. 计算机学报，2006，29(8)：1301-1307.

[35] 郭磊涛，杨寿保，王菁，等. P2P网络中基于矢量空间的分布式信任模型[J]. 计算机研究与发展，2006，43(9)：1564-1570.

[36] 李景涛，荆一楠，肖晓春等. 基于相似度加权推荐的P2P环境下的信任模型. 软件学报，2007，18(6)：157-167.

[37] Ziegler C N，Golbeck J. Investigating interactions of trust and interest similarity[J]. Decision Support Systems，2007，43(2)：460-475.

[38] 刘艳玲，白宝兴，王大东，等. 应用关系集合的P2P网络信任模型[J]. 吉林大学学报：信息科学版，2009，27(2)：210-214.

[39] Song W，Phoha V V. Neural network-based reputation model in a distributed system[C]//IEEE International Conference on E-Commerce Technology. San Diego：IEEE，2004：321-324.

[40] Buragohain C，Agrawal D，Uri S. A game theoretic framework for incentives in P2P systems[C]//The 3rd International Conference on Peer-to-Peer Computing. Washington DC：IEEE，2003：48.

[41] Morris R T，Thompson K. Password security：a case history[J]. Communication of

the ACM，1979，22(11)：594-597.

[42]　Haller N M. The S/KEY one-time password system[C]// Symposium on Network and Distributed System Security. San Diego：[s. n.]，1994：151-157.

[43]　Bellovin S M，Merritt M. Encrypted key exchange：password-based protocols secure against dictionary attacks[C]//IEEE Computer Society Syposium on Research in Security and Privacy. Oakland：IEEE，1992：72-84.

[44]　Zimmermann P R. The Official PGP User's Guide[M]. Cambridge：Mit Press，1995.

[45]　Shamir A. Identity-based Cryptosystems and Signature Schemes[C]// CRYPTO 84 on Advances in Cryptology. New York：Springer，1985.

[46]　祁建军，李增智，魏玲. 开放分布系统安全中的 Bayes 信任模型[J]. 微电子学与计算机，2005，22(10)：24-27.

[47]　Nisan N，Schocken S. The Elements of Computing Systems：Building a Modern Computer from First Principles[M]. Cambridge：Mit Press，2008.

[48]　张野. 一种电子商务环境下商品声誉评价方法[J]. 信息技术，2010(6)：244-246.

[49]　Mandel T. The Elements of User Interface Design[M]. New York：John Wiley & Sons，Inc. ，1997.

[50]　杨韵. C2C 交易中的动态信用评价模型[J]. 情报科学，2010(4)：563-566.

[51]　Grandison T，Sloman M. A survey of trust in Internet applications[J]. IEEE Communications，Survey and Tutorials，2000，3(4)：2-16.

[52]　王道林. 层次分析法及模糊综合评判在高校网站评价中的应用[J]. 山东农业大学学报：自然科学版，2005，36(2)：293-296.

[53]　Gruen T W，Osmonbekov T，Czaplewski A J. eWOM：The impact of customer-to-customer online know-how exchange on customer value and loyalty[J]. Journal of Business Research，2006，59(4)：449-456.

[54]　杨文彬. 基于联盟技术的可信服务选择研究[D]. 南京：南京邮电大学，2013.

[55]　王海艳，杨文彬，王随昌，等. 基于可信联盟的服务推荐方法[J]. 计算机学报，2014，37(2)：301-311.

[56]　Jøsang A，Ismail R. The beta reputation system[C]//The 15th Bled Electronic Commerce Conference. [S. l.]：[s. n.]，2002.

[57]　Lee J S，Jun C H，Lee J，et al. Classification-based collaborative filtering using market basket data[J]. Expert Systems with Applications，2005，29(3)：700-704.

第12章

P2P 领域的可信管理

P2P 计算(P2P,Peer-to-Peer)是把互联网络中各种自治资源和系统组合起来,最大限度地实现资源共享、协同工作和分布计算的网络计算模式。P2P 系统是一个无中心控制且不断扩展的开放性复杂系统,采取什么样的措施来保证节点在 P2P 网络中的安全性是计算的核心问题。信任的研究为解决这一问题提供了有效的思路和解决方法。针对 P2P 领域的可信管理研究,本章首先介绍了 P2P 网络的基本概念及拓扑结构、优势、应用及其安全问题;然后,介绍 P2P 网络中信任关系的特性、可信管理的构成机制及关键技术,并探讨了当前研究中存在的不足及下一步的研究方向;最后,详细介绍了一个 P2P 网络环境下的可信管理模型——一种基于直接信任树(DTT,Direct Trust Tree)的反馈信任聚合计算模型。

12.1 P2P 网络概述

12.1.1 概念及发展

P2P 又被称为对等网或点对点技术,是一种网络模型,在这种模型中所有的节点都是对等的(称为对等点),各节点具有相同的责任与能力并协同完成任务。财富杂志曾将 P2P 列为影响 Internet 未来的四项科技之一,甚至被认为是无线宽带互联网的未来技术。但迄今为止,国际上并不存在一个标准的、统一的 P2P 定义。IBM 的工作人员将 P2P 定义为:系统存在于边缘化设备(非中央式服务器)的主动协作,每个成员直接从其他成员而不是服务器的参与中受益;系统中成员同时扮演服务器与客户端的角色;系统应用的用户能够意识到彼此的存在,构成一个虚拟的或实际的群体[1]。Intel 公司将 P2P 定义为通过系统间的直接交换所达成的计算机资源、信息与服务的共享[2]。

显然,P2P 网络的核心思想是:参与系统的节点具有完全对等的地位,没有客户机和服务器之分,每个节点既可以是客户机,也可以是服务器,既向其他节点提供服务,也享受来自其他节点的服务[3]。此外,任何一个节点可随时加入或离开系统,形成一个真正的动态网络环境。众多研究成果表明,这类系统具有可扩展性好、资源种类与数量丰富、性能高、容错能力强等许多优良特性,可应用于许多领域如文件共享、信息传输[4]、周期共享[5]和协同工作组件[6]等。

P2P 技术源自于 20 世纪 70 年代中期局域网中文件共享的需求,它的发展经历了 3 个阶段:第 1 阶段是自 1999 年以来,以 Napster、Freenet 和 Gnutella 等为代表的文件共享系统,直接带来了 P2P 技术的复兴;第 2 阶段以 SETI@HOME、Groove 和即时通信软件等为代表,开始进入企业应用,除文件共享外,出现了协同合作、分布式搜索等各种各样的应用;第 3 阶段以 JXTA(Juxtapose 的缩写,意为 P2P 网络模式在未来网络发展过程中将和传统的 C/S 模式并列存在)[7]等基础平台为代表,P2P 技术逐渐走向平台化和标准化,开始大规模地在企业中进行应用[8]。

目前,Sun、Intel、Microsoft、IBM 等很多著名的企业已经取得了有关 P2P 安全的一些成果[9],比如,Sun 开发的基于 Java 技术平台的"JXTA"技术,提供了对 P2P 业务和应用的核心支持;Intel 提供的工具包"Trusted Library Kit"可以方便那些使用传统 C/C++ 语言的程序开发者;Microsoft 提供了主要为开发便携式 P2P 应用的安全工具;Magi 和 Groove 为 P2P 系统的应用安全提出了整套的解决方案。

12.1.2　P2P 拓扑结构

拓扑结构是指分布式系统中各个计算单元之间物理或逻辑的互联关系,节点之间的拓扑结构一直是确定系统类型的重要依据。目前互联网络中广泛使用集中式、层次式等拓扑结构,Internet 本身是世界上最大的非集中式的互联网络。但是 20 世纪 90 年代所建立的一些网络应用系统却是完全的集中式的系统,许多 Web 应用都是运行在集中式的服务器系统上。集中式拓扑结构系统目前面临着过量存储负载、拒绝服务(DOS,Denial of Service)攻击、网络带宽限制等一些难以解决的问题。

P2P 系统主要采用非集中式的拓扑结构,一般来说不存在上述这些难题。根据结构关系可以将 P2P 系统细分为 4 种拓扑形式:中心化拓扑(Centralized Topology)、全分布式非结构化拓扑(Decentralized Unstructured Topology)、全分布式结构化拓扑(Decentralized Structured Topology)和半分布式拓扑(Partially Decentralized Topology)。

1. 中心化拓扑

中心化 P2P 网络拓扑结构如图 12-1 所示。

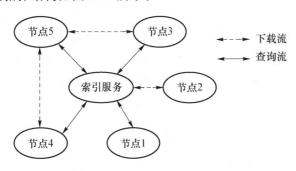

图 12-1　中心化 P2P 网络拓扑结构

中心化 P2P 拓扑结构最大的优点是维护简单,资源发现效率高。这是第 1 代 P2P 网络采用的结构模式,由于这种形式的 P2P 网络仍依赖于中心服务器,所以,一旦服务器出现故障,整个网络便会瘫痪。对小型网络而言,中心化拓扑模型在管理和控制方面占一定优势,但鉴于其存在的一些缺陷,该结构并不适合大型网络应用。中心化 P2P 拓扑结构应用的经典案例就是著名的 MP3 共享软件 Napster(https://us.napster.com/)。

2. 全分布式非结构化拓扑

全分布式非结构化的 P2P 网络采用随机组织的方式来形成一个网络,如图 12-2 所示。

该结构是在重叠网络(Overlay Network)中采用了随机图的组织方式,节点度数服从 Power-law 规律(幂次法则)[10],从而能够较快发现目的节点,面对网络的动态变化体现了较好的容错能力,因此具有较好的可用性。同时,该结构可以支持复杂查询,如带有规则表达式的多关键词查询、模糊查询等。采用这种拓扑结构最典型的案例便是 Gnutella,准确地说,Gnutella 不是特指某一款软件,而是指遵守 Gnutella 协议[11] 的网络以及客户端软件的统称。目前基于 Gnutella 网络的客户端软件非常多,著名的有 Shareaza、LimeWire 和 BearShare 等。

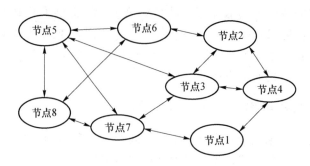

图 12-2　全分布式非结构化 P2P 网络拓扑结构

由于非结构化网络将重叠网络认为是一个完全随机图,节点之间的链路没有遵循某些预先定义的拓扑来构建,因此,这些系统一般不提供性能保证,而且查询的结果可能不完全,查询速度较慢,采用泛洪法查询的系统对网络带宽的消耗非常大,并由此带来可扩展性差等问题。

3. 全分布式结构化拓扑

全分布式结构化拓扑的 P2P 网络主要采用分布式散列表(DHT,Distributed Hash Table)技术来组织网络中的节点。

DHT 起源于可扩展的分布式数据结构(SDDS,Scalable Distributed Data Structure)[12] 的研究,是一个由广域范围大量节点共同维护的巨大散列表。散列表被分割成不连续的块,每个节点被分配给一个属于自己的散列块,并成为这个散列块的管理者。通过加密散列函数,一个对象的名字或关键词被映射为 128 位或 160 位的散列值。DHT 类结构能够自适应节点的动态加入/退出,有着良好的可扩展性、鲁棒性、节点 ID 分配的均匀性和自组织能力。由于重叠网络采用了确定性拓扑结构,DHT 可以提供精确的发现。只要目的节点存在于网络中,DHT 总能发现它,发现的准确性得到了保证。该结构应用最经典的案例是 Tapestry、Pastry、Chord 和 CAN。其中,Chord 的网络结构如图 12-3 所示。

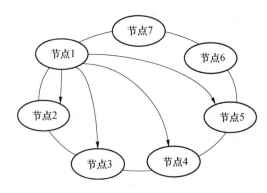

图 12-3　Chord 拓扑结构

4. 半分布式拓扑

半分布式拓扑结构吸取了中心化结构和全分布式非结构化拓扑的优点,选择性能较好(处理、存储、带宽等方面性能)的节点作为超级节点,在各个超级节点上存储了系统中其他部分节点的信息,发现算法仅在超级节点之间转发,超级节点再将查询请求转发给适当的叶子节点。其网络结构如图 12-4 所示。

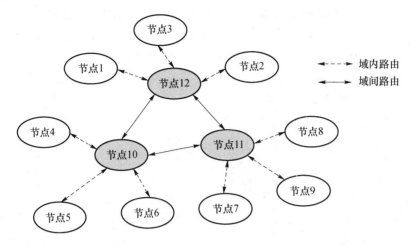

图 12-4　半分布式 P2P 网络拓扑结构

半分布式结构也是一个层次式结构,超级节点之间构成一个高速转发层,超级节点和所负责的普通节点构成若干层次。半分布式结构的优点是性能、可扩展性较好,较容易管理,但对超级节点依赖性大,易于受到攻击,容错性也易受到影响。采用这种结构的最典型的案例就是 KaZaa。

在实际应用中,每种拓扑结构的 P2P 网络都有其优缺点。表 12-1 从可扩展性、可靠性、可维护性、发现算法效率、复杂查询等方面比较了这 4 种拓扑结构的综合性能[13]。

表 12-1　常见 P2P 网络拓扑结构对比

比较标准	P2P 网络拓扑结构类型			
	中心化拓扑	全分布式非结构化拓扑	全分布式结构化拓扑	半分布式拓扑
可扩展性	差	差	好	中
可靠性	差	好	好	中
可维护性	最好	最好	好	中
发现算法效率	最高	中	高	中
复杂查询	支持	支持	不支持	支持

12.1.3　P2P 的优势

当前互联网的主要模式是 C/S 模式,它需要设置拥有强大处理能力和高带宽的高性能计算机及高档的服务器软件,再将大量的数据集中存放在上面,为其他计算机提供或接收数据,提供处理能力及其他应用,而对于客户机来讲,其性能可以相对弱小。

P2P 计算的概念是相对于传统的 C/S 计算模式而产生的。P2P 网络最重要的特点就是"无中心性"和"边缘化",网络中没有所谓的管理中心存在,每个节点的地位都是对等的;网络中的资源不再存放于所谓的服务器上,而是存放于处在网络边缘所有用户的终端机上,资源分布分散。但实际上,P2P 模式中也并不一定是完全无中心的,它可分为纯分布式的 P2P 和混合 P2P 两类。纯分布式的 P2P 模式是指所有参与的计算机都是对等节点,各个对等节点之间直接通信,自始至终完全没有中心服务器对对等节点间的信息交换进行控制、协调或处理;混合 P2P 模式则主要依赖中心服务器执行部分功能。

P2P 模式与 C/S 模式的根本区别就在于两者的拓扑结构不同,或者说两个系统中节点的连接方式不同。C/S 模式属于中心化拓扑;部分 P2P 属于分布式拓扑,其余多属于半分布式拓扑。P2P 模式与 C/S 模式的比较如图 12-5 和表 12-2 所示。

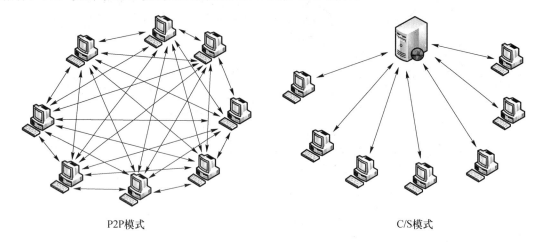

P2P模式   C/S模式

图 12-5 P2P 模式与 C/S 模式的拓扑结构对比

表 12-2 P2P 模式与 C/S 模式的性能比较

比较标准	P2P	C/S
安全性	差	好
易管理性	差	好
数据发布	好	差
数据接收	中	好
容错性	好	差
可扩展性	好	差
数据互动性	好	差
成本控制	好	差
数据即时性	好	差
数据质量	中	好
数据覆盖率和数量	差	好
抗干扰性	好	差

显然,与 C/S 模式相比,P2P 计算具有良好的分布性、可扩展性、匿名性、自组织性、用户透明性、容错性、协作性等特点。从技术应用上,P2P 模式具有 3 大优势。

(1)系统的鲁棒性好。因为在系统层面可以没有任何集中式机制,P2P 系统不会出现 C/S 模式的单点失效。此外,在一般情况下,系统中的每个节点同时有多个邻居节点(直接相互联系的两个节点定义为邻居),某个或某些节点的失效或离线不会严重影响系统中的其他节点,所以,系统具有很好的鲁棒性。

(2)系统可扩展性强。正是由于分布式计算的低代价、非集中式的特性使得它能够支持大规模的网络应用,为成千上万的用户同时提供服务;对于 P2P 系统而言,每个新节点的加入都会给系统带来新的信息资源、带宽和计算资源。因而,系统的资源会随着节点的加入而丰富,系统的能力会随着节点的增加而增强。

（3）系统的资源利用效率高。在 P2P 系统中,当本地节点用户没有提交事务或处理本地用户事务,工作负荷不高时,可以响应远程节点发来的请求,向其他节点提供服务。因而,系统在几乎不增加软硬件成本、管理和维护费用的情况下,就能完成额外的处理任务,使得系统拥有高性价比。并且可以有效地整合分散资源,相互协作,共同为一些大型应用服务。随着计算规模的日益扩大、存储资源的高获得性和低开销性以及网络日益增长的连通性,P2P 计算模式有希望获得更多更广的应用。

相较于 C/S 网络高效的中心化业务处理,P2P 也存在一些不足之处。首先,非集中式的拓扑结构使得 P2P 不易管理;其次,对等点可以随意地加入或退出,会造成网络带宽和信息存在的不稳定性;另外,P2P 网络中数据的安全性难以保障。因此,在安全策略、备份策略等方面,P2P 的实现要复杂一些。

12.1.4　P2P 应用

目前,P2P 主要应用在文件交换、搜索引擎、即时通信、协同工作及网络游戏等服务型环境中。

1. 文件交换

文件交换是 P2P 最初的应用和基本功能之一,可以说文件交换的需求直接引发了 P2P 技术热潮。在传统的 Web 方式中,要实现文件交换需要服务器的大力参与,通过将文件上传到某个特定的网站,用户再到该网站搜索需要的文件,然后下载,这种方式的不便之处不言而喻。在这种情况下,Napster 抓住人们希望通过互联网共享 MP3 音乐文件的需求,以 P2P 模式实现了自由的文件交换体系,从而引发了网络的 P2P 技术革命,文件交换的需求也很自然地延伸到信息的交换。从技术上来讲,目前的 P2P 文件交换系统有以下几种不同的形式。第 1 类是"中心文件目录/分布式文件系统",交换数据时通过中央服务器来进行目录管理。Napster 就属于此类,由于采用集中式目录管理,所以不可避免地存在单点瓶颈的问题。第 2 类属于完全的 P2P,这类系统没有中间服务器。这类软件更接近于绝对自由,因为没有中间服务器,这样形成的 P2P 网络很难进行安全管理、身份认证、流量管理、计费控制等。Gnutella 和 Freenet 是这方面两个典型的应用,Gnutella 在进行搜索的过程中所采用的消息前向传递算法使得消息总数量按指数级增长,这就存在着泛洪的问题。Freenet 的目标是使人们可以匿名地发布和索取信息,它在文件加密和通信加密方面做得较好,但是,它在文件的检索以及可扩展性方面还很不完善。第 3 类系统是上两类系统的折中——有中间服务器,但文件目录是分布的,如 Workslink,这是国内具有代表性的 P2P 应用软件。

2. 搜索引擎

搜索引擎是目前人们在网络中搜索信息的主要工具,目前的搜索引擎如 Google、天网等都是集中式的搜索引擎。这种搜索模式往往由一个机群在互联网上盲目读取信息,然后按照某种算法根据关键字将信息保存在一个海量数据库内。当用户提交搜索请求的时候,实际上是在海量数据库内部进行搜索。这种机制虽然能尽快获得搜索结果,但不能保证搜索范围的深度和结果的时效性。即使是著名的 Google 搜索引擎也只能搜索到 20%～30%的网络资源。P2P 网络模式中节点之间动态而又对等的互联关系使得搜索可以在对等点之间直接地、实时地进行,既可以保证搜索的实时性,又可以达到传统目录式搜索引擎无可比拟的深度。以 P2P 技术发展的先锋 Gnutella 进行的搜索为例:一台 PC 上的 Gnutella 软件可将用户的搜索请求同时发给网络上另外 10 台 PC,如果搜索请求未得到满足,这 10 台 PC 中的每一台都会把该搜索请求转发给另外 10 台 PC,这样,搜索范围将在几秒钟内以几何级数增长,几分钟内就可搜遍几百万台 PC 上的信息资源。可以说,P2P 为互联网的信息搜索提供了全新的解决之道。

3. 即时通信

所谓即时通信,其实指的就是诸如腾讯 QQ 等被称为在线聊天的软件。从某种意义上来说,由于版权的限制,即时通信应用将超过文件共享应用,成为 P2P 的第一大应用。与 IRC、BBS、WEB 聊天室比较,P2P 的即时通信软件不仅可以随时知晓对方在线与否,而且交流双方的通信完全是点对点进行,不依赖服务器的性能和网络带宽。尽管目前的即时通信技术一般都具有中心服务器,但中心服务器仅用来控制着用户的认证信息等基本信息,并且帮助完成节点之间的初始互联工作。

Jabber 是一个开放源码的实时通信平台,Jabber 提出了一个在不兼容的各种实时通信平台之间进行消息交换的协议,这种协议包含在一个采用 XML 表示的路由协议中。Skype 公司推出的 Skype 即时通信软件简单易用,语音质量比较高。HeadCall 公司应用 P2P 技术建立 HeadCall 通信平台,推出 AnyChat 即时通信软件、Headmeeting 视频会议系统和 HeadCall 网络电话,实现了真正免费的通信。

4. 协同工作

协同工作即多个用户之间利用网络中的协同计算平台互相协同来共同完成计算任务,共享各种各样的信息资源等。协同工作使得在不同地点的参与者可以在一起工作。在 P2P 出现之前,协同工作的任务通常由 Lotus Notes、Microsoft Exchange 等来实现,但是无论是采用哪种服务器软件,都会产生极大的计算负担,造成昂贵的成本支出,而且并不能很好地完成企业与合作伙伴、客户、供应商之间的交流。而 P2P 技术使得互联网上任意两台 PC 都可建立直接的通信联系,不再需要中心服务器,降低了对服务器存储以及性能的要求,也降低了对网络吞吐量和快速反应的要求,从而大大节约了成本,使低成本的协同工作成为可能,最终帮助企业和关键客户,以及合作伙伴之间建立起一种安全的网上工作联系方式。因此基于 P2P 技术的协同工作目前得到了极大的重视。

Lotus 公司的创始人组织开发的 Groove 是目前最著名的 P2P 协同工作产品。Groove 采用中间传递服务器(Relay Server)来实现 P2P 的多播,采用 XML 技术实现路由协议,多个不同的组(Group)之间不仅可以共享文件、聊天信息,还可以共享各种应用程序。

5. 网络游戏

很多基于广域网络的游戏也是基于 P2P 技术的,如 2AM、Center Span 等。采用 P2P 技术建立起来的分布式小组服务模型,配以动态分配的技术,每个服务器的承载人数将在数量级上超过传统的服务器模式,这将大大提高目前多人在线交互游戏的性能;同时每个游戏用户成为一个对等节点,各个节点可以进行大量点对点通信,从而减少服务器的通信任务,提高性能。

6. 对等计算

人们一直在尝试通过并行技术、分布式技术将多个网络节点联合起来,利用闲散计算资源来完成大规模的计算任务。现在,P2P 的网络结构组织方式为这种计算技术提供了新的契机。

P2P 用于对等计算的优势在于每个对等点不再只是单纯地接收计算任务,它还可以根据自己的情况再搜索其他空闲节点把收到的任务分发下去。然后中间结果层层上传,最后到达任务分发节点。对等点之间还可以直接交换中间结果,协作计算。按照这种方式进行,可以合理整合闲散的计算能力和资源,使得总体计算能力得到大规模提升,获得非常可观的计算性价比。

Centrata、DataSynapse、distributed. net、Entropia、Parabon computation、Popular Power、Porivo Technologies Inc.、SETI@home、United Device 等研究项目均是目前基于 P2P 的分布式计算的典型代表。Intel 也利用对等计算技术来设计 CPU,并为其节省极大的费用,同时由于对等计算的发展是以 PC 机资源的有效利用为根本出发点的,它也受到 Intel 的极力推崇。就本质而言,对等计算即是网络上 CPU 资源的共享。

7. 基于 Internet 的文件存储系统

存储技术一直是人们所关注的一项技术。由于网络规模的扩大,人们开始将传统的分布式操作系统、局域存储技术向基于 Internet 的文件存储系统发展。一些研究项目开始使用 P2P 技术来组织和存储文件,像 OceanStore、FarSite 等。这些项目的目标都是提供面向全球规模的文件存储服务。

8. 基于 Internet 的操作系统

P2P 网络构架技术的研究者们力图提供一个 P2P 的网络环境。.Net 技术是微软公司提出并开发的一个基于 Internet 的操作系统,该技术是以 SOAP XML 通信协议的 Web 服务为主,使得操作系统不再局限于目前的 PC。

12.1.5　P2P 存在的问题

当前 P2P 技术的广泛应用[14-15]对现有的网络应用产生的一些威胁如下。

1. P2P 标准问题

到目前为止,各个 P2P 研究组织仍未制定出一致的 P2P 标准,这对 P2P 技术的进一步发展也是一个阻碍。Sun 公司于 2001 年 4 月 26 日正式推出了代号为 JXTA 的 P2P 研究计划,意在向业界推广一个开源的 P2P 标准框架,为服务商开发 P2P 应用软件提供一个统一的平台。

2. 网络带宽问题

P2P 技术为用户提供了丰富的共享资源,给用户带来了极大的便利,使得用户可以随时随地地下载自己需要的资源。但同时由于 P2P 网络规模的不断扩大,可下载文件数量的增多和容量的增大,网络带宽问题成为 P2P 应用难以逾越的障碍。

3. 缺乏管理机制

P2P 网络最大的特点就在于它为每个用户提供了极大的自由,各个用户都以对等点的身份存在于 P2P 网络中,它们之间是完全平等的。从目前的应用环境来看,P2P 网络更像一个无序状态空间,节点可以自由通信、自由组合、匿名登录。因此,要满足实际应用的需要,就需要通过管理使无序状态有序化。但技术的本质强调自由,无须人为约束。自由与约束的冲突,使得现实世界中面临如何管理的问题,既要实施管理,以满足实际应用的需求;又要保证自由,维持 P2P 的本质。

4. 侵犯版权问题

由于 P2P 技术缺乏有效的管理,并且具有匿名发布的特性,所以大多数 P2P 服务都将不可避免地和知识产权发生冲突。版权问题是阻碍 P2P 服务发展的一个重要因素。著名网站

Napster 就因为提供免费 MP3 文件交换而被美国唱片业协会告上了法庭。

5. 网络污染问题

污染问题随着网络的产生而产生,当前因特网发展迅速,污染问题也日益严重。传统的污染一般包括欺骗、垃圾邮件、自动弹出的广告、恶意插件、病毒等。这些污染多数会在浏览网页、下载文件或邮件中出现。P2P 网络中的污染一般可分为资源文件内容污染和元数据污染。资源文件内容污染指的是通过修改部分或整个真实资源文件内容达到污染的目的,它常用的手段包括使用白噪声替换文件数据、缩短音视频文件时间、加入共享文件非法性警告及插入广告等。元数据污染相对比较高级,它并不修改资源文件本身的内容,而修改描述资源文件的信息来污染整个 P2P 网络[16]。

6. 安全问题

从集中式转变到全分布式模型面临的最大问题就是安全问题。集中安全控制可以解决目前网络中多数安全问题,而分布式环境中,不仅存在目前网络环境同样的安全威胁,也带来了动态环境中如何保障资源和系统安全的新课题。由于没有集中管理,需要安全技术来保证无序状态的有序化。目前,几乎所有的 P2P 软件都存在安全隐患,与目前的客户服务器模型中面临的安全问题相似,P2P 技术中的主要安全问题包括用户认证问题、数据加密与解密问题、路由安全问题、存储与访问安全问题、恶意破坏问题、故意欺骗问题、应用安全问题和个人隐私问题[17-18]。例如,缺乏管理的 P2P 网络可能会成为病毒、色情内容、非法交易的温床,甚至为恐怖分子所利用,如 Gnutella 系统中的恶意用户就可以产生 VBS Gnutella 蠕虫病毒,并通过自我复制,广播到系统中的其他节点中用于共享;通过调用硬盘数据的 P2P 应用将给用户隐私带来威胁。

显而易见,尽管 P2P 技术在很多领域都得到了成功的应用,但由于 P2P 网络自身特殊的网络结构,要想确保整个网络系统的可靠性还有一定的困难。而且,由于 P2P 网络中节点具有高度的自治性,不同节点提供服务的能力不同,特别是结构化 P2P 网络,因其底层技术还不成熟,其安全隐患尤为突出[19-20],其中存在着大量不可靠的服务。中国互联网络信息中心调查发现[21]:2010 年,遭遇病毒或木马攻击的网民达到 2.09 亿人,有过账号或密码被盗的网民达到 9 969 万人。显然,网络安全和信任问题仍然是 P2P 网络发展过程中的重要问题,安全问题对 P2P 网络商务的发展构成了一定的限制,需要进一步完善网络安全机制,这种机制能够对 P2P 技术实施有效的监控,有利于保证 P2P 网络的高可用性和良性发展,从而为各种 P2P 应用提供更加可信的网络环境。

12.2　P2P 网络的可信管理研究

信任是一门涉及社会学、心理学、经济理论、计算机等多个领域的科学,改善或提升 P2P 网络节点间的信任程度能为其安全应用提供一定的基础保障,是当前众多学者较为关注的研究内容之一。

12.2.1　P2P 网络信任关系的特性

由于信任是一种主观判断,不同个体从不同的角度、所处的不同环境对信任产生的理解也不同[21-22]。文献[14]综合各种不同的文献,给出了信任与信任度的描述性定义。

定义 12-1　信任就是相信对方,是一种建立在自身知识和经验基础上的判断,是一种实体与实体之间的主观行为。信任不同于人们对客观事物的"相信(believe)",而是一种主观判断,所有的信任本质上都是主观的,信任本身并不是事实或者证据,而是关于所观察到的事实的知识。

定义 12-2　信任度(trust degree)就是信任的定量表示,也可以称为信任程度、信任值、信任级别、可信度等。

总的来说,信任就是要认同对方所做的事,认为该事件不会对自己不利。当认为对方不可信时,就意味着要避免和其进行合作,P2P 网络中的信任关系具有以下特定性质[19]。

(1)主观判断性[20]。信任是一个节点对另一个节点的主观判断,是通过以往的交互经验得出的判断,以此来预测将来的行为。这种主观判断是独立进行的,在同一环境中,不同节点对于同一节点可能会持有不同的判断,如图 12-6(a)所示。

(2)单向性[23]。信任是某节点对另一节点单方面的信任,双方之间对彼此的信任程度可能是不同的。如图 12-6(b)所示,节点 B 信任节点 A,并不意味着节点 A 也信任节点 B。A、B 双方的信任判断是单方面进行的,它们提供服务的能力和对信任度的评价标准存在差异,由此产生的信任程度不一定相同。

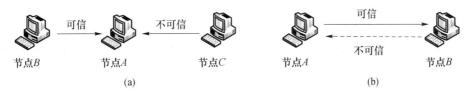

图 12-6　信任关系

(3)可度量性[24]。在对节点进行信任评价时,需要一定的衡量标准作为指导。为了区别信任的不同程度,就需要一种尺度来刻画这种信任程度。对主观信任程度的区分可以有效地指导节点的未来行为。

(4)弱传递性[25]。信任关系是可以经节点传递的,但由于信任是一种主观评价,中间进行传递的节点会导致信任值判断的准确性出现衰减,经过的中间节点越多,信任值的衰减程度越大。信任值推荐是我们在建立可信管理模型时使用得比较多的一种信任方式,利用推荐信任值可以在一定程度上解决对陌生节点的信任评价问题。

(5)动态变化性[23]。信任会随着环境和时间的改变而动态变化,节点之间的信任关系随着节点行为的变化而变化。这通常在信任模型中作为一种激励机制实施。对节点的合法行为,系统会给予信任值升高的奖励,而对节点的恶意行为,系统则会给予信任值降低的处罚。

(6)时间衰减性。对某节点的信任评价往往具有一定的实时性。一般而言,经过的时间越长,对节点的信任评价就越不准确。这就类似于人类生活中,如果长时间不跟某人联系,那么对这个人的评价就会越来越模糊。

(7)与环境相关性。信任关系总是建立在特定的环境中。根据特定上下文环境,在评估信任关系时,源节点对目标节点关于某项服务做出信任评价时,需要考虑特定的条件对信任评价的影响。

12.2.2　P2P 可信管理构成机制

可信管理机制是 P2P 网络安全机制的一个重要部分,主要由以下几个构件组成,如

图 12-7 所示。

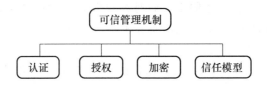

图 12-7　P2P 网络可信管理机制组成

1. 认证

认证决定某些对等点实际上是否就是它们自称的对等点,而不是虚假命名的过程。在实际应用中,认证有两种形式。第 1 种指一个网络对等点向其他对等点认证它们自己;第 2 种是一个 P2P 应用的自我认证过程。这两种形式在很多 P2P 应用中实际上是一个问题。

2. 授权

授权即授予一个认证过的对等点实施某些行为或访问某些资源。不同的 P2P 系统具有不同形式的授权,有通过专门的机构进行集中式授权,颁发统一的证书来确定用户的权限;也有简单的用户临时授权。在 P2P 应用中,一个对等点可能被授权为只能访问另一个对等点的部分。

3. 加密

加密,是以某种特殊的算法改变原有的信息数据,使得未授权的用户即使获得了已加密的信息,但因不知解密的方法,仍然无法了解信息内容的一种保密技术。加密可以用于保证数据传输的安全性,但是其他一些技术在保障通信安全方面仍然是必需的,尤其是关于数据完整性和信息验证方面的技术(如信息验证码或者数字签名)。当 P2P 网络对等实体间互相认证、授权后,在保证内容合理、正确的前提下,数据的加密是信息传输过程中不可或缺的一项安全措施。

4. 信任模型

信任模型通过对信任度的传递、搜集、计算与更新,增加了用户对 P2P 网络的认知程度,有效地提高了用户对可信任资源使用的效率。信任模型是 P2P 网络可信管理机制中非常重要的部分,它可以根据不同的应用环境,采用相应的措施,结合该机制中的其他构件来充分实现模型在具体应用环境中的用途。

12.2.3　P2P 可信管理关键技术

P2P 可信管理模型主要从信任值计算方法和可信数据存储方法两个方面进行构建。本节根据这两类关键技术对 P2P 可信管理模型的应用进行分类介绍[26]。

1. 信任值计算方法

信任关系研究的首要任务是解决如何计算某个节点的信任值,及如何评估一个节点的可信度的问题,评估一个节点的可信度是 P2P 可信管理模型的核心技术。

基于节点信任度的计算方式,可将已存在的 P2P 网络可信管理模型大致分为:基于贝叶斯网络的可信管理模型、基于模糊逻辑(Fuzzy Logic)的模型、基于证据理论的模型、基于链状的模型、二元评价的简单加权模型、基于 PKI 的模型、离散的可信模型以及其他一些如利用代数符号[27]、图形等表达信任产生和传递过程的 P2P 可信管理模型等。本节介绍如下几种最常使用或最流行的 P2P 信任值计算方法。

（1）基于贝叶斯网络的计算方法

Yu 等[24,28]提出了基于贝叶斯网络的信任值计算方法。该方法主要是基于如式（12-1）所示的贝叶斯公式。

$$p(h|e) = \frac{p(e|h)p(h)}{p(e)} \tag{12-1}$$

此类算法将信任划分为不同的方面，并将总体信任作为贝叶斯网络的根节点。信任的不同方面分别为叶子节点，并且每个叶子节点都保存一个条件概率表（CPT，Conditional Probability Table）。采用概率的方法计算信任值，例如，计算某方面的信任值时，用在这个方面交易成功的次数除以总的交易成功的次数；如果计算总的信任值时，用成功交易的次数除以总的交易次数。

当两个实体没有直接交易或有很少交易经验的情况下，就需要借助间接信任。在获得各节点的推荐之后，将推荐节点分为值得信任的节点和陌生节点两大类。以它们的推荐信任作为节点的推荐权重值，最后合成间接信任值。

$$r_{ij} = w_l \frac{\sum\limits_{l=1}^{k} t_{il}t_{lj}}{\sum\limits_{l=1}^{k} t_{il}} + w_s \frac{\sum\limits_{z=1}^{j} t_{zj}}{g} \tag{12-2}$$

其中：r_{ij} 代表的是第 i 个节点对提供第 j 个文件提供者的间接信任值，k 代表的是可信节点数，g 代表的是陌生节点数；t_{il} 表示节点 i 对节点 l 的推荐信任值，t_{lj} 表示节点 l 对节点 j 的推荐信任值，t_{zj} 表示陌生节点 z 对节点 j 的推荐信任值；w_l 和 w_s 表示权重。

当节点完成交易后，需要更新目标节点的信任值和推荐节点的推荐信任值，并且需要更新相应的贝叶斯网络。其更新公式为

$$u_{ij}^n = \alpha u_{ij}^0 + (1-\alpha)e \tag{12-3}$$

交易后节点 i 对 j 的推荐信任值用 u_{ij}^n 来表示，u_{ij}^0 表示原始的推荐信任值。用 1 和 −1 表示推荐信任值新的证据值 e，1 表示推荐正确，−1 表示推荐错误。

贝叶斯信任具有灵活性和针对性，能从不同的方面反映信任的情况。但是该算法把信任只是简单地划分为信任和不信任两种情况，有些存在中间状态的情况很难说清是信任还是不信任。

（2）基于链状模型的计算方法

在 EigenRep 算法[29]中，信任值的求解经过两步，首先从曾经交易过的节点处获得目标节点的局部可信度[30]，最后综合迭代局部可信度获得全局可信度。其计算公式为

$$T_k = \sum_j (c_{ij} \times c_{jk}) \tag{12-4}$$

其中 T_k 为节点 k 的全局可信度。c_{ij} 计算公式如式（12-5）所示，其中 S_{ij} 表示在交易的过程中节点 i 对节点 j 满意的次数，U_{ij} 表示不满意的次数。

$$c_{ij} = \frac{S_{ij} - U_{ij}}{\sum_j S_{ij} - U_{ij}} \tag{12-5}$$

EigenRep 算法没有解决迭代收敛、网络开销、惩罚因素等问题，并且也没有充分地考虑安全性能问题。

（3）基于模糊理论的计算方法

该方法考虑到信任具有模糊性和不确定性，通过使用模糊集合理论解决不精确、不完全信

息,比较自然地处理了人类思维的主动性和模糊性。基于模糊理论求解信任值算法[31]主要经过以下几步。

第 1 步:确定评价等级论域为 $\boldsymbol{V}=\{V_1,V_2,\cdots,V_m\}$,$m$ 为评语等级集合的个数,每个等级对应一个模糊子集。

第 2 步:确定权重矩阵 $\boldsymbol{W}$

$$\boldsymbol{W}=(\boldsymbol{w}_1,\boldsymbol{w}_2,\cdots,\boldsymbol{w}_n)=\begin{bmatrix} w_{11} & w_{12} & \cdots & w_{1n} \\ w_{21} & w_{22} & \cdots & w_{2n} \\ \vdots & \vdots & & \vdots \\ w_{n1} & w_{n2} & \cdots & w_{nm} \end{bmatrix} \tag{12-6}$$

其中:w_{ij} 为节点 i 评价节点 j 的权重值,n 为节点的个数。

第 3 步:对每个节点进行信任度评估,建立模糊关系矩阵 $\boldsymbol{R}$

$$\boldsymbol{R}=(\boldsymbol{r}_1,\boldsymbol{r}_2,\cdots,\boldsymbol{r}_n)=\begin{bmatrix} r_{11} & r_{12} & \cdots & r_{1n} \\ r_{21} & r_{22} & \cdots & r_{2n} \\ \vdots & \vdots & & \vdots \\ r_{n1} & r_{n2} & \cdots & r_{nm} \end{bmatrix} \tag{12-7}$$

其中 r_{ij} 表示节点 i 对节点 j 的信任评估等级。例如,信任分为完全信任、一般信任、不确定、不太信任、完全不信任 5 个等级,假设将节点 j 对应的等级设为 1,则如果节点 i 认为节点 j 是一般信任,那么 r_{ij} 取值为 $(0,1,0,0,0)$。

第 4 步:用 $\boldsymbol{S}_j$ 表示节点的信任评估结果向量为

$$\boldsymbol{S}_j=\boldsymbol{w}_j\circ\boldsymbol{r}_j=\begin{bmatrix} w_{1j} \\ \vdots \\ w_{nj} \end{bmatrix}\circ\begin{bmatrix} r_{1j} \\ \vdots \\ r_{nj} \end{bmatrix} \tag{12-8}$$

(4) 基于矩阵变换的计算方法

Kamvar 等[32]提出全局信任值的求解需要将局部信任值矩阵和特征向量进行左矩阵变换。局部信任值用 C_{ij} 表示为

$$C_{ij}=\frac{\max(s_{ij},0)}{\sum_j\max(s_{ij},0)} \tag{12-9}$$

其中 s_{ij} 表示节点 i 与节点 j 交易成功的次数和交易失败次数的差,即 $s_{ij}=S(i,j)-U(i,j)$。

当节点 i 求解节点 j 的全局信任值 t_{ij} 时需要首先收集局部信任值 C_{ij},C_{ij} 又迭代综合其他节点的局部信任值,最终获得节点 j 的全局信任值

$$t_{ij}=\sum C_{ik}C_{kj} \tag{12-10}$$

在基于矩阵变换的算法中,全局信任值用矩阵表示成 $(C^{\mathrm{T}})^n\bar{C}_i$,其中 C 代表矩阵 $[C_{ij}]$。

(5) 基于 PeerTrust 模型的计算方法

PeerTrust 算法[33]主要用于解决 P2P 电子社区中的信任问题。它引入了满意度反馈、交易的数量、反馈的可信度、交易环境因素、社区环境因素 5 个参数。使用这 5 个参数可以有效地解决信任计算中精确率的问题,使对信任的计算更加全面、准确。其信任值的计算公式为

$$T(u)=\alpha\frac{\sum_{i=1}^{I(u)}S(u,i)C_r(p(u,i))\mathrm{TF}(u,i)}{I(u)}+\beta\mathrm{CF}(u) \tag{12-11}$$

其中：$T(u)$ 表示节点 u 的信任值，权重值 α、β 表示节点对公式中前后两部分的重视程度，$S(u,i)$ 表示节点 u 与节点 $p(u,i)$ 第 i 次交易时的满意程度，$C_r(p(u,i))$ 表示节点 $p(u,i)$ 反馈信息的可信程度，$TF(u,i)$ 表示第 i 次交易的环境，$CF(u)$ 为社区反馈信任度。

但是，PeerTrust 算法没有提供具体的方法和机制来识别欺骗行为和惩罚欺骗者，因此该可信管理模型算法不能很好地防范恶意节点的攻击行为。

（6）基于直接信任树（DTT）的计算方法

李等[34]基于 DTT 为 P2P 等大规模分布式应用系统提出了一种新的可扩展的反馈信任信息聚合算法。根据节点之间的直接信任关系构建 DTT，然后利用 DTT 进行反馈信任信息搜索，同时引入质量因子和距离因子两个参数来自动调节聚合计算的规模。基于 DTT 求解反馈信任值的计算包括以下几步（详细计算过程见 12.3 节）：第一，计算某一时刻 P2P 节点间的直接信任值；第二，构建节点间的 DTT；第三，P2P 节点间反馈信任值的计算。文献[34]的主要目标是找到一种合理的方式来控制反馈信任信息聚合计算的规模，实验结果表明，基于DTT 的反馈信息聚合算法不但具有较好的可扩展性，而且具有较强的恶意行为检测能力，在很大程度上提高了网格计算、普适计算、P2P 计算等大规模的分布式系统的运行效率。

2. 可信数据存储方法

可信数据是可信管理模型中的关键技术之一，在 P2P 网络运行过程中，可信数据记录了各实体节点的历史信息，通过可信数据可以有效预测实体在未来时间内按照预期执行的概率。可信数据存取从不同角度有多种不同的分类方法。

（1）根据可信数据保存地点的分布密度，可以将可信数据存储分为集中保存和分散保存。集中保存是指将可信数据存储在固定的一个或几个节点之上，分散保存则是有大量节点参与可信数据的保存，每个节点保存一个或多个节点的可信数据。

（2）根据可信数据与实体对象的距离，可以将可信数据存储分为两类：本地保存和远程保存。前者是节点保存自身的可信数据，一般仅限于保存交易信息；后者是指将可信数据保存在其他节点，该节点称为原节点的档案节点。

（3）根据节点与其档案节点的对应关系，可以将可信数据存储分为以下 3 类。

① m∶1 模式

m∶1 模式为多对一的存储模式，即将所有节点的可信数据都存储于单一节点，是集中式可信数据存储模式。这种模式可以使用如下映射表示：$f(\text{node } i)=\text{node } 0,(i=1,2,\cdots)$，其中 node 0 代表中心信任服务器，它是所有节点的档案节点。该模式的优点很明显，可信数据全部存放在同一个可信的中心信任服务器上，存取方式较简单，更新也比较方便。但是它存在着所有集中式系统共有的缺陷，即负载不均衡，可伸缩性不强；另外，由于所有节点都知道其档案节点的位置，因此容易遭受 DOS 攻击，还存在单点失效问题。因此采用集中式可信数据存储模式不是理想的方案，不能够体现 P2P 的优越性。

② 1∶1 模式

1∶1 模式是把指定节点的可信数据存放在另一个唯一对应的节点中。此模式中节点与其档案节点的对应关系为：$f(\text{node } i)=\text{node } j$，且 $f^{-1}(\text{node } j)=\text{node } i,(i\neq j,i,j=1,2,\cdots)$。该模式将可信数据分散在大量的其他节点中，使得单个节点用于维护信任数据的负载得以均衡，但其可靠性严重依赖于 DHT 等散列函数的可靠性。例如，Chord 和 CAN 一般是针对节点的 IP 地址进行 Hash，这样 IP 地址固定的节点对应的档案节点也就固定，因而难以防止协同作弊。由于 P2P 网络的动态特性，这样的可信数据模型维护开销也不容忽视。

③ $m:n$ 模式

此种模式中每个节点的可信数据保存于多个节点,因而可以避免因节点失效造成可信数据的丢失。文献[35]中的 Chord 改进方法是将节点的映射由 $1:1$ 变为 $1:n$,映射关系为 $f(\text{node } i)=\{\text{node } j_1,\text{node } j_2,\cdots,\text{node } j_k\},(i\neq j,k=1,2,\cdots,n)$。节点的可信数据就被冗余存储在多个档案节点中,从任意一个档案节点都可以取到相同的可信数据,不但可以保证可信管理系统的可靠性,同时也可以用来鉴别可信数据的真伪。但是这种方法存储和更新开销过大,保持多个备份的同步也比较困难,会给系统带来不必要的负担。

12.2.4　P2P 可信管理模型存在的缺陷与前景

随着分布式计算技术的发展,如 P2P、网格等开放系统的广泛应用,系统趋于开放、动态,其中的节点具有更大的自主性,节点间的协作具有更强的动态性,仅使用基于精确理论的可信管理模型,已经不能充分地模拟信任的动态性、主观性。在此类开放系统中,由于受到对方的行为表现所影响,节点间的相互信任关系表现出动态性,且各个节点有自身的主观倾向,这些都不是可以用精确的方法进行描述的。另外,基于声誉的可信管理模型,如 Beta、EigenTrust等,更贴切地模拟了人类社会中的信任机制,实体节点可以收集、处理、扩散其他实体节点在系统中多方面的信任并建立与其的信任关系,相应地也可以评估其所提供的资源或服务的信任。由此可以看出,可信管理模型正向着基于主观理论的方向发展,随着分布式网络的广泛应用,这种趋势会愈演愈烈。

尽管不同的学者在不同的层面上探讨了信任,并提出了各自不同的见解,但这些研究在信任计算的准确性方面依然有待提高。当前的 P2P 可信管理模型存在以下缺陷[36]。

(1)动态摇摆行为难以控制。现有的一些 P2P 可信管理模型主要是简单地根据实体以往的交易经验中正、负面交易的累加来评估和衡量实体之间的信任关系的,缺乏有效的监测和惩罚机制。特别是大量恶意节点具有策略性的攻击行为。比如,针对系统中的其他正常节点,恶意节点先通过良好的交互行为建立较高的信任值,然后利用高信任值在短期内连续实施恶意攻击,当其信任度下降到一定水平时,它又重新开始累积信任值。

(2)证书链的发现问题。可信管理系统是基于委托授权的概念的,一个节点将它的一些权限委托给其他节点,在做接入控制决定的过程中,需要找到一个从权限源到请求者的委托授权链。大部分现在的工作都假定相关的证书在一个地方搜寻,违背了分布式控制原则[8]。

(3)一致性检验问题。在可信管理系统的运行过程中,必然要检验用户证书及用户间的信任关系是否符合本地安全策略,这是可信管理的核心问题之一。目前这方面的研究已取得了一定的成果,但在安全性、效率、实用性等方面仍需有性能更完善的一致性检验算法[37]。

(4)系统反映的信任关系问题。目前各种考虑可信管理的分布式应用中,有的只基于信任关系的表示和计算,有的则只考虑授权关系的描述。但在网络环境中,节点间的信任关系和在特定资源上节点间的授权关系并不能等同,这些方案提供的访问控制机制都无法反映授权和信任之间的细致关系,反映的信任关系是欠缺的和缺乏灵活性的[38]。

(5)敏感证书的交换问题。大部分现有的可信管理系统都假定,做访问控制决定的代理人可以随意使用证书,这与实际情况相违背。一般来说,证书本身可能也是敏感信息。

(6)非单调性策略的处理问题。如果一个安全策略在给定一个证书集合 C 时批准某操作

A，且得到集合 C 的超集 $C\sharp$ 时，该策略是单调的，反之则是非单调的。Li 和 Feigenbaum 就这一问题做了一定的研究，但进展不大[37]。

（7）信任管理与传统的安全机制结合的问题。传统的安全机制，如加密和授权等，经过长时间的研究和实践，发展相对成熟，可将两者相结合，充分发挥两者的长处，建立新的安全机制，并为解决新的应用安全问题提供新的方法[39]。

（8）模型与应用存在脱节问题。很多模型因缺乏对实际应用环境特点的分析把握，不能很好地与具体应用进行有机结合，因而对应用的实践指导意义不大。

（9）模型性能评价较难。如何评价一个模型的性能优于其他模型是一个非常困难的工作，通过调查，发现大多采用模拟试验的办法进行模型性能的评价，而没有对其实际性能进行准确的测评。

总体上看，P2P 可信管理模型还要从以下方面进行深入研究。

（1）研究方法单一，大多数研究局限于某一具体学科方法的应用，缺乏多学科方法的交叉与融合。对信任及其价值在当代社会的实现机制和实现过程等问题的研究没有很好地结合实际，应该结合实际找出当今社会信任缺失的原因，并由此建立一个能够较为有效解释 P2P 信任发生机制的理论模型。

（2）研究角度缺乏足够的视野和眼光，一些研究只是在重复外国学者的论述，而少有学者能创造性地结合其他学科的成果进行研究。所以，要以多元化的思维、开阔的视野，以系统的眼光、辩证的思维、科学的态度、强烈的现实感，运用历史与逻辑相统一的方法，同时应用各学科方法，多学科角度地研究 P2P 信任问题。

（3）研究内容缺乏整体性和系统性，特别是对信任的发生机制及信任的本质等一些问题还缺乏深刻的研究。因此，需要对 P2P 信任的含义、本质、特征等具体内容进行整体性、系统性的研究，这样的研究具有重大理论和现实意义，可以促进社会的稳定和经济的健康发展，协调人际关系。

因此，根据 P2P 网络的特点，对现有可信管理模型进行适当修改和补充，提高网络安全性能，对于 P2P 网络的应用具有十分重大的意义。

为了更好地理解 P2P 网络环境下的可信管理机制研究，下一节我们将给出一个完整的 P2P 可信管理模型的构建过程实例——一种基于直接信任树（DTT）的反馈信任聚合计算模型（CMFTD，Computing Model of Feedback Trust based on DTT）。

12.3　基于 DTT 的反馈信任聚合计算模型

12.3.1　传统的反馈信任聚合机制

反馈信任（FT，Feedback Trust），表示网络实体间通过第三者的间接反馈形成的信任度，也叫作声誉、间接信任和推荐信任等。在传统的通过广播的式计算反馈者信任值时，节点将反馈信息搜索请求直接发送给所有的邻居节点，邻居节点再将该请求发送给自己的邻居节点，依次类推[40]。

例如，在图 12-8 中，服务请求者（SR）P_{14} 向服务提供者（SP）P_0 请求某种服务，那么节点 P_0 为了增强自身的安全性需要对 P_{14} 的信任级别进行计算，为了获得其他节点的反馈信任信息，P_0 通过广播的方式，把查询消息（Query）发送给它的邻居节点 P_1，P_2，P_3，P_4 4 个节点，

P_1,P_2,P_3,P_4 再转发给它们的邻居节点,依次传递下去,直到系统给定的 TTL(Time to Live)结束。如果在广播查询的过程中,中间节点若有 P_{14} 的信任信息,则反馈节点(FR)通过 QueryHit 消息返回反馈信任信息。很显然,这种广播方式计算反馈信任信息时,可扩展性和收敛性是最大的挑战,例如对于有成千上万个节点的系统,要向系统所有的实体通过广播的方式查询反馈信任度,系统的开销将会非常巨大,另外,当信任链的跳数较多时,运算的收敛性速度会非常慢。

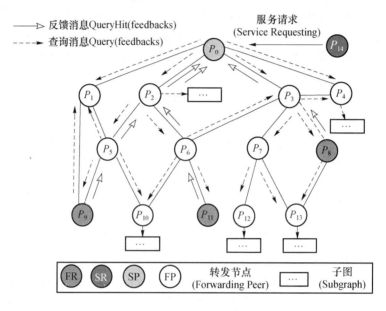

图 12-8　基于广播的反馈聚合机制

12.3.2　反馈过程的认知分析

反馈信任度计算主要根据信任的传递性计算信任值(若节点 a 信任节点 b,节点 b 信任节点 c,那么节点 a 部分地信任节点 c)。分析人类社会的推荐行为,我们不难发现以下常识:人们首先更愿意相信自己所认识的"熟人"的推荐信息,而不太会相信陌生人的推荐。例如,在图 12-9 中,若节点 P_0 信任节点 P_1,而 P_1 信任 P_2,那么通过 P_1 的推荐,P_0 可以信任 P_2。若节点 P_0 不信任节点 P_3,而 P_3 信任 P_2,那么 P_0 将不会信任 P_2,也就是 P_0 不会采纳陌生节点 P_3 的反馈。

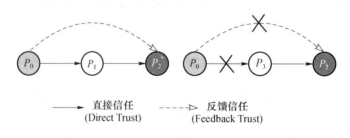

图 12-9　人类社会的反馈过程

12.3.3　CMFTD 的反馈聚合机制

根据人类社会反馈过程的认知分析,我们将这一基本的心理认知过程体现在反馈信任的聚合算法中,提出了直接信任树(DTT)(图 12-10 中粗线边组成的树形结构)的概念,并基于 DTT 建立了一种新的可扩展的反馈信任信息聚合的认知计算模型 CMFTD。

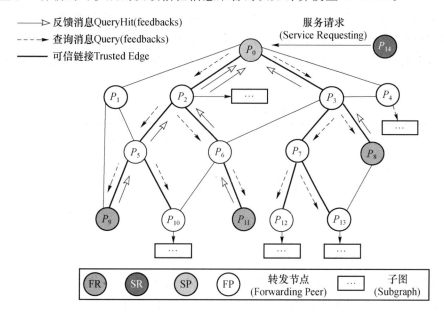

图 12-10　CMFTD 的反馈聚合机制

　　首先根据节点之间的直接信任关系构建 DTT,然后利用 DTT 进行反馈信任信息搜索,同时引入质量因子和距离因子两个参数来自动调节聚合计算的规模,由于 DTT 完全根据节点之间的历史交互数据自动建立,所以 CMFTD 不需要太多的时空开销,也不需要普通树形拓扑结构维持所需要的 JION 和 LEAVE 消息控制。

　　在图 12-10 中,节点 P_0 只将查询消息发送给自己信任的邻居节点 P_2 与 P_3,而不发送给不可信的节点 P_1 与 P_4,同样 P_2 与 P_3 也只将信任查询消息发送给可信的邻居节点,依次类推,直至查询控制过程结束。比较图 12-8 和图 12-10,可以很清晰地看到,CMFTD 可以有效减少查询消息的数量,进而减少网络带宽消耗,提高系统在大规模开放环境下的可扩展性。更重要的优点是,CMFTD 是符合人类心理认知过程的信任模型,更加切合信任关系建模的本质特性。

12.3.4　CMFTD 的构建

1. DTT 的构建

　　如前所述,直接信任度(DTD)表示在给定的上下文中,一个实体根据直接接触行为的历史纪录而得出的对另外一个实体的信任程度。P_i 和 P_j 之间的直接信任值用 $\Gamma_D(P_i,P_j)$ 表示,并规定 $\Gamma_D(P_i,P_j)\in[0,1]$,由 P_i 根据自己与 P_j 的直接交互经验计算得到,实体交互之后彼此提交满意度的评价,我们采用概率可能性的方法来区分实体提供的不同服务质量,0 表示完全不满意,1 表示完全满意,值越大表示满意度越高。下面根据节点之间的 DTD 进行 DTT 的构建。

　　定义 12-3　一个实体的信任的邻居节点(TNN,Trusted Neighbor Node)指在近期与自己有直接交互行为的网络实体。

在 DTT 模型中,任何一个节点的本地数据库中,都使用一个简单的数据表格来记录它的邻居节点信息,称为邻居节点表(NNT,Neighbor Node Table)。

定义 12-4 任何节点的邻居节点可以分为两种类型,TNN 和普通邻居节点。例如,表 12-3 所示为节点 P_0 的 NNT,节点 P_0 共有 4 个邻居节点,P_2 和 P_3 是与 P_0 有过交互行为的节点,因此,它们是 P_0 的 TNN,而 P_1 和 P_4 没有与 P_0 发生过交互行为,因此,它们不是 P_0 的 TNN。

表 12-3 P_0 的邻居节点表

节点	邻居	TNN	DTD
P_0	P_1	否	0
P_0	P_2	是	0.5
P_0	P_3	是	0.7
P_0	P_4	否	0

定义 12-5 以某一个实体为父节点,所有的 TNN 为子节点,TNN 也有信任的邻居节点,这样就可以构造成一棵多叉多层的带权有向树,称为 DTT,节点 P_i 的 DTT 表示为

$$DTT(P_i) = (<P,C>,E) \tag{12-12}$$

P 是节点(实体)的集合,有向边 C 表示父节点和子节点的直接信任关系,权值 E 就是直接信任值。在 DTT 中,节点所在的层数表示为 LEVEL,我们规定根节点的层数 LEVEL 为 0。根节点的直接邻居 LEVEL 为 1,邻居的邻居 LEVEL 为 2,依次类推。

图 12-11 所示为节点 P_0 的 DTT 的构建过程示例:在图 12-11 (a) 中,P_0 共有 4 个邻居节点,通过 P_0 的本地数据库可知,P_2 和 P_3 是与 P_0 发生过交互行为的两个节点,那么 P_2 和 P_3 就成为 DTT 上 P_0 的信任的邻居节点(TNN),P_0 对 P_2 和 P_3 直接信任度就构成了有向树的权重。而 P_0 与 P_4 没有与 P_1 发生过交互行为,那么,P_0 与 P_4 就不是 P_1 的 TNN,这样就构成了一个两层的 DTT(LEVEL 为 1),P_0 为根,P_2 和 P_3 为子节点;图 12-11 (b) 中,P_2 有自己信任的邻居节点 P_5 与 P_6,P_3 有自己信任的邻居节点 P_7 与 P_8,据此,可以形成 LEVEL 为 2 时的 DTT;在图 12-11 (c) 中,节点 P_5,P_6,P_7 和 P_8 同样也有自己信任的邻居节点,就可以构成 LEVEL 为 3 时的 DTT;依此类推,就可以在网络中形成一棵多权多层的 DTT。

例如,为了评估网络服务请求节点 P_{14} 的反馈信任度,网络节点 P_0 只将查询消息 Query(Feedbacks)发送给自己信任的邻居节点 P_2 与 P_3,而不发送给不可信的节点 P_1 与 P_4,同样 P_2 与 P_3 也只将信任查询消息发送给可信的邻居节点,依此类推,直至查询控制过程结束。节点 P_8,P_9,P_{11} 为搜索到的反馈者节点,节点 P_8,P_9,P_{11} 使用反馈消息 QueryHit(Feedbacks)将它们本地数据库中关于 P_{14} 的直接信任度反馈给节点 P_0,P_0 就可以根据设定的计算方法进行反馈信任度的融合计算。

DTT 的构建完全根据节点之间的历史交互数据自动建立,所以该算法不需要太多的时空开销,也不需要普通树形拓扑结构维持所需要的 JION 和 LEAVE 控制消息。由于有效降低了网络带宽开销,CMFTD 能够显著提高反馈信任信息聚合计算的收敛性,另外,DTT 构建在置信度较高的可信的节点之上的,所以算法表现出较好的恶意反馈行为防御能力。

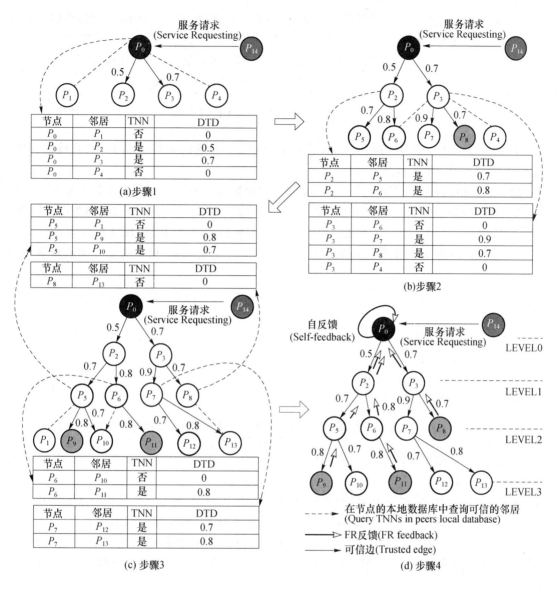

图 12-11　CMFTD 中 DTT 的构建原理

2. 反馈信任度的融合计算

CMFTD 中主要是根据信任的传递性计算反馈信任度的（P_i 信任 P_j，P_j 信任 P_k，那么 P_i 信任 P_k），所以我们又称反馈信任度（FTD）是一个由第三方提供的间接信任度（ITD）。

定义 12-6　在某个交互过程中实体 P_i 需要评估实体 P_j 的 FTD，设反馈者的集合为 $\{W_1, W_2, \cdots W_L\}$，FTD 聚合函数定义为

$$\Gamma(P_i, P_j) = \begin{cases} \dfrac{\sum\limits_{k=1}^{L} (\bar{\omega}(W_k) \Gamma_D(P_k, P_j))}{\sum\limits_{k=1}^{L} \bar{\omega}(W_k)} & , L \neq 0 \\ 0 & , L = 0 \end{cases} \tag{12-13}$$

其中：L 为反馈者的个数，$\bar{\omega}(W_k)$ 为反馈者加权因子。

FTD 不能采取简单的加权平均的办法,不同的反馈者所在的 LEVEL 不同,有些反馈者是 P_i 的直接的 TNN(LEVEL 为 0),而有些不是(LEVEL 不为 0)。文献[40]用 $\bar{\omega}(W_k)$ 对每一个反馈信息进行加权。根据每一个反馈者所在的 LEVEL,给出 $\bar{\omega}(W_k)$ 的定义为

$$\bar{\omega}(W_k) = \begin{cases} 1 & ,\text{LEVEL 为 } 0 \\ \prod_{m=0}^{\text{LEVEL}} \Gamma_D(P_m, P_n) & ,\text{LEVEL 大于 } 0 \end{cases} \tag{12-14}$$

其中 $\Gamma_D(P_m, P_n)$ 表示从 P_i 到 W_k 信任路径上节点 P_m 对它的后继节点 P_n 的直接信任度,LEVEL 为节点 W_k 距离节点 P_i 的层数。

图 12-11(d)表示 LEVEL 为 3 时节点 P_0 的反馈者加权因子基于 DTT 的算例。在当 LEVEL 为 1 时,$\bar{\omega}(P_1) = 0.5$;当 LEVEL 为 2 时,$\bar{\omega}(P_3) = 0.5 \times 0.6 = 0.30$;当 LEVEL 为 3 时,$\bar{\omega}(P_9) = 0.8 \times 0.6 \times 0.5 = 0.24$。设节点 P_0 需要获取节点 P_{14} 的反馈信任度,在 P_0 的 DTT 上共搜索得到 3 个节点 P_{11},P_8,P_9 与 P_{14} 发生过交互行为,相应的交互满意度评价分别为

$$\Gamma_D(P_{11}, P_{14}) = 0.6, \quad \Gamma_D(P_8, P_{14}) = 0.8, \quad \Gamma_D(P_9, P_{14}) = 0.9$$

根据式(12-14):

$\bar{\omega}(P_{11}) = 0.8 \times 0.8 \times 0.5 = 0.32$;

$\bar{\omega}(P_8) = 0.7 \times 0.7 = 0.49$;

$\bar{\omega}(P_9) = 0.8 \times 0.7 \times 0.5 = 0.28$。

根据式(12-13):

$$\Gamma(P_0, P_{14}) = \frac{0.6 \times 0.32 + 0.8 \times 0.49 + 0.9 \times 0.28}{0.32 + 0.49 + 0.28} = 0.7670。$$

特殊情况下,需要对得到的反馈信任信息进行筛选。反馈信息可能会发生以下情况:在直接信任树上从根节点到某一个反馈者节点的路径是不唯一的。

例如,假设节点 P_0 到节点 P_9 可能会有两条路径 $P_0 \rightarrow P_1 \rightarrow P_4 \rightarrow P_9$ 和 $P_0 \rightarrow P_4 \rightarrow P_9$。这样通过式(12-13)和式(12-14)计算出来的节点 P_9 对节点 P_{14} 的反馈信任值就有两个,也就是说产生了歧义,为了避免这种情况的发生,可以进行如下约定:若从根节点到某一个反馈者有多条路径时,采用路径最短的链路作为我们计算最终反馈信任度的依据,而将其他的路径舍弃掉。

需要特别指出的是,在式(12-13)和式(12-14)中,用节点之间的直接信任度作为全局信任聚合计算的权重,使得本模型可以较好地解决现有的信任模型在计算全局声誉时,采用专家意见法或者平均权值法等主观的融合计算方法所带来的自适应性不足的问题。当 LEVEL 为 0 时,定义 $\bar{\omega}(W_k) = 1$,也就是说将节点自身的直接信任度也作为 FDT 计算的元素之一,且节点自身的直接信任度的权重在所有反馈者中是最大的 $\bar{\omega}(W_k) = 1$。这种机制被称为"自反馈(Self-feedback)的 FDT 聚合机制",例如图 12-11(d)中,节点 P_0 若和节点 P_{14} 有过交互记录,那么节点 P_0 就会有对节点 P_{14} 的直接信任度,据此,本模型将 P_0 对 P_{14} 的直接信任也作为一个反馈值纳入 FTD 的计算之中,且它的权重值为 1。这种设计也是比较符合人类的心理认知习惯的,人们总是最相信自己的直接经历与判断,所以,对自己的反馈赋予最大的权重。

3. 搜索规模的控制

在传统的通过信任链或者广播方式计算反馈者信任值时,节点将反馈信息搜索请求直接发送给所有的邻居节点,邻居节点再将该请求发送给自己的邻居节点,依此类推。以这种方式

计算反馈信任信息时,可扩展性和收敛性是最大的挑战,例如对于有成千上万个节点的系统,要向系统所有的主体通过广播的方式查询反馈信任度,系统的开销将会非常巨大,另外,当信任链的跳数较多时,运算的收敛性速度会非常慢。通过以上分析我们可以看出,虽然 DTT 机制有效减少了查询消息的数量,提高了系统的运算速度,但 DTT 是一棵分布在全网的大规模数据结构,在如此巨大的网络结构中,进行反馈信任的搜索仍然是一项非常艰巨和耗时的工作。

我们的进一步目标是找到一种合理的方式来控制反馈信任信息聚合计算的规模,以提高系统的效率。传统网络系统中利用 TTL 控制反馈信息搜索请求消息的生存周期是可能的方案之一,但我们认为该方法并不适合于高度动态变化的分布式系统,TTL 是一种被动地控制模式,当 TTL 的值设定好之后,系统就被动地等待 TTL 周期的结束,不能主动地改变聚合运算的结束时间。所以需要探索新的机制。

通过 $\bar{\omega}(W_k)$ 的定义和图 12-11 的计算实例可以看出,随着 LEVEL 的增大,$\bar{\omega}(W_k)$ 的值逐渐减小。另外,当反馈者的直接信任值较小时,说明它的可信度较低,进而说明它的反馈信息也具有较低的可信度。根据以上两个基本认知,为了提高在大规模开放系统中反馈信任信息的聚合速度,我们引入两个参数——质量因子和距离因子来调节反馈信任聚合计算的规模。

定义 12-7　质量因子 $\eta \in [0,1]$ 是系统设定的一个常数,只有反馈者的直接信任值 $\Gamma_D(P_i,P_j) \geqslant \eta$ 时,该反馈者的反馈信息才是可信的。当 DTT 中某个节点的 $\Gamma_D(P_i,P_j) < \eta$ 时,该节点和以该节点为根的子树上所有节点的反馈都是不可信的。

通过质量因子可以有效控制反馈信任聚合运算的规模,一方面可以增强系统的运算收敛性,另一方面也可以减少低信任值的节点的恶意反馈,提高系统的安全性。

定义 12-8　距离因子 λ 是一个大于等于 1 的正常数,用来控制反馈信任请求信息在 DTT 中的传播深度。当 LEVEL 小于等于 λ 时,节点将请求信息转发给自己的邻居节点(子节点),否则停止传递。

通过距离因子可以减少信任链的长度,有效提高系统的聚合运算速度。参照图 12-11 算例,系统设定 $\lambda = 3$,那么来自节点 P_{10},P_{12},P_{13} 的邻居节点的反馈将会被剔除。

4. 反馈实体搜索算法

定义 12-5 给出了当有 L 个反馈实体时进行反馈信任的聚合计算的方法,但并没有给出如何获得这 L 个反馈实体,下面给出反馈实体的递归搜索算法(FRSA,Feedback Raters Searching Algorithm)。

算法 12-1　反馈实体递归搜索算法

① RequestFeedbacks(P_i,P_j,λ,η);　　　　　　　/＊函数名,递归函数入口　＊/

② IF(LEVEL(W_k)>λ))THEN 结束;/＊ 函数 LEVEL(W_k)表示第 k 个反馈者 W_k 距离 P_i 的跳数,λ 表示最大搜索深度,$\lambda \geqslant 1$,用来控制反馈信任请求信息在网络中的传播深度,也用来控制递归搜索算法的结束 ＊/

③ FOR(所有 $W_k \in$ Nset(P_i))　DO

　　IF($\Gamma_D(P_i,W_k)>\eta$) THEN

在 W_k 的本地数据库查询 $\Gamma_D(W_k,P_j)$;

　　　IF($\Gamma_D(W_k,P_j)$存在) THEN

　　　　　3.1) 返回 $\Gamma_D(W_k,P_j)$给 P_i;

　　　　　3.2) TNset(P_i,P_j) = TNset(P_i,P_j) + W_k;

3.3）RequestFeedbacks(W_k,P_j,λ,η)；/＊继续搜索　＊/

④ ENDFOR；/＊集合 Nset(P_i) 表示实体 P_i 的所有邻居节点；而集合 TNset(P_i,P_j) 表示 P_i 的 DTT 上所有符合要求的 FR 节点；η 表示对反馈者信任级别的最小值，例如，可取 $\eta \in [0.5,1]$，只有反馈者的直接信任值 $\Gamma(P_i,W_k) > \eta$ 时，该反馈者 W_k 的反馈信息才是可信的，通过 η 可以拒绝信任级别较低的反馈者。＊/

⑤ 输出 TNset(P_i,P_j)；

⑥ 结束。

12.3.5　模拟实验及结果分析

模拟实验是目前采用最广泛的信任模型评估方法，通过计算机来模拟具体的应用场景及实体之间的交互行为，可以从多个角度评估信任模型在解决实际问题时的效果。随着分布式信任模型研究的增多及大规模开放环境下动态信任模型研究的增多，为了评估信任模型及其算法在 P2P 计算、网格计算、Ad hoc、普适计算和 WEB 服务选择等应用中的效果，实验模拟已经成为信任模型的主要评估手段。实验模拟的优势在于可以用有限的资源模拟信任模型的实际应用效果，特别对于分布式的信任模型，可以通过控制模拟环境的网络规模、用户性质和行为模式、交互数目等来模拟信任模型在实际应用环境中的运行情况。

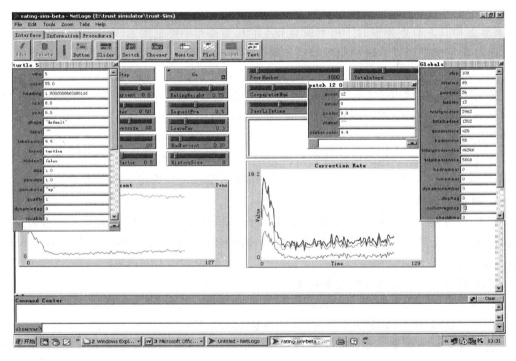

图 12-12　NETLOGO 模拟程序主控界面

本章通过 NETLOGO 平台实现了一个模拟的 P2P 计算环境来对 CMFTD 进行性能分析，NETLOGO 平台是美国西北大学网络学习和计算机建模中心推出的可编程建模环境[40]，采用 1.4.1 版 Java 语言编写，因此能够在多种主流平台上运行（Mac、Windows、Linux 等）。它同时提供单机和网络环境两种版本，每个模型还可以保存为 Java applets，可嵌入网页上运行。NETLOGO 提供一个开放的模拟平台，自身带有模型库，用户可以改变多种条件的设置，体验基于 Multi-Agent 复杂开放系统仿真建模的思想,进行探索性研究。它对于研究人员是一种有力的工具,允许建模者对几千个"独立"的 Agent 下达指令进行并行运作,特别适合于研究随着时间演化的复杂系统。为了便于比较,参照文献[41-42]的研究成果与方法,我们在 NETLOGO 平台中也实现了其他几个典型的信任模型(图 12-12 为模拟程序主控界面),包括 PET(PT-1)[42],Peer-Trust(PT-2)[33]。

由于需要计算节点的直接信任度(DTD),为了减少模拟实验计算的复杂度,我们使用一种基于历史函数的 DTD 计算方法。

设节点 P_i 与 P_j 在最近的 h 个交互中产生的信任满意度评价为集合 $D=\{d_1,d_2,\cdots,d_h\}$,其中 $0\leqslant d_k\leqslant 1, k\in[1,n], h<H, H$ 为节点 P_i 中的信任评估系统设定的最大历史记录个数, D 中的元素按照交互的时间顺序排列, d_1 表示离现在较久的一次交互, d_h 表示离现在最近的一次交互。则 P_i 对 P_j 的直接信任度为

$$\Gamma_D(P_i,P_j)=\begin{cases} \dfrac{\sum\limits_{k=1}^{h}d_k\gamma(k)}{h} & ,h\neq 0 \\ 0 & ,h=0 \end{cases} \tag{12-15}$$

其中 $\gamma(k)\in[0,1]$ 是衰减加权因子,用来对发生在不同时刻的直接信任信息进行合理的加权,对于新发生的交互行为应该给予更多的权重,这也反映了信任关系随时间的变化而衰减的属性。衰减因子定义为

$$\gamma(k)=\begin{cases} 1, & k=h \\ \gamma(k-1)=\gamma(k)-\dfrac{1}{h}, & 1\leqslant k\leqslant h \end{cases} \tag{12-16}$$

1. 实验参数及设置

模拟实验使用的运行参数、模型参数、节点类型和情景设置与文献[42]相似,表 12-4 为部分运行参数和模型参数的缺省值设置。

表 12-4　模拟实验参数说明

	参数	缺省值	描述
运行参数	N	100 000	节点总数
	恶意 SP(BSP)	20%~80%	BSP 的百分比
	动态 SP(DSP)	30%~80%	DSP 的百分比
	诚实 FR(HFR)	20%~80%	HFR 的百分比
	时间戳	2 000	模拟实验总次数
模拟参数	H	120	历史证据窗口
	λ	3~6	距离因子
	η	0.5	质量因子
	$\Delta\tau$	20	DSP 的服务交替时间
	TTL	3~6	PT1 和 PT2 参数

为了使模拟实验环境贴近实际的网络社区,参考文献[42]的情景设置,在模拟实验中做如下设定。

(1)实体的 3 种角色是相互独立的,一个实体既可以作为 SP 也可以作为 SR 和 FR,一个

实体可能是个好的 SP,但有可能是个恶意的 FR,几个身份相互独立,互不影响。

（2）FR 可以分为 4 种类型:①H 类实体（HFR）,总能提供真实的反馈;②M 类实体（MFR）,对其他实体总给出相反评价;③E 类实体（EFR）,根据扩大因子 ε 对其他实体总是给出扩大的评价 $\Gamma(P_i,P_j)+\varepsilon(1-0.5)$（模拟实验中,取 $\varepsilon=0.5$）;④C 类实体（CFR）,对团体内实体评价为 1,对其他实体评价为 0。

（3）SP 根据所提供服务的质量分为 3 种类型:①GSP 总能提供可靠的和稳定的服务;②BSP 总拒绝提供任何服务;③RSP 根据时间的动态变化分别提供 GSP 和 BSP 服务。

2. 可扩展性评估

通过两个参数来考察模型在时间和空间两个维度上的扩展性:①聚合计算时间（ACT,Aggregation Computing Time）,用 t_c 表示,定义为在各种不同的网络实体规模下,反馈信任聚合计算的平均时间开销;②平均存储开销（ASC, Average Storage Costs）,表示为 m_c,指模型在信任计算中各种控制消息和数据结构所占的平均存储空间的大小。设 m_{total} 为总存储开销的大小,N 为节点总数。m_c 定义为

$$m_c = \frac{m_{\text{total}}}{N} \tag{12-17}$$

分别在不同的 λ 取值下对模型的 ACT 和 ASC 进行比较,为了减少实验的复杂性,实验中节点社区我们认为是一个相对稳定的网络环境,也就是大部分的 SP 都能提供良好的服务,大部分的 FR 都能提供诚实的反馈信息,这种假设也是比较符合一个实际的网络环境的。根据这一假设,设定本组实验的各种节点类型比例为:①HFR 为 80%,MFR、EFR、CFR 之和为 20%;②GSP 为 80%,BSP 与 RSP 之和为 20%。几个模型在同等参数设置下进行 ACT 和 ASC 的计算,当其中某个算法的 ACT 和 ASC 值较小时,我们认为该算法具有较好的可扩展性。

图 12-13 所示为 3 种模型在 λ 为 3（CMFTD-3）和 TTL 为 3（PT-1,PT-2）时 ACT 模拟计算结果比较;图 12-14 所示为 3 种模型在 λ 为 6（CMFTD-6）和 TTL 为 6（PT-1,PT-2）时 ACT 模拟计算结果比较。可以看出,在两种情况下,CMFTD 均需要较小的聚合计算时间 t_c,而 PT-1 和 PT-2 需要较多的聚合计算时间,说明 CMFTD 有较好的运算收敛速度。同时也可以看出,随着网络规模的增大,CMFTD 的聚合计算时间缓慢增加,而 PT-1 和 PT-2 模型的 ACT 增长曲线斜率较大。表明随着网络规模的增大,CMFTD 具有更好的时间可扩展性。CMFTD 表现出这种较小的 ACT 的原因也是很明显的,因为 CMFTD 使用 DTT 进行反馈信任的搜索与聚合,而 PT-1 和 PT-2 均使用基于 TTL 的广播方式进行反馈信任的搜索,而根据 DTT 的构建过程,显然 DTT 需要更少的融合计算时间。

图 12-15 所示为 3 种模型在 λ 为 3（CMFTD-3）和 TTL 为 3（PT-1,PT-2）时 ASC 模拟计算结果比较;图 12-16 所示为 3 种模型在 λ 为 6（CMFTD-6）和 TTL 为 6（PT-1,PT-2）时 ASC 模拟计算结果比较。从计算结果可以看出,在 $\lambda=3$ 和 $\lambda=6$ 两种情况下,CMFTD 都需要比 PT-1 和 PT-2 较少的 ASC。说明 CMFTD 在网络规模增大时,所消耗的空间开销比 PT-1 和 PT-1 要小,而按照网络可扩展性的评估指标,也就是说,CMFTD 具有较好的空间可扩展性。同时,从图 12-15 和图 12-16 中我们可以看出,3 个模型的 m_c 值都随着 N 的增加而缓慢减少,主要原因是随着网络规模的增加,系统中节点的个数越来越多,而根据式（12-17）,ASC 是一个平均值,也就是网络存储平均分布在各个节点之中,所以,随着网络规模的增加,3 个模型的 ASC 都表现出下降的趋势。

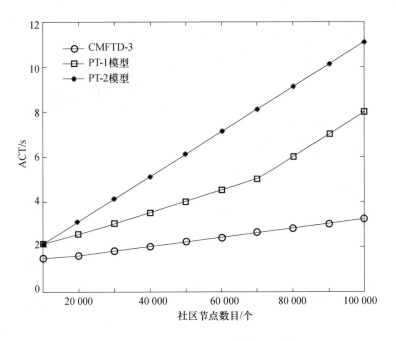

图 12-13　$\lambda = 3$ 时 ACT 计算结果比较

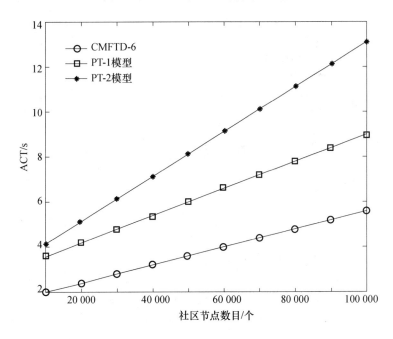

图 12-14　$\lambda = 6$ 时 ACT 计算结果比较

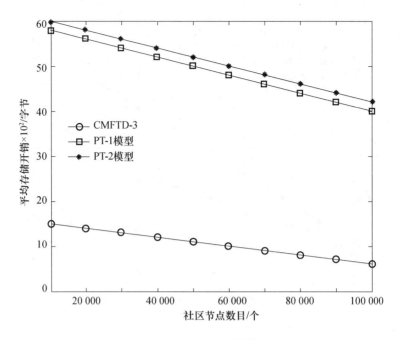

图 12-15　$\lambda=3$ 时 ASC 计算结果比较

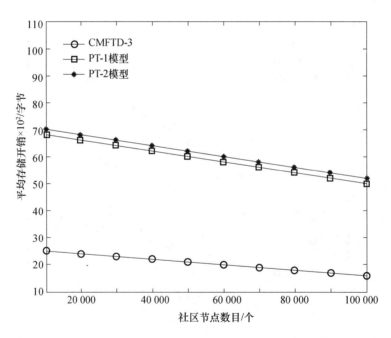

图 12-16　$\lambda=6$ 时 ASC 计算结果比较

3. 准确性评估

动态信任管理的一个主要功能是进行节点恶意行为的检测。由于受许多不确定性因素的影响,不可避免地存在误差(Error),信任机制应该具有较强的恶意行为的检测能力,好的检测能力能反映出系统具有较高的交互成功率(ISR,Interactive Success Rate),因此模型的准确性评价是根据 ISR 来评估的,利用 CMFTD 来检测提出的认知计算模型方法的有效性,检查模型提供的机制是否可靠,计算方法为

$$\beta(t_{\text{time-step}}) = \frac{1}{t_{\text{time-step}}} \sum_{i=1}^{t_{\text{time-step}}} G_i(t_{\text{time-step}}) \times 100\% \tag{12-18}$$

其中：$t_{\text{time-step}}$ 表示实验总的运行次数（时间步总数），$G_i(t_{\text{time-step}})$ 表示某时间戳 time-step 是否判断成功，成功返回 1，失败返回 0。ISR 的计算值 $\beta(t_{\text{time-step}})$ 的大小反映了模型的准确性。其值越大且越趋近于 100%，表示模型具有较好的准确性。

首先观察在一个正常社区的 ISR 计算结果比较（图 12-17），实验中反馈节点 FR 的类型分别设置为 HFR 为 80%，MFR 为 10%，EFR 为 5%，CFR 为 5%，服务提供者节点的比例分别为 GSP 为 80%，BSP 为 10%，RSP 为 10%。这样的取值也基本符合一个实际网络的特点，因为在一个实际网络中大部分节点都是诚实的节点（HFR 为 80%），只有少部分的节点是恶意节点（MFR、EFR、CFR 之和为 20%）。在一个实际网络中大部分节点都能提供稳定的服务（80%），而只有 20% 的节点经常拒绝服务，或者策略性地改变服务策略。从图 12-17 的计算结果可以看出，3 个模型基本上都表现出较高的 ISR，平均都在 90% 以上，但是在 3 个模型中，CMFTD 的 ISR 略高于其他两个模型，而 PT-2 模型的 ISR 是最低的。以上计算结果说明，在一个恶意节点比率较低的网络社会环境下，3 个模型基本都表现出比较稳健和可靠的信任评估性能。

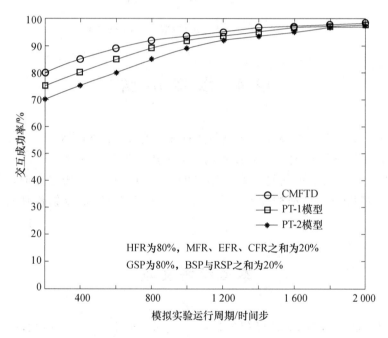

图 12-17　正常社区的 ISR 比较

继续进行试验，增大各种恶意节点的比例，观察 3 种模型的 ISR 指标。图 12-18 所示为在一个恶意节点比率较高社区的 ISR 的计算结果比较。各种恶意节点的比率见图中的标示，在此不再重复。从图 12-18 的计算结果可以看出，3 个模型的 ISR 都有所下降，但三者下降的比率有明显的差别：CMFTD 平均下降 3%，PT-1 平均下降 5%，而 PT-2 下降比率达到 8%。可见，在一个恶意节点比率较高的网络社会环境下，CMFTD 的 ISR 性能最稳定，PT-1 模型次之，而 PT-2 模型最低。出现这种性能差异的原因也是显然的，在 CMFTD 中，节点只相信可信的邻居节点的反馈，且通过质量因子来进一步抵御置信度较低节点的反馈行为，有效地提高了系统的 ISR 性能。

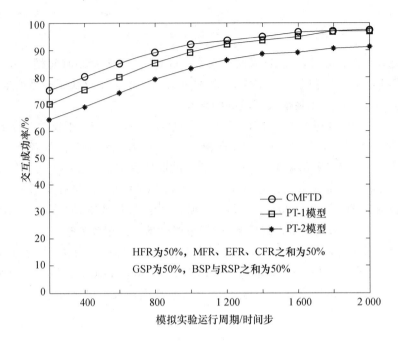

图 12-18　恶意节点比率较高社区的 ISR 比较

12.4　本章小结

本章首先针对 P2P 网络的基本知识进行了详细的介绍，主要包括 P2P 概念、结构或组成以及其研究中存在的问题等；然后从构成机制和关键技术两个方面阐述 P2P 网络的可信管理研究，并指出当前 P2P 网络可信管理研究存在的不足与下一步的研究方向；最后给出一个 P2P 网络可信管理模型的详细构建和评估过程——基于 DTT 的反馈信任计算模型（CM-FTD）。

本章参考文献

[1]　Oaks S, Traversa B, Gong Li. JXTA 技术手册[M]. 北京：清华大学出版社，2004：18-27.

[2]　Ding C H, Nutanong S, Buyya R. P2P networks for content sharing：GRIDS-TR-2003-7 [R]. Melbourne：Grid Computing and Distributed Systems Laboratory, University of Melbourne, 2003.

[3]　Lua E K, Crowcroft J, Pias M, et al. A survey and comparison of peer-to-peer overlay network schemes[J]. IEEE Communications Survey and Tutorials, 2005, 7 (2)：72-93.

[4]　Kalmis P, Ng W S, Ooi B C, et al. An adaptive peer-to-peer network for distributed caching of OLAP results[C]//Conference on Management of Data. New York：ACM, 2002：25-36.

［5］ Druschel P，Rowstron A. PAST：a large-scale persistent peer-to-peer storage utility ［C］//The 8th Workshop on Hot Topics in Operating Systems. Elmau：IEEE，2001：75-80.

［6］ Ng W S，Ooi B C，Tan K L，et al. PeerDB：a P2P based system for distributed data sharing［C］//The 19th International Conference on Data Engineering. Bangalore：IEEE，2003：633-644.

［7］ Sun Microsystems Inc. Project JXTA：An open，innovative collaboration［EB/OL］. (2001-04-25)［2018-03-30］. http://download. jxta. org/files/documents/27/15/JXTA-Vision. pdf.

［8］ 孙默，武波. P2P 网络安全模型的研究与设计实现［D］. 西安：西安电子科技大学，2005.

［9］ 秦益，杨波. 分布式系统中的信任管理研究［D］. 西安：西安电子科技大学，2005.

［10］ Ripeanu M，Foster I，Iamnitchi A. Mapping the gnutella network：properties of large-scale peer-to-peer systems and implications for system design［J］. IEEE Internet Computing Journal，2002，6(1).

［11］ Nullsoft. The Gnutella protocol specification v 0. 4 ［EB/OL］. (2005-01-01)［2018-03-30］. https://courses. cs. washington. edu/courses/cse522/05au/gnutella_protocol_0. 4. pdf.

［12］ Gribble S D，Brewer E A，Hellerstein J M，et al. Scalable，distributed data structures for Internet service construction［EB/OL］. (2000-01-01)［2018-03-30］. https://www. usenix. org/legacy/events/osdi00/full_papers/gribble/gribble_html/dds. html.

［13］ 罗杰文. Peer-to-Peer 综述［EB/OL］. (2006-08-25)［2018-03-30］. http://www. intsci. ac. cn/users/luojw/P2P/index. html.

［14］ 李小勇，桂小林. 大规模分布式环境下动态信任模型研究［J］. 软件学报，2007，18 (6)：1510-1521.

［15］ Tomoya K，Shigeki Y. Application of P2P (Peer-to-Peer) technology to marketing ［C］//The 2003 International Conference on Cyberworlds. Washington DC：IEEE，2003：372-379.

［16］ Liang J，Naoumov N，Ross K W. The index poisoning attack in P2P file-sharing systems［C］// The 25th IEEE International Conference on Computer Communications. Barcelona：IEEE，2006.

［17］ Milojiciac D S，Kalogeraki V，Lukose R，et al. Peer-to-Peer computing：HPL-2002-57Rl［R］. ［S. l. ］：HP Labs，2002.

［18］ Napster. Napster［EB/OL］. (2018-01-01)［2018-03-30］. http://us. napster. com.

［19］ 罗金玲，刘罗仁. 对等网络 P2P 系统安全问题的研究［J］. 网络安全技术与应用，2007，75(7)：20-21.

［20］ Shin S，Jung J，Balakrishnan H. Malware prevalence in the KaZaA file-sharing network［C］//The 6th ACM SIGCOMM Conference on Internet Measurement. New York：ACM，2006：333-338.

［21］ 中国互联网信息中心. 中国互联网络发展情况统计报告［EB/OL］. (2010-07-15)

[2011-09-01]. http://www.cnnic.net.cn/uploadfiles/pdf/2010/7/15/100708.pdf.

[22] Sit E, Morris R. Security considerations for Peer-to-Peer distributed Hash tables [C]//The 1st International Workshop on Peer-to-Peer Systems. London: Springer, 2002: 261-269.

[23] 张文, 赵子铭. P2P 网络技术原理与 C++开发案例[M]. 北京: 人民邮电出版社, 2008.

[24] Yu B, Singh M P. An evidential model of distributed reputation management[C]// The 1st International Joint Conference on Autonomous Agents and Multiagent Systems. New York: ACM, 2002: 294-301.

[25] Kim J T, Park H K, Paik E H. Security issues in peer-to-peer systems[C]//The 7th International Conference on Advanced Communication Technology. Phoenix Park: IEEE, 2005: 1059-1063.

[26] 胡玲. 可信计算技术在 P2P 网络信任模型中的应用研究[D]. 南京: 南京邮电大学, 2011.

[27] Jøsang A. An algebra for assessing trust in certification chains[C]// Network and Distributed Systems Security Symposium. San Diego: DBLP, 1999.

[28] 周奔波. 网格信任机制研究[D]. 西安: 西安电子科技大学, 2006.

[29] 朱峻茂, 杨寿保, 樊建平, 等. 与混合计算环境下基于推荐证据推理的信任模型[J]. 计算机研究与发展, 2005, 42(5): 797-803.

[30] Tang Wen, Chen Zhong. Research of subjective trust management model based on the fuzzy set theory[J]. Journal of Software, 2003, 14(9): 1401-1408.

[31] 胡和平, 刘海坤, 李瑞轩. 基于模糊理论的 P2P 网络主观信任模型-FSTM[J]. 小型微型计算机系统, 2008, 29(1): 17-21.

[32] Kamvar S D, Schlosser M T, Garcia-Molina H. The Eigentrust algorithm for reputation mangement in P2P networks[C]//The 12th International Conference on World Wide Web. New York: ACM, 2003: 640-651.

[33] Xiong L, Liu L. A reputation-based trust model for peer-to-peer e-commerce communities[C]//IEEE International Conference on E-Commerce. Newport Beach: IEEE, 2003: 228-229.

[34] 李小勇, 桂小林, 赵娟, 等. 一种可扩展的反馈信任信息聚合算法[J]. 西安交通大学学报, 2007, 41(8): 879-883.

[35] Aberer K, Despotovic Z. Managing trust in a Peer-to-Peer information systems[C]// The Tenth International Conference on Information and Knowledge Management. New York: ACM, 2002: 20-56.

[36] 刘凤鸣. P2P 服务环境中基于社会网络的信任计算研究[D]. 上海: 东华大学, 2008.

[37] 蒋兴浩. 基于机制的对等网信任管理问题研究[D]. 杭州: 浙江大学, 2002.

[38] 程男男, 杨波. 信任管理中的模型设计和安全性分析[D]. 西安: 西安电子科技大学, 2005.

[39] 刘鹏, 刘欣, 陈钟. 信任管理研究综述[J]. 计算机工程应用, 2004, 40(32): 39-43.

[40] 桂小林, 李小勇. 信任管理与计算[M]. 西安: 西安交通大学出版社, 2011.

［41］ Liang Zhengqiang，Shi Weisong. Enforcing cooperative resource sharing in untrusted Peer-to-Peer environments［J］. Journal of Mobile Networks and Applications，2005，10(6)：771-783.

［42］ Liang Zhengqiang，Shi Weisong. Analysis of recommendations on trust inference in open environment［J］. Journal of Performance Evaluation，2008，65(2)：99-128.

第 13 章

WSN 领域的可信管理

无线传感器网络(WSN,Wireless Sensor Network)是一种大规模的分布式网络,常常部署在无人值守的恶劣环境下,并且传感器节点的计算能力、存储能力以及能量等资源都是受限的,因此相对于传统的网络,无线传感器网络更容易受到恶意攻击。传统的安全机制由于需要特定的软硬件支持,并且占用较大的计算资源、存储资源以及大量的带宽,因此无法有效地应用于无线传感器网络中。

针对外部攻击,通常有效的方法是采用密码学技术对节点进行合法性认证来排除外部非法节点的恶意攻击,然而对于内部攻击,由于被捕获的节点本身是在网络内部的,已经通过了身份认证,这时传统的安全机制无法有效地处理这种内部攻击的情况。

针对无线传感器网络的特点,需要一种不需要特定软硬件支持的轻量级的,并且能够识别内部恶意攻击的安全机制。无线传感器网络信任管理系统就是在这样的背景下提出的。无线传感器网络信任管理系统是一个占用资源少的轻量级的、能处理外部和内部攻击的安全机制。

13.1 WSN 简介

13.1.1 WSN 概述

无线传感器网络是由大量部署在特定环境中的无线传感器所形成的一个多跳自组织的分布式无线网络。传感器节点的部署通常采用人工定点埋置和随机撒播等方式。无线传感器网络主要由传感器节点(Sensor Node)、汇聚节点(Sink)和监控中心(Monitor)3 部分组成,如图13-1 所示。传感器节点具有数据采集处理、通信、控制以及兼具路由功能。由于传感器节点的计算、存储、能量以及通信资源的有限性,在设计时要充分考虑这一点。在无线传感器网络中,传感器节点负责检测对象并获得相关信息(如位置、温度、湿度等)。传感器节点检测到的数据沿着其他传感器节点逐跳地传送到汇聚节点,因此传感器节点既充当了感知节点,又充当了转发数据的路由器。相对于传感器节点,汇聚节点的计算能力、存储能力以及通信能力较强且具有连续供电的能力,同时汇聚节点还能够对传感器节点发布监测任务,处理并转发来自传感器的检测数据。汇聚节点通常通过 Internet 或者卫星通信与监控中心相连,因此汇聚节点是传感器网络与外部网络进行连接的桥梁。在无线传感器网络中,用户是通过监控中心对传感器网络进行配置和管理,发布监测任务以及收集监测数据的。

13.1.2 WSN 的特点

无线传感器网络是由大量能够检测物理环境,同时具有数据处理和无线通信功能的传感器构成。无线传感器网络是一种集成了监测、无线通信以及控制的无线网络。与其他无线网络(如移动通信网、MANET 网、无线局域网、蓝牙网等)相比,无线传感器网络具有以下特点[1-2]。

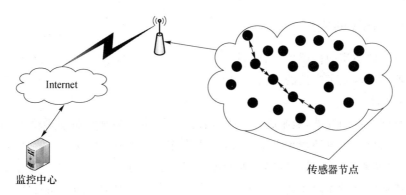

图 13-1　无线传感器网络

(1) 节点资源受限

由于受成本、体积等的限制,传感器节点的计算能力、存储能力都是较弱的。由于传感器节点是通过电池供电,因此,传感器节点的能量也是受限的。由于传感器节点受限的计算资源、存储资源以及能量资源,因此在设计传感器网络协议时要求算法的时间和空间复杂度都要低。

(2) 节点数量庞大

通常为了监测一个区域,往往部署成千上万个传感器。传感器节点数量大而且分布密集,这保证了传感器网络的容错性和健壮性。

(3) 多跳路由

由于传感器节点的通信距离有限,而传感器节点距离汇聚节点较远,所以传感器节点感知的信息需要经过多个传感器节点的多跳路由才能最终到达汇聚节点。

(4) 自组织

节点在部署过程中并不需要任何事先预设的网络基础设施,节点间通过分层协议和分布式算法自发地形成一个自组织网络。

(5) 拓扑结构的动态变化性

无线传感器网络中,由于节点故障或者能量耗尽而消失、新的传感器节点的加入、监测对象位置的变化,都会导致节点之间的关系以及网络的拓扑结构发生变化。因此,无线传感器网络的拓扑结构表现动态变化的特性。

(6) 以数据为中心

无线传感器网络是一个任务型网络,目的是获取监测区域的数据,对数据是由哪个传感器采集到的并不关心,这就要求无线传感器网络以数据为中心运行。

(7) 数据冗余

由于传感器节点的部署密度高,导致相邻节点采集到的数据是相同的,这就造成了传感器节点间采集到的数据存在冗余。因此,传感器网络中通常需要对数据进行冗余处理(如数据融合和数据聚合技术)。

（8）安全性差

无线传感器网络通常是部署在无人值守的恶劣环境中，并且传感器节点的能量是有限性的，因此相比于传统无线网络，无线传感器网络更容易受到恶意攻击，其安全性更差。

13.1.3 WSN 的应用

由于各种不同类型的传感器（如监测温度、湿度、光照强度、速度、图像、视频等）的存在，使得无线传感器网络得到了广泛的应用。

（1）民事领域

随着物联网技术的发展，越来越多的无线传感器网络产品和设备渗透到人们的日常生活的各个方面。当今人们对环境越来越重视，无线传感器网络为人们实时监测环境提供了便利，例如，通过部署监测空气质量的传感器人们可以实时了解空气的质量，以方便采取相应的防护措施。通过佩戴监测身体健康状况的传感器，医生可以实时地了解病人的身体状况，有利于病人发生状况时进行快速医疗救助。在家用电器中安装传感器，人们可以实现在外方便地通过互联网控制家中的电器，提高了人们的生活质量。

（2）工业生产

无线传感器网络已广泛应用到了工业生产中，提高了工业生产的效率以及安全性。例如，在工业生产的机械设备上安装监测设备运行的传感器，在设备出现问题时可以通过传感器网络即时报警以获得处理，减少安全事故的发生。

（3）军事领域

由于传感器网络的自组织性、健壮性以及隐蔽性等特点，传感器网络特别适合应用于复杂多变的、恶劣的军事战场环境中。无线传感器网络在军事领域有着广泛的应用。将无线传感器网络应用于军事作战区域，可以对关键目标进行实时定位跟踪，对关键区域进行实时监测并根据需要给出预警，对战区的各种环境数据进行监测。此外，在军事领域，无线传感器网络还可以应用于后勤保障方面，提高了后勤工作的效率。

13.2　WSN 中的安全与信任

13.2.1　WSN 的安全问题

无线传感器网络由于规模大，节点计算能力、存储能力、能量等资源受限，且一般部署在无人值守的恶劣环境中等因素，无线传感器网络容易受到恶意攻击，例如，捕获、窜改、丢弃数据、控制节点等。如何在计算能力、存储能力，电池能量、通信能力等资源非常有限的情况下，为无线传感器网络设计一个安全的、轻量级的机制，是当前无线传感器网络安全面临的一大问题。

无线传感器网络面临的攻击分为两类：外部攻击和内部攻击。外部攻击指的是来自无线传感器网络外部节点的攻击。针对外部攻击，通常有效的方法是采用密码学技术对节点进行合法性认证来排除外部非法节点的恶意攻击。然而对于内部攻击，由于被捕获的节点本身是在网络内部的，已经通过了身份认证，密码技术无法处理。要解决来自网络内部的攻击，需要采用一种能够识别被捕获节点和恶意节点的机制，而信任管理机制通过识别节点的信任度为解决来自网络内部的攻击提供了一种有效的手段。

根据无线传感器网络的特点,结合无线传感器网络的安全威胁,无线传感器网络的安全机制应当具备机密性、真实性、完整性、新鲜性、可用性、认证性、可扩展性以及鲁棒性。

（1）机密性

机密性是指无线传感器网络在任何情况下都不能泄露重要敏感的信息。所有敏感信息都要在存储和传输过程中保证不被泄露。由于无线链路容易被窃听,因此解决机密性的方法是对数据进行加密传输,且这些密钥不为第三方所知,因此第三方即使截获了数据,也无法获知数据的真实内容。

（2）真实性

真实性指的是传递到汇聚节点的数据必须是实时有效的,经过多跳传输后的数据与实际监测到的数据的差值应该在可接受的范围内。

（3）完整性

完整性指数据在传输的过程中不被篡改以及替换,能够完整地被传输。在传统网络中,数据完整性是通过数字签名来保障的,但是对于传感器网络,节点资源的受限性限制了公钥密码体制的使用。在无线传感器网络中,通常使用消息认证码 MAC 来进行完整性校验。

（4）新鲜性

新鲜性是指发送方发给接收方的数据是最新产生的数据包。新鲜性还体现在密钥建立过程中通信双方所共享的密钥也是最新的。引起新鲜性问题的原因有两种:一是多路径延时的非确定性导致接收方收到错序的数据包;二是恶意节点的重发送攻击。

（5）可用性

由于传感器网络中节点的资源受限性,安全方案应当具有算法时间和空间复杂度低、节能同时也要考虑通信能力等特点,以延长无线传感器网络的生命周期。

（6）认证性

无线传感器网络中的节点身份以及产生的数据必须保证是可信的,不能被冒充和伪造。传统网络通常采用数字证书来进行身份认证,但无线传感器网络由于资源受限性,数字证书认证方式不能很好地应用于无线传感器网络,无线传感器网络使用简单的共享密钥来进行认证。

（7）可扩展性

无线传感器网络是大规模网络,网络拓扑是动态变化的,因此无线传感器网络不仅在网络属性方面应该具有可扩展性,而且在相应的安全机制和保障措施方面都应该具有可扩展性。

（8）鲁棒性

无线传感器网络通常部署在无人值守的恶劣环境中,这给网络的生存带来了挑战,无线传感器网络的自组织性使得节点能够加入和退出以响应网络拓扑的改变,因此网络安全方案也应该具有相应的鲁棒性,保障网络的安全。

13.2.2　WSN 安全机制研究概述

无线传感器网络由于自身的特点,现有的网络安全机制不能直接应用于无线传感器网络中。无线传感器网络安全机制是在现有的网络安全机制基础上进行改进和优化使其适用于无线传感器网络的一种安全机制。

1. 无线传感器网络入侵检测策略

传统的入侵检测是分析网络中的数据帧以判断是否存在恶意攻击行为,它并不适用于无线传感器网络的入侵检测。无线传感器网络的入侵检测需要考虑两个方面:一是确保网络数据传输的安全性;二是增强网络可靠性和鲁棒性。目前无线传感器网络的入侵检测策略研究重点着眼于应对由于开放性环境和无线射频通信机制造成的安全威胁。无线传感器网络的入侵检测策略检测的重点目标是:恶意行为和入侵节点。现有的无线传感器网络入侵检测方案分为3类:基于节点地理位置的检测方案、基于加解密管理模型的检测方案和基于节点局部统计的检测方案。

2. 无线传感器网络密钥管理策略

密钥管理是无线传感器网络安全管理的核心。然而,由于无线传感器节点的资源受限性,传统的 PKI 和 CA 由于需要使用大量计算力,所以不能适用于无线传感器网络。现有的适用于无线传感器网络应用的密钥管理有以下3种:信任服务器模式、自我执行模式以及基于密钥分布的模式。

在信任服务器模式中,通信双方依赖于一个可靠的第三方,即密钥分发中心(KDC,Key Distribution Center)。当网络中的节点需要通信时,节点首先向 KDC 发出申请,KDC 分配给通信双方一个临时的会话密钥,然后节点之间可以通过这一临时会话密钥进行通信。信任服务器模式的特点是每次数据发送都要有第三方的介入,这将消耗额外的传感器能量。由于无线传感器网络的拓扑动态变化特性,有时传感器节点无法与第三方进行会话,因此该方案有一定的局限性。

在自我执行模式中,不需要可靠第三方的支持,该方案依赖于找到一种适合于无线传感器网络的分布式密钥协商机制。通过非对称密钥加密算法,发送方和接收方可以通过各自私钥进行临时会话密钥的交换。然而由于非对称密钥计算开销大,该方案的实现有一定的难度。

预分配密钥方式是在传感器节点部署之前事先分发密钥信息,涉及密钥操作的计算都在节点部署之前完成,这种方式不需要额外消耗传感器的计算开销,因此该方案优于上面两种方案。由于传感器资源的受限性,传感器网络密钥管理采用的不是传统的数字签名方式,而是通过消息认证码和 Hash 链实现的。

3. 无线传感器网络节点认证方案

无线传感器网络是一种分布式自组织网络,所采用的认证机制需要适应其分布式自主认证的模式,所以这也是无线传感器网络认证技术研究的重点。

传感器节点认证:通过密钥认证可以实现无线传感器网络中节点的认证。但除通过密钥认证之外,传感器节点也可以充分利用自身有利条件,运用不同的传感器和分布式数据结构,为节点认证提供额外的特征数据用于标识可以信任的节点。

数据帧认证:无线传感器网络中的数据帧认证分为点到点和广播两种类型。点到点数据帧的认证可通过传感器节点认证来完成,而广播式数据帧的认证对无线传感器网络来说相对困难但具有重要的意义,因此广播式认证是无线传感器网络认证技术重要的研究方向。

13.2.3 WSN 中的信任研究

传统的基于密码的安全机制只能抵御外部攻击,无法有效解决由于节点被捕获而发生的来自内部的攻击。由于传感器节点的资源受限性,现行的无线传感器网络的认证方式是基于对称密码方式的,因此在节点被捕获后容易发生信息泄露,如果不及时识别这些被捕获的节点,整个网络将会被恶意攻击,危害极大。因此需要引入一种有效的机制能够及时识别出被捕获的节点,阻止来自无线传感器内部的攻击。

安全和信任是两个不同的概念。安全关注的是系统的安全性,能够处理非法入侵、恶意攻击等。而信任是帮助网络实体间建立信心或者推动在网络环境中进行交互或者事务合作,把实体间合作的风险降低。安全和信任两者互有区别的同时也是紧密联系的。安全为信任的创建提供了可靠的通信和信息保护,而信任反过来对安全进行了增强。因此,Rasmusson 等[3]将加密解密、认证、入侵检测等安全措施称为硬安全(hard security),而将信任称为软安全(soft security)。

13.3　WSN 中的信任管理

无线传感器网络中的信任机制必须结合传感器网络的特点,要明确信任因素、信任值的初始化方法、计算方式、更新方式以及如何将信任值应用于具体的安全决策中。无线传感器网络的信任机制架构如图 13-2 所示。

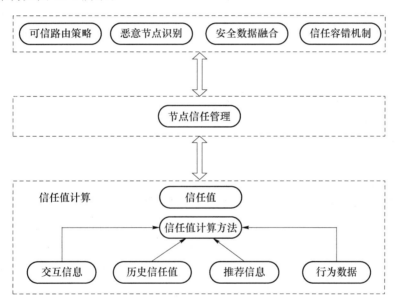

图 13-2　无线传感器网络信任机制架构

13.3.1　信任值计算

信任值计算是无线传感器网络信任管理的核心,也是无线传感器网络信任管理进行其他操作的基础。因此,信任值计算是信任管理的首要任务。信任值是一个节点通过一段时间的观察根据历史经验信息对另一个节点给出的诚实性、安全性和可信性的一种主观度量[4]。信任值计算过程包括信任值定义、初始化、合成。

1. 信任值定义

信任值定义[5]是确定节点信任值的表示方法,目前有多种无线传感器网络中节点信任值的表示方法,具有代表性的包括离散值表示法[6]、概率值表示法[7]、模糊理论表示法[8]。离散值表示法将节点的可信度划分成几个范围,不同的可信度用不同的离散值表示,利用映射函数将离散值映射成为相应的信任数值。离散值表示法简单直观,但由于离散等级的划分存在模糊性以及对主体的信任评价存在不确定性,因此,离散值表示法不够精确。概率值表示法通过概率推理得到信任值,该方法将信任值定义在区间[0,1]之间。概率值表示法将不确定性和主观性通过概率的随机性来表示。模糊理论表示法通过隶属度对实体的信任度完成量化描述。模糊理论表示法将实体间的信任度划分成多个模糊子集,例如,绝对信任,一般信任,不太信任,不信任;然后再计算实体对各个模糊子集的隶属度,最后用隶属度向量表示实体的信任值。模糊理论表示法解决了信任的模糊性问题。随着信任管理技术研究的深入,未来将会出现新的信任值表示方法。

2. 信任值初始化

无线传感器网络中的信任值初始化一般有两种方式。

(1)网络初始化前将所有节点的信任值初始化为某一相同的值。

(2)通过一个初始化阶段将网络中所有节点的信任值进行初始化,通过这种方式初始化的结果是每个节点的初始信任值不一定相同。

3. 信任值合成

信任值合成是信任计算的核心。由于无线传感器网络资源的受限性,无线传感器网络中信任的合成应该采用简单的计算模式,如加法或乘法[4]。信任值的合成分为两类:横向合成和纵向合成[9]。

横向合成包括直接信任合成[10]、间接信任合成以及直接信任和间接信任之间的总合成。直接信任合成是对节点自身获得的主观因素进行合成,间接信任合成是对于被评价节点共同的邻居节点的推荐信任进行的合成。

纵向合成是按时间进行的信任值合成[11],也称为信任值更新,是对最新计算出的信任值与历史的信任值进行的合成。

本节主要介绍基于信誉的传感网框架(RESN,Reputation based Framework for Sensor Network)模型中信任度的计算方法[12]。在 RFSN 模型中,通过计算节点的数学期望求节点的信任度。RFSN 模型在计算信任度时使用了当前节点保存的各类信任因素以及其他节点保存的节点合作数据和维护的信任度。RFSN 将节点交互行为分为两类:成功的和失败的。每个节点都有检测和该节点邻居节点交互的结果记录 $r_{ij}=(\alpha,\beta)$,其中 j 是 i 的一个邻居节点,α 代表交互成功的次数,β 代表交互失败的次数。通过节点 i 对节点 j 的直接观察,利用贝叶斯公式计算出的直接信任值为

$$(R_{ij})=\mathrm{Beta}(\alpha_j+1,\beta_j+1) \tag{13-1}$$

节点 i 对节点 j 的信任值为

$$T_{ij}=E[R_{ij}]=R_{ij}\omega+\sum R_{kj}\omega_k \tag{13-2}$$

其中:k 是节点 i 的所有相邻节点中保存有节点 j 信任度(R_{kj})的节点,ω_k 为权重。

RFSN 中节点 i 对节点 j 的直接信任值的更新为

$$\alpha_j^{\mathrm{new}}=(\omega_{\mathrm{age}}\alpha_j)+\gamma,\quad \beta_j^{\mathrm{new}}=(\omega_{\mathrm{age}}\beta_j)+s \tag{13-3}$$

其中 γ 和 s 是最近合作成功的次数和失败的次数。

节点 i 与节点 k 获得了关于节点 j 的信任因子后,节点 i 对节点 j 的信任值更新为

$$\begin{cases}\alpha_j^{\mathrm{new}}=\alpha_j+\dfrac{2\alpha_k\alpha_j^k}{(\beta_k+2)(\alpha_j^k+\beta_j^k+2)+2\alpha_k}\\[3mm]\beta_j^{\mathrm{new}}=\beta_j+\dfrac{2\alpha_k\beta_j^k}{(\beta_k+2)(\alpha_j^k+\beta_j^k+2)+2\alpha_k}\end{cases} \tag{13-4}$$

13.3.2　WSN 信任管理模型

随着无线传感器网络的广泛应用,越来越多的无线传感器网络的信任管理模型也被提出,常见的主要有以下几类模型:主观信任模型,模糊理论信任模型,贝叶斯信任模型,云模型信任模型[13]。

1. 主观信任模型

主观信任模型是极为重要的一种信任模型,现有的主观信任模型大多建立在 D-S 证据理论的基础之上。D-S 证据理论是一种不确定推理方法,虽然较好地描述了信任的不确定性,但其中的 Dempster 组合规则需要极为严格的证据独立性。

针对 D-S 证据理论的不足,Jøsang 等人结合主观逻辑理论提出了应用主观逻辑方法(TNA-SL,Trust Network Analysis with Subjective Logic)构建信任传递模型。主观逻辑方法引入了事实空间和观念空间的概念,并建立了事实空间和观念空间之间的映射关系,以此来度量信任关系。主观逻辑方法建立了由信任、不信任以及不确定构成的意见空间,并用其来表达人的主观信任感知;同时该方法分别用推荐算子和合意算子进行信任传递和信任运算。在 Jøsang 提出的主观模型中,用“观点”进行信任关系的表示和度量,并通过 D-S 证据理论形成观点与证据的映射关系。在 Jøsang 的主观模型中,对观点、信任传递和信任聚合的描述如下。以四元组 $\omega=(b,d,u,a)$ 表示一个观点,其中:b 表示信任,d 表示不信任,u 表示不确定,a 表示相对粒度,且满足 $b+d+u=1$ 和 $b,d,u\in[0,1]$。在 Jøsang 的主观模型中,用三元组 $\omega_B^A=(b_B^A,d_B^A,u_B^A)$ 表示节点 A 对节点 B 的主观信任评价。令 ω_B^A 为节点 A 对节点 B 的信任评价,ω_T^B 为节点 B 对节点 T 的信任评价,则节点 A 对节点 T 的信任评价是来自节点 B 的推荐信任 $\omega_T^{A:B}$,其计算如下:

$$\omega_T^{A:B}=\omega_B^A\otimes\omega_T^B=\begin{cases}b_T^{A:B}=b_B^A b_T^B\\d_T^{A:B}=b_B^A d_T^B\\u_T^{A:B}=d_B^A+u_B^A+b_B^A u_T^B\end{cases}\tag{13-5}$$

当节点 A 对节点 T 有多个推荐信任时,这时需要对多个推荐信任进行聚合。令 ω_T^B 是节点 B 对节点 T 的信任评价,ω_T^C 是节点 C 对节点 T 的信任评价,$k=u_T^B+u_T^C-u_T^B u_T^C$,$\gamma=u_T^C/u_T^B$,节点 A 通过节点 B 和节点 C 的推荐信任的聚合得到的节点 A 对节点 T 的信任为

当 $k\neq0$ 时,　　　　　　　　　　当 $k=0$ 时,

$$\begin{cases}b_T^{B\diamond C}=(b_T^B u_T^C+b_T^C u_T^B)/k\\d_T^{B\diamond C}=(d_T^B u_T^C+d_T^C u_T^B)/k\\u_T^{B\diamond C}=(u_T^B u_T^C)/k\end{cases}\quad\begin{cases}b_T^{B\diamond C}=(\gamma b_T^B+b_T^C)/(\gamma+1)\\d_T^{B\diamond C}=(\gamma d_T^B+d_T^C)/(\gamma+1)\\u_T^{B\diamond C}=0\end{cases}\tag{13-6}$$

信任聚合的方法除上述采用的合意算子组合规则外,还有累加聚合、平均聚合以及加权平均聚合。

王等[14]针对 Jøsang 主观逻辑模型的不足,通过对推荐信任引入乐观因子来区分信任评价主体的特性,并对聚合信任进行改进,使得在进行聚合信任时符合少数服从多数的原则。Jøsang 主观逻辑模型存在两方面的不足:一是在计算传递信任时,对传递算子不确定性的度量过于乐观,也未考虑信任的时间效应;二是计算聚合信任时,并未考虑信任差异,正面和负面评价的权重是一样的,这不仅不符合现实而且也不利于惩罚恶意行为。

杨等[15]针对 Jøsang 主观信任模型中未考虑信任差异的问题,提出了在计算信任值之前

对证据数据进行预处理的方法,使得信任对负面证据反应更加敏感,能更好地惩罚恶意行为,同时他们在王等[14]提出的模型的基础上提出了乐观因子的取值准则,并提出新的信任聚合算子,使得聚合算子的精度更高,健壮性更好。

2. 模糊理论信任模型

模糊理论是指信任具有主观性和模糊性,模糊理论来自于心理学和社会学等学科领域。1965 年 Zadeh 教授提出了模糊集合理论,随着研究的不断深入,模糊逻辑、模糊推理以及模糊控制等理论也相继诞生并发展成了模糊理论(Fuzzy Logic)。

Blaze 等[16]首次在信任管理系统中引入了模糊理论,将信任传递引入到信任模型中,设计了基于逻辑推导的信任关系,给出了信任度量的方法,同时分析了推荐信任的计算方法以及综合信任度的计算方法。Bharadwaj 等[17]针对信任和声誉两种概念提出了模糊计算模型,在 Beta 声誉模型的基础上引入互惠机制和个体经验,进行模糊扩展,从而建立信任模型,并在这些研究的基础上提出了两级过滤方法。

3. 贝叶斯信任模型

贝叶斯定理是由英国数学家贝叶斯于 18 世纪提出的,用来描述一件事在另外一件事已经发生的条件下的概率。贝叶斯信任模型是基于贝叶斯定理的信任管理模型。Beth 等[18]在概率统计的基础上对信任关系进行了描述和度量,将信任的不确定性视为随机性建立了信任评价模型;把信任分为直接信任和间接信任,并给出了综合这两种信任的计算方法。Wang 等[19]研究发现信任是多方面的,由此引入了贝叶斯理论,建立了贝叶斯网络信任模型,以描述信任的多样化。孙等[20]分析了信任推荐过程中存在的攻击以及这些攻击之间的关系,在贝叶斯决策理论和最小损失原则的基础上,对信任推荐模型进行了改进,提出了基于贝叶斯理论的自组网推荐信任模型——TMRTR(Trust Model with Recommendation Trust Revision)。

4. 云模型信任模型

针对现实社会中存在的诸多不确定性现象,学者们发现仅用概率论和模糊数学的方式是不够的,于是在 1995 年李德毅院士提出了云模型(一种研究不确定性的数学方法)。设 X 是一个普通集合,$X = \{x\}$ 称为论域。在论域 X 中存在模糊集合 A,而论域 X 中的任意元素 x 都对应一个呈现稳定趋势的随机数 $u_A(x)$,这个随机数就是 x 对 A 的隶属度。当论域中的元素呈现简单而有序的状态时,论域 X 便是基础变量,隶属度在 X 上的分布则称为隶属云;当论域中的元素呈现复杂的状态或者混乱状态时,将通过映射 f 把 X 映射到另一个有序的论域 X' 上,同时 X' 中有且仅有一个 x' 和 x 对应,则 X' 便是基础变量,隶属度在 X' 上的分布称为隶属云。云有 3 大数字特征:期望 Ex,熵 En 和超熵 He。孟等[21]为处理信任表达的不确定性和模糊性,将云模型引入信任管理中,提出了基于云模型的信任管理。王等[22]为解决信任度定量评价问题,在信任云的基础上,利用云模型中的期望和超熵,提出了基于云模型的信任量化评价方法。

13.3.3 WSN 信任管理研究现状

在针对无线传感器网络信任管理的研究中,当前主要采用的理论有:模糊理论、主观逻辑理论、贝叶斯理论以及其他相关理论如信息熵、云理论、社会网理论、层次分析法和网络拓扑理论等。

Kim 等[23]提出了基于模糊逻辑的 WSNs 信任模型,同时在交互算法中引入信任机制解决了传感器节点在选择高效安全路由时需要计算的信任值问题,使得传感器节点能够选择高效安全的路由。张等[24]基于主观逻辑,提出了一种新的 WSNs 可信路由算法,该算法将节点的可信度作为路由选择的依据,实现了数据传输过程中可信路由的选择。成等[25]通过形式化定义信任值的概念,在 D-S 证据理论的基础上提出了一种新的信任评估模型,分别利用基于置信度函数和邻居节点推荐来获得直接信任值和间接信任值,并根据 D-S 证据理论合成节点的综合信任值。Feng 等[26-27]将节点行为和 D-S 证据理论相结合提出了一种新的 WSNs 信任模型 NBBTE,在筛选信任因素及相关系数时将传感器节点行为作为依据,通过加权平均的方式计算直接信任和间接信任,在改进 D-S 证据组合规则的基础上,结合模糊理论合成最终信任值。潘等[28]基于确定性理论,提出了 nTRUST 无线传感器网络信任模型,该模型以节点的综合信任值为依据对节点的信任程度进行评价,结合节点的剩余能量建立模型,实现了无线传感器网络中节点能量的均衡性消耗,延长了网络生命周期。鄢等[29]提出了基于组合框架的贝叶斯信任模型 BTM-CF。该模型将节点信任分为通信信任与数据信任,通信信任又分为直接通信信任和间接通信信任,继而构建综合评估多种信任的组合框架;通过利用贝叶斯定理处理通信信任和数据信任之间的关系,实现了在信任机制的建立以及对信任机制进行维护和更新的过程中能量消耗的降低,满足无线传感器网络对节能的要求。唐等[30]引入信息熵理论,提出了一种新的 WSNs 数据融合方法,研究分析传感器的历史数据,引入等价类思想,周期性地将节点按照是否存在冗余分簇,降低了 WSNs 节点的能耗。考虑到节点间信任关系会随着时间发生变化,陈等[31]提出了基于信任云的 WSNs 信任评估模型,该模型将节点行为分为历史行为和近期行为,并得到相应的历史信任云和近期信任云;并采用信任度的方法对直接信任云和推荐信任云进行信任融合。于等[32]针对信任中存在的公平性问题,提出基于 Rasch 理论的信任管理机制;针对节点信任中存在被动信任、直接信任与推荐信任等关系,引入主观逻辑信任模型对这几种信任进行融合,继而提出了基于主观逻辑信任的被动信任模型;针对网络在融合数据的过程中存在的安全问题,将信任模型应用于数据融合,降低网络的资源消耗,继而提出了基于信任的安全数据融合模型。张等[33]基于社会网络关联度理论,提出了相应的无线传感器网络节点信任模型,并采用滑动窗口的方法计算传感器节点信任值并及时进行更新,以此为基础提出信任的更新算法(SNTUA,Sensor Node Trust Update Algorithm)。陈等[34]基于灰色理论,提出了相应的信任模型(GTTM,Grey Theory-based Trust Model),在对节点行为进行监管的基础上构造样本矩阵,采用灰色理论中的关联思想和聚类思想分别计算推荐节点的权重和节点的信任值。

13.4 存在的问题及面临的挑战

13.4.1 存在的问题

目前,虽然业界已提出了一些无线传感器网络信任管理模型,但大部分的模型都仅停留在理论阶段,想要应用于实际还存在以下几个方面的问题。

(1) 现有的大部分无线传感器网络信任模型,信任值的计算复杂,对节点计算能力、存储能力的要求较高,因此无法适应传感器节点资源受限性的特点。

(2) 现有的大部分无线传感器网络信任模型的信任值计算所涉及的参数较多,较多的参数增加了通信和存储开销,使得原本就受限的资源进一步被消耗。

（3）现有的大部分无线传感器网络信任模型的信任值计算所涉及的一些参数，在理论上对信任值的计算有影响，但在实践中却对计算结果的影响可能并不明显，然而由于模型并没有应用在实际环境中，因而无法确定哪些参数可以简化甚至忽略，最终导致模型的复杂化。

（4）目前无线传感器网络中的信任管理很大一部分还停留在对节点信誉的评估上，并没有将模型的设计与相关的路由协议综合起来，然而信任管理的最终目标却是选择合适的路径。

13.4.2 面临的挑战

由于无线传感器网络中传感器的资源受限性，在设计无线传感器网络信任管理时面临以下几个方面的挑战。

（1）信任管理模型要简单有效的轻量级模型

无线传感器网络中的信任模型在保证安全的情况下，尽可能简单，避免占用过多的计算资源、存储资源以及通信开销，以延长网络的生命周期；并且计算出的信任度要能准确、真实地展现当前网络节点的信任状况。

（2）适应网络拓扑的动态变化性

无线传感器网络中由于节点故障或者被捕获等原因，网络的拓扑结构是动态变化的，这对节点行为的持续性观察造成了一定的困难，给设计信任管理模型带来了挑战。

（3）高效的通信机制

由于无线传感器网络中的通信链路不稳定、带宽有限，因此应尽量减少节点之间传递的信息量，避免网络拥塞的发生，并且也要平衡节点之间的负载，延长无线传感器网络生命周期。

（4）能够识别网络的隐藏恶意节点

对于尚未发生攻击行为的隐藏的恶意节点，如何在节点未发生攻击或者攻击刚开始时就监测出节点的恶意性，使网络受攻击的损失降到最低，提高网络安全性，是值得研究的问题。

13.5 本章小结

本章首先对无线传感器网络进行了详细介绍，主要介绍了无线传感器网络的概念、特点以及应用；其次介绍了无线传感器网络的安全问题，以及当前针对无线传感器网络安全的处理机制；再次介绍了可信技术在无线传感器网络中的应用研究；最后介绍了无线传感器网络中的信任管理模型以及研究现状和存在的问题。

本章参考文献

［1］ 訾冰洁. 无线传感器网络信任管理研究［D］. 大连：大连理工大学，2010.

［2］ 马祖长，孙怡宁，梅涛. 无线传感器网络综述［J］. 通信学报，2004，25（4）：111-124.

［3］ Rasmusson L，Janson S. Simulated social control for secure Internet commerce［C］// The 1996 Workshop on New Security Paradigms. New York：ACM，1996：18-25.

［4］ 魏海波. 无线传感器网信任管理技术研究［D］. 南京：南京邮电大学，2013.

［5］ 荆琦，唐礼勇，陈钟. 无线传感器网络中的信任管理［J］. 软件学报，2008，19（7）：

1716-1730.

[6]　李玲，王新华. 无线传感器网络中的信任管理研究现状[J]. 网络与通信，2011(2)：78-81.

[7]　任丰原，黄海宁，林闯. 无线传感器网络[J]. 软件学报，2003，14(7)：1282-1290.

[8]　孙利民，李建中，陈渝. 无线传感器网络[M]. 北京：清华大学出版社，2005.

[9]　冯凯. 基于信任管理的无线传感器网络可信模型研究[D]. 武汉：武汉理工大学，2009.

[10]　王海涛，郑少仁. Ad hoc 传感网络的体系结构及其相关问题[J]. 解放军理工大学学报：自然科学版，2003，4(1)：1-6.

[11]　徐锋，吕建. Web 安全中的信任管理研究与进展[J]. 软件学报，2002，13(11)：2057-2064.

[12]　Ganeriwal S, Srivastava M B. Reputation-based framework for high integrity sensor networks[C]//The 2nd ACM Workshop on Security of Ad hoc and Sensor Networks. New York：ACM，2004：66-77.

[13]　张墨力. 基于信息熵的无线传感器网络信任模型研究[D]. 南昌：南昌大学，2016.

[14]　王进，孙怀江. 基于 Jøsang 信任模型的信任传递与聚合研究[J]. 控制与决策，2009，24(12)：1882-1889.

[15]　杨茂云，任世锦，侯漠，等. Jøsang 主观信任模型的优化[J]. 计算机工程与应用，2012，48(24)：106-112.

[16]　Blaze M，Feigenbaum J，Lacy J. Decentralized trust management[C]// 1996 IEEE Symposium on Security and Privacy. Oakland：IEEE，1996：164-173.

[17]　Bharadwaj K K，Al-Shamri M Y H. Fuzzy computational models for trust and reputation systems[J]. Electronic Commerce Research & Applications，2009，8(1)：37-47.

[18]　Beth T，Borcherding M，Klein B. Valuation of trust in open networks[C]//European Symposium on Research in Computer Security. Berlin：Springer，1994：1-18.

[19]　Wang Y，Vassileva J. Bayesian network-based trust model[C]// Proceedings IEEE/WIC International Conference on Web Intelligence. Halifax：IEEE，2003：372-378.

[20]　孙玉星，黄松华，陈力军，等. 基于贝叶斯决策的自组网推荐信任度修正模型[J]. 软件学报，2009，(9)：2574-2586.

[21]　孟祥怡，张光卫，刘常昱，等. 基于云模型的主观信任管理模型研究[J]. 系统仿真学报，2007，19(14)：3310-3317.

[22]　王守信，张莉，李鹤松. 一种基于云模型的主观信任评价方法[J]. 软件学报，2010，21(6)：1341-1352.

[23]　Kim T K，Seo H S. A trust model using fuzzy logic in wireless sensor network[J]. Proceedings of World Academy of Science Engineering & Technology，2008，2(6)：1051-1054.

[24]　张留敏，李腊元，李春林. 一种基于主观逻辑的无线传感器网络可信路由算法[J]. 武汉理工大学学报：交通科学与工程版，2009，33(1)：75-78.

[25]　成坚，冯仁剑，许小丰，等. 基于 D-S 证据理论的无线传感器网络信任评估模型[J]. 传感技术学报，2009，22(12)：1802-1807.

[26]　Feng Renjian，Che Shenyun，Wang Xiao，et al. Trust management scheme based on D-S ev-

idence theory for wireless sensor networks[J]. International Journal of Distributed Sensor Networks，2013，2013(1)：130-142.

[27] Feng Renjian，Xu Xiaofeng，Zhou Xiang，et al. A trust evaluation algorithm for wireless sensor networks based on node behaviors and D-S evidence theory[J]. Sensors，2011，11(2)：1345-1360.

[28] 潘巨龙，高建桥，徐展翼，等. 一种基于确定性理论的无线传感器网络信任机制 nTRUST[J]. 传感技术学报，2012，25(2)：240-245.

[29] 鄢旭，陈晶，杜瑞颖，等. 无线传感器网络中基于组合框架的贝叶斯信任模型[J]. 计算机应用研究，2012，29(3)：1078-1083.

[30] 唐晨，王汝传，黄海平，等. 基于信息熵的无线传感器网络数据融合方案[J]. 东南大学学报：自然科学版，2008，38(S1)：276-279.

[31] 陈志奎，訾冰洁，姜国海，等. 基于信任云的无线传感器网络信任评估[J]. 计算机应用，2010，30(12)：3346-3348.

[32] 于艳莉. 无线传感器网络中信任管理机制的研究[D]. 大连：大连理工大学，2013.

[33] 张乐君，邓鑫，国林，等. 基于关联度分析的 WSN 节点信任模型研究[J]. 电子科技大学学报，2015，44(1)：106-111.

[34] 陈迪，周鸣争. 基于灰色理论的无线传感器网络信任模型[J]. 计算机应用，2015，35(6)：1693-1697.

第14章

云计算领域的可信管理

在云计算(Cloud Computing)飞速发展的同时,云计算安全也得到了很多关注。云安全联盟指出:云计算面临的风险主要包括数据中心安全,事件响应,应用程序安全,密钥管理、认证和访问控制虚拟化层安全以及灾备和业务一致性等。由于云计算和传统IT服务的不同,云计算服务提供商必须通过向用户证明其服务的安全性来获取用户的信任,因此云计算本身是一个可信计算模型,而增加服务透明度则是云计算服务提供商应当采取的基本措施。

14.1 云计算概述

以前IT是Information Technology的简写,但是现在是Industry Transformer的简写。IT技术被称为人类的第三次产业革命,而云计算则是IT技术的一次革命。云计算概念的产生是在2007年,现在云计算是业界的热点名词和技术,云计算已经成为未来发展的重要趋势之一[1]。

14.1.1 云计算的定义

云计算是在2007年第三季度才诞生的新名词,但仅过了半年多,其受到的关注程度就超过了网格计算(Grid Computing)。云计算是一种基于互联网的计算方式,通过这种方式,共享的软硬件资源和信息可以按需要提供给计算机和其他设备。"云"其实是网络、互联网的另一种说法,它的核心思想是将大量用网络连接的计算资源统一管理和调度,构成一个计算资源池,向用户提供按需服务。

提供资源的网络被称为"云"。狭义的云计算即指IT基础设施的交付和使用模式,指通过网络以按需、易扩展的方式获取所需资源;广义的云计算指服务的交付和使用模式,指通过网络以按需、易扩展的方式获取所需服务,这种服务可以是与IT和软件、互联网相关的服务,也可以是其他服务。

14.1.2 云计算的特征

之所以称为"云",是因为它在某些方面具有现实中云的特征。①云一般都较大。②云的规模可以动态伸缩,它的边界是模糊的。云在空中飘忽不定,无法也无须确定它的具体位置,但它确实存在于某处。③亚马逊公司(云计算的鼻祖之一)将大家曾称为网格计算的东西取了一个新名为"弹性计算云(Elastic Computing Cloud)",并取得了商业上的成功。

有人将这种模式比作从单台发电机供电模式转向电厂集中供电的模式,这意味着计算能力也可以作为一种商品进行流通,就像天然气、水和电一样,使用方便,费用低廉。最大的不同在于,它是通过互联网进行传递的。

云计算是并行计算(Parallel Computing)、分布式计算(Distributed Computing)及网格计算(Grid Computing)的发展,或者说是这些计算科学概念的商业实现。云计算是虚拟化(Virtualization)、效用计算(Utility Computing),将基础设施作为服务(IaaS,Infrastructure as a Service),将平台作为服务(PaaS,Platform as a Service)和将软件作为服务(SaaS,Software as a Service)等概念混合演进并跃升的结果。从研究现状上看,云计算具有以下特点。

(1)超大规模

"云"具有相当的规模,Google云计算已经拥有一百多万台服务器,亚马逊、IBM、微软等公司的"云"均拥有几十万台服务器。"云"能赋予用户前所未有的计算能力。

(2)虚拟化

云计算支持用户随时、随地使用各种终端获取服务。所请求的资源来自"云",而不是固定的有形的实体。应用在"云"中某处运行,但实际上用户无须了解应用运行的具体位置,只需要一台笔记本计算机或一个平板计算机,就可以通过网络服务来获取各种能力超强的服务。

(3)提高设备计算能力

云计算把大量计算资源集中到一个公共资源池中,通过多主租用的方式共享计算资源。虽然单个用户在云计算平台获得的服务水平受到网络带宽等各因素影响,未必获得优于本地主机所提供的服务,但是从整个社会资源的角度来看,整体的资源调控降低了部分地区峰值荷载,提高了部分荒废的主机的运行率,从而提高了资源的利用率。

(4)高可靠性

"云"使用了数据多容错性、计算节点可互换等措施来保障服务的高可靠性,使用云计算比使用本地计算机更加可靠。

(5)减少设备依赖性

虚拟化层将云平台上方的应用软件和下方的基础设备隔离开来。技术设备的维护者无法看到设备中运行的具体应用。同时对软件层的用户而言,基础设备层是透明的,用户只能看到虚拟化层中虚拟出来的各类设备。这种架构减少了设备依赖性,也为动态的资源配置提供了可能。

(6)通用性

云计算不针对特定的应用,在"云"的技术支撑下可以构造出千变万化的应用,同一片"云"可以同时支撑不同的运行程序。

(7)高可扩展性

"云"的规模可以动态伸缩,满足应用和用户规模增长的需要。

(8)弹性服务

云平台管理软件将整合的计算资源根据应用访问的具体情况进行动态调整,包括增大或减少资源的要求。因此云计算对于非恒定需求,如对需求波动很大、阶段性需求等,具有非常好的应用效果。在云计算环境中,既可以对规律性需求通过事先预测事先分配,也可根据事先设定的规则进行实时公告调整。弹性的云服务可帮助用户在任意时间得到满足需求的计算资源。

(9)按需服务

"云"是一个庞大的资源池,用户按需购买,就像自来水、电和天然气那样计费。

（10）极其廉价

"云"的特殊容错措施使各相关企业可以采用极其低价的节点来构成云；"云"的自动化管理使数据中心管理成本大大降低；"云"的公用性和通用性使资源的利用率大幅提升，"云"设施可以构建在电力资源丰富的地区，从而大大降低能源成本，因此"云"具有前所未有的高性价比。

Google 大中华区前总裁李开复声称：Google 每年投入约 16 亿美元构建云计算数据中心，所获得的计算能力相当于使用传统技术投入 640 亿美元，节省了约 40 倍的成本。因此，用户可以充分享受"云"的低成本优势，需要时，花费几百美元、一天时间就能完成以前需要数万美元、数月时间才能完成的数据处理任务。

14.1.3　云计算的实现机制

由于云计算分为 IaaS、PaaS 和 SaaS 3 种类型，不同的厂家又提供了不同的解决方案，目前还没有一个统一的技术体系结构。为此，这里综合不同厂家的方案，构造了一个供商榷的云计算体系结构，如图 14-1 所示。该结构概括了不同解决方案的主要特征，每一种方案或许只实现了其中某部分功能，或者还有部分相对次要功能尚未进行概括[1]。

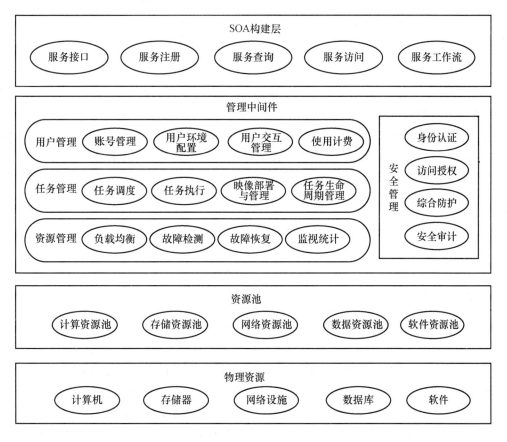

图 14-1　云计算的技术体系结构

云计算技术体系结构分为 4 层，即物理资源层、资源池层、管理中间件层和面向服务的体系结构（SOA，Service-Oriented Architecture）构建层。物理资源层包括计算机、存储器、网络设施、数据库和软件等。资源池层是将大量相同类型的资源构成同构或接近同构的资源池，如计算资源池、数据资源池等。构建资源池更多的是物理资源的集成和管理工作。

云计算的管理中间件层负责资源管理、任务管理、用户管理和安全管理等工作。资源管理负责均衡地使用云资源节点,检测节点的故障并试图恢复或屏蔽之,并对资源的使用情况进行监视统计;任务管理负责执行用户或应用提交的任务,包括完成用户任务映像的部署和管理、任务调度、任务执行、任务生命周期管理等;用户管理是实现云计算商业模式的一个必不可少的环节,包括提供用户交互接口、管理和识别用户身份、创建用户程序的执行环境、对用户的使用进行计费等;安全管理保障云计算设施的整体安全,包括身份认证、访问授权、综合防护和安全审计等。基于上述体系结构,以 IaaS 云计算为例,概述云计算的实现机制,如图 14-2 所示[1]。

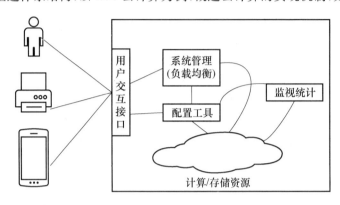

图 14-2　简化的 IaaS 的实现机制

其中,用户交互接口以 Web 服务方式提供访问接口,获取用户需求;系统管理模块负责管理和分配所有可用的资源,其核心是负载均衡化;配置工具负责在分配的节点上准备任务运行环境;监视统计模块负责监视节点的运行状态,并完成用户使用节点情况的统计。执行过程并不复杂,用户交互接口允许用户从目录中选取并调用一个服务,该请求传递给系统管理模块后,该模块将为用户分配恰当的资源,接着调用配置工具为用户准备运行环境。

14.2　云计算中的信任问题

14.2.1　云计算中存在的信任问题

在云计算环境中,各种资源动态地连接到 Internet 上,用户可以通过 Internet 向云申请服务,并且,在云计算环境里,所有服务参与者都可以动态地加入或退出。因此,云的安全是建立在 Internet 基础之上的,而 Internet 是一个开放的网络环境,它不可避免地要涉及网络安全问题。有的安全威胁来自外部,如数据被截取,信息的内容被篡改或删除,假冒合法用户和服务提供商;有的安全威胁来自系统内部,如虚假、恶意的节点提供虚假服务,存在的自私节点只消耗资源而不提供资源,不可靠的实体会降低协同工作的效率,甚至造成协同工作的失败。

目前 Internet 一般提供两种安全保障机制:访问控制和安全通信。访问控制用来保护各种资源不被非授权使用;而安全通信保证数据的保密性和完整性,以及各通信端的不可否认性。这两种机制只能解决云计算环境里部分安全问题。云计算环境由于自身的特性,跟传统网络相比,具有以下不同之处:

(1) 云计算环境有大量动态可变的用户和服务提供者;

（2）云计算可在执行过程中动态地请求、启动进程和申请、释放资源，不同的资源可能需要不同的认证和授权机制，而这些机制和策略的改变是受限的；

（3）云计算环境有不同于传统网络的本地安全解决方案和可信机制。

根据以上的描述，可以归纳云计算环境下潜在的信任问题有以下几个。

1. 数据的信任问题

云计算采用分布式存储，每个网络终端就是一个节点，理论上节点与节点之间可互相访问，使得数据在传输和存储方面存在潜在风险。

（1）云计算超强的数据共享特点决定了其存在的漏洞很多，未经加密处理的数据在传输过程中极易遭到黑客的攻击和窃取。在兼顾数据完整性的同时，需要采取相应的传输协议来维护数据的保密性，减少泄露的概率。

（2）传统网络平台通常采用"多实例（Multi-instance）"结构，服务商为每个用户组织提供一个独立的软件系统；基于云计算的网络平台采用"多租户（Multi-tenancy）"结构，多个用户组织共用一个软件系统，所有用户的数据被混合存储在同一个软件系统中，导致 A 用户的数据被 B 用户非法访问，数据的保密性和完整性得不到保障。因此，需要建立严格的数据隔离机制来保证各个用户之间的数据互不可见。

（3）数据恢复技术的飞速发展使得操作系统自身所带的数据擦除技术变得不再可信，擦除存储介质的技术级别较低时，无法彻底清除，会残留一些重要数据，被攻击者获取并恢复这些数据，无意间造成用户信息的泄露。云服务提供商对数据存储空间重新分配前必须完全销毁原来存储的用户数据，针对不同安全级别的数据给予不同的清除操作。

2. 服务的信任问题

云计算主要提供 3 种服务模式：IaaS（基础设施即服务，用户从互联网上的计算机基础设施获取服务）、PaaS（平台即服务，将软件研发的平台作为一种服务）和 SaaS（软件即服务，用户根据需求向服务提供商租用基于 Web 的软件）。

（1）IaaS 提供的是所有网络基础设施的服务，用户能够选择操作系统、存储空间、网络组件和其他计算资源，这就要求用户自己管理和保护操作系统、网络和资源的安全。例如，服务提供商的管理是否安全规范，软件系统性能是否可靠，网络带宽是否足够，接入认证是否健全。

（2）PaaS 是提供给企业进行定制化研发的中间件平台，包括数据库和应用服务器等。PaaS 提高了网络平台上可利用的资源数量，用户可快速使用服务商提供的编程语言和开发环境定制自己需要的应用和产品。由于数据被随时、多次地访问、修改和存储，从用户信息安全角度考虑，数据加密和隔离非常重要。PaaS 平台采用分布式存储空间，平台内不是只有一台服务器，而是一个服务器群，用户数据被分离存储在不同的网络位置，极易遭到黑客的非法入侵。

（3）SaaS 提供给用户的服务是云计算平台上的应用程序，用户只需支付一定的软件租赁费用，就可享用平台上的系统资源，服务提供商负责所有前期的实施和后期的维护管理。由此可见，服务提供商是否安全可信决定了用户应用的安全性。因此 SaaS 应用必须具备网络安全、系统安全、物理安全、应用安全和管理安全，服务提供商通过防火墙、网络监控、入侵检测及漏洞扫描修复技术等维护服务器的安全，建立多层次备份机制实现数据快速恢复，同时加强管理团队的安全教育和技术培训。

3. 技术的信任问题

（1）虚拟化硬件安全

虚拟化技术把计算机底层系统硬件抽象化处理，在其单独运行的托管环境中针对计算、存储和网络资源被隔离为多台虚拟机,各虚拟机使用一个共同的抽象接口实现硬件资源共享,如同扩大了硬件的容量。内存作为至关重要的系统资源,要接受虚拟化监视器(VMM)的全权管理和保护,针对内存漏洞及时监听和处理,防范非法入侵者的恶意破坏;在虚拟服务器上安装杀毒软件和防火墙,增加虚拟机防病毒的能力。

(2) 虚拟化软件安全

虚拟化技术把应用与底层硬件和操作系统隔离开,有效隐藏应用与底层之间的差异,为用户模拟出一个应用程序的独立虚拟运行环境。用户访问云计算下的应用时,客户端只需把用户对计算机的操作需求传送到服务器端,服务器端为用户开辟应用空间,相应的计算逻辑在该空间中执行,最后把计算结果反馈回客户端,使用户有如同运行本地应用资源一样的访问感受。基于云计算的平台是"多租户"体系结构,尤其要重视数据的隔离,属于不同用户的信息只对可信客体开放,未经授权拒绝访问。

14.2.2 云计算中的可信服务框架

针对上述云计算所面临的安全性挑战,该部分将探讨一种基于模型分析的云计算安全服务框架。事实上,云计算可以被简单地看作一个服务系统,包括服务提供商和租户两个使用主体。提供商运营云计算系统,通过网络发布其提供的服务内容,租户根据需求向服务提供商定制其个性化需求,并依据服务提供商给予的权限访问使用云计算系统,如图 14-3 所示。

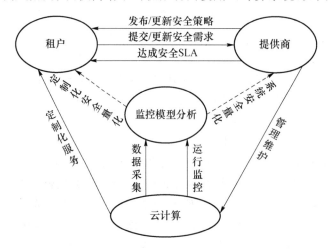

图 14-3　云计算可信服务框架

目前,多个云计算服务商提供了监控和展示模块,如 Salesforce,可以实时地向用户展示系统的运行状况。但是,其数据多为日志数据的简单展示,对于租户而言难以直接指导其行为的选择。因此,我们认为应该在监控模块中增加模型分析模块,使整个云计算真正成为动态、可观测、可控的服务系统。租户和提供商都能实时地得到其关心的属性指标,并分别采取相应措施保证云计算系统成为高效运行的生态系统。

以云计算安全问题为例,在监控和模型分析模块中,可以针对系统的多个属性(如系统可用性、系统性能等)建立多角度的(如瞬时、稳态、区间值等)分析模型,并依据监控得到的数据向租户和服务商发布属性指标值,供他们选择相应的策略。云计算提供商发布或者更新供租户选择的安全机制集合(或模板),并可以根据需要动态地增加和删减机制集合。租户根据业务需求及服务提供商的可选机制集合,定制其需要的安全策略,并根据观测到的系统属性指标动态地改变其策略。双方达成的服务级别协议(SLA,Service Level Agreement)为双方履行安全责任的依据。

上述云计算可信服务框架中,系统的监控和模型分析是重点,处于整个安全过程的核心位置,其效果直接影响系统主体策略的选择,进而影响系统的运行效率。提供商应针对云计算的安全挑战设计合理的安全架构、机制集合,并通过设计服务模板和激励机制引导租户合理地选择其策略。

在 14.3 节中,我们将在总结现有可信框架、可信机制和可信模型分析方法的基础上,进一步阐述上述云计算可信服务框架的实施方法。

14.2.3　云计算中可信技术的研究进展

在云计算发展的初期,云计算的安全问题就是一个研究的热点。Hoff[2]认为,云计算应当是一个包含基础设施(infrastructure)、元结构(metastructure)和信息结构(infostructure)在内的 3 层结构,每层结构有不同的内容与之对应,如图 14-4 所示。

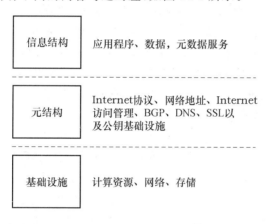

图 14-4　云计算体系的 3 个层次

其中,基础设施层主要包括基础硬件、网络和存储设备等;而元结构层主要包括 Internet 协议、公钥体系和 DNS 等;信息结构层则包括应用、数据和服务等。在文献[3]中,基础设施为服务提供者所拥有,对用户而言是不可信的;而信息结构则是云计算服务的最终交付内容;处于中间的元结构则应当对用户开放,使用户可以尽可能地参与其中。基于这个思想,Peterson[3]提出了一种包括网关、监视器、安全令牌服务以及策略执行点在内的云安全体系结构。Kaufman[4]提出了"安全即服务(Security as a Service)"的概念,认为服务提供者应当使用第三方权威认证的安全产品,并为用户提供相应的接口,使用户可以制定和管理自己的安全策略,或监视或评估系统的安全状态,从而为自己选择不同级别的安全服务。Santos 等[5]则提出可信云计算平台架构(TCCP,Trust Cloud Computing Platform)的概念,认为在云服务中应当有一个可信的第三方(TC,Trust Coordinator),所有的服务提供商应当向 TC 证明自己用来提供服务的平台是可信的,TC 负责用于承载用户业务的虚拟机只会在可信平台之间迁移,从而确保用户的业务总是在可信的平台上运行。TCCP 的结构图如图 14-5 所示。

在可信云的概念基础上,IBM 提出了可信虚拟数据中心(TVD,Trusted Virtual Data-center)来解决云数据中心的安全问题[6]。TVD 采用诸如 TPM、虚拟 TPM(vTPM)和 sHype[7]等多项技术手段来防止虚拟机进行错误的资源分配,预防无意的数据泄露以及对虚拟域进行安全管理。而文献[8]则提出使用类似的手段来建立可信虚拟机(TVM,Trusted Virtual Machine)。vCOIN(virtual Community of Interest Network)是 TVM 的一个应用,它使用一组 TVM 组成一个网络系统,用于共同承担一个具体的任务。

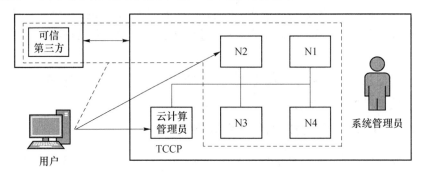

图 14-5　TCCP 的结构图

云计算中广泛存在的安全问题还包括第三方数据控制问题,即用户存储在服务提供者基础设施中的数据是否得到了妥善管理。而 Chow 等[9]则提出使用可信计算中的数据封装概念和远程证明机制,通过带密计算技术来解决这个问题。与第三方数据控制问题类似,云计算服务中用户数据的完整性、可用性和非法访问等问题在文献[10]中进行了研究。Wang 等[11]则提出一种适合云计算的分布式数据存储方案,具有快速定位错误、支持动态操作以及有效预防拜占庭故障(数据传输过程被篡改)的优点。

在提升用户信心方面,也有研究人员给出了一些方案和指引。Peterson[2]认为云计算服务能通过向客户提供可见性服务以及验证机制(如审计日志)的方式来提高客户对云计算服务的信任程度;Khan 等[12]则指出,用户往往由于两个原因无法信任云计算服务:首先缺乏对云计算基础设施的控制力;其次是云计算服务对用户并不透明。因此,为了提高用户信心,服务提供者应当在部署安全防护措施的同时,为用户提供如远程访问控制能力、告知用户系统的安全强弱点、第三方认证、展示用户安全策略的执行过程以及客户的私有云等服务。

14.3　云计算中的可信架构

本节中,我们在总结现有云计算可信架构的基础上,介绍一种可管、可控、可度量的云计算可信安全架构[13]。

14.3.1　基于可信根的可信架构

保证云计算使用主体之间的信任是提供可信云计算环境的重要条件,也是该类安全架构的基本出发点。尽可能地避免安全威胁得逞、及时发现并处理不可信的事件是该架构的设计目的。一方面要求包括云计算提供商在内的各主体,在时间和功能上只有有限的权限,超过权限的操作能够被发现并得到妥善处理;另一方面要求主体的使用权限在具有安全保证的前提下可以便捷地变更,针对硬件即服务(HaaS,Hardware as a Service)这项功能尤为重要。该架构的典型代表为基于 TPM 的云计算安全架构。接下来从 TPM 的功能特性和可信系统的搭建两方面阐述该架构。

1. TPM

TPM 是按照可信计算组织 TCG 制定的标准所实现的加密芯片,目前可以捆绑在通用硬件上。TPM 安全芯片的实质是一个可独立进行密钥生成、加解密的装置,内部拥有独立的处理器和存储单元。针对云计算环境,TPM 芯片应满足以下基本要求:

- 完整性度量,保证使用该芯片的机器,从启动开始的每个操作都具有完整的验证机制,防止黑客或者病毒篡改系统信息;
- 敏感数据加密存储与封装,将敏感数据存储在芯片中的屏蔽区,用户数据通过硬件级加密存储到外部设备,防止数据被窃取;
- 身份认证功能,硬件级的用户身份标识,密钥和硬件的绑定实现身份确认,防止伪装攻击的发生;
- 内部资源授权访问,通过 TPM 的授权协议能够方便地实现用户对其资源设置访问权限,在保证安全性的情况下实现资源的便捷共享;
- 数据加密传输,能够在与外界进行通信时,加密通信链路上的数据,防止监听、篡改或者窃取。目前,最新发布的 TPM 2.0 标准将支持多种加密算法,提高了芯片使用的灵活性。

2. 云计算 TPM 可信根架构

可信根是能够保证所有应用主体行为可信的基本安全模块,它不仅可以判断行为结果的可信性,还能够杜绝一切非授权行为的实施,被认为是构建可信系统的基础。TPM 作为目前普遍认可的可信计算模块,被广泛应用为可信计算系统的可信根。针对云计算环境,文献[8]提出了一种基于 TPM 的可信云计算平台架构(TCCP),其实施协议如图 14-5 所示。

在 TCCP 中,云计算用户的使用空间为基于 TPM 的封闭虚拟环境,用户通过设置符合要求的密钥等安全措施保证其运行空间的安全性;云计算管理者仅负责虚拟资源的管理和调度。用户私密信息交由使用 TPM 的 TCCP 保管,实现了与云计算管理者的分离。从而利用 TPM 实现了防止管理者非法获取用户数据、篡改软件功能的行为。

详细地,TCCP 主要包含两个模块:可信虚拟机监控模块(TVMM)和可信协同模块(TC)。每台主机需安装 TVMM 模块,并且嵌入 TPM 芯片。TVMM 可以不断验证自身的完整性,提供屏蔽恶意管理者的封闭运行环境;而 TPM 芯片则可以通过远程验证功能,使用户确定主机上运行着可信的 TVMM 模块。TC 主要功能是管理可信节点的信息,保证可信节点嵌入了 TPM 芯片,并将认证信息通知给用户。因此,一般由一个类似 Verisign 的第三方可信机构进行管理。

与 TCCP 类似的云计算安全架构还包括:可将数据和操作安全进行外包的云计算安全架构[9]。其中,非可信云计算提供商负责数据的具体操作,可信云计算提供商负责事前的加密和事后的认证,整个过程中用户仅需要和可信云计算提供商进行通信。另外还有基于两层可信传递链机制的安全架构[10],其满足了用户控制云计算平台的需求,并通过远程验证功能确保了 IaaS 平台的可信性,减少了云计算提供商不必要的管理责任。

14.3.2　基于隔离的可信架构

租户的操作、数据等如果都被限制在相对独立的环境中,不仅可以保护租户隐私,还可以避免租户间的相互影响,这是建立云计算安全环境的必要方法。目前,基于隔离的云计算可信架构研究主要集中在软件隔离和硬件隔离两个不同的层面上。目标在于为租户提供由底至顶的云计算隔离链路,如图 14-6 所示[13]。

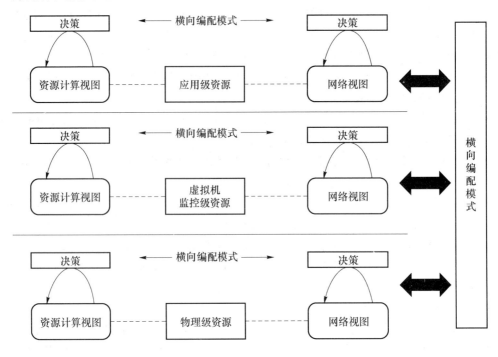

图 14-6　多层次隔离示意图

本章将针对上述两个层次的实现机理做简要介绍。

1. 基于软件协议栈的隔离

针对云计算硬件资源的分布性和多自治域的特点,采用虚拟化的方法,实现网络、系统、存储等逻辑层上的隔离是该方案的主要特点。但是,由于隔离机制涉及的环节较为分散,目前并没有达成统一的协作规范,设备和技术的差异导致无法形成高效的端到端隔离。为确保该类方案的高效运行,不仅需要各个环节实现有效的隔离机制,还要建立隔离机制之间的协作协议。

目前,虚拟化技术的发展支持着该方案的实施,典型的代表为富士通提出的可信服务平台的统一隔离方案。其中,隔离的软件协议栈是指云计算各环节中隔离机制的总和,根据云计算服务过程中涉及的隔离策略,可以把其划分为服务终端、网络、系统、存储等多个环节的隔离。通过采用统一的高级虚拟化技术,实现逻辑层的隔离,并达到与物理隔离一样安全的效果。

2. 基于硬件支持的隔离

相对于通过软件实现逻辑层隔离的架构,硬件支撑的隔离方案具有更好的安全效果,并随着硬件功能的提升,也使之逐步成为可能。其中典型的代表是以思科为首的公司提出的可信云架构[13],如图 14-7 所示。

该方案由 NetApp、思科、VMware 3 个公司联合提出,并针对不同的层次给出了各自的解决方案。其中,NetApp 的 Multistore 在独立的 NetApp 存储系统上快速划分出多个虚拟存储管理域,每个虚拟存储管理域都可以设置不同的性能及安全策略,从而实现租户在牺牲最少私有性的前提下安全地共享同一存储资源。为了实现与隔离网络的高效对接,NetApp 的 VLAN 接口可以创立私有的网络划分,每个接口绑定一个 IP 空间,IP 空间是独立且安全的网络逻辑划分,代表一个私有的路由域。

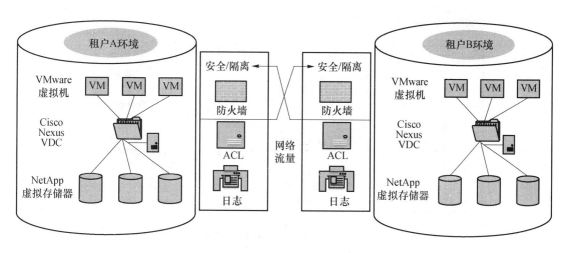

图 14-7　思科可信云架构

思科在网络隔离方面也提供了硬件支持,其交换机有能力把一台物理交换机分成至多 4 台虚拟交换机,每台虚拟交换机和独立交换机一样,具有独立的配置文件、必要的物理端口以及分离的链路层和网络层服务。在应用层,VMware 的 vShield Zones 技术提供了对网络活动更强的可视性和管理能力,在虚拟服务层建立了覆盖所有物理资源的逻辑域,实现了租户之间不同粒度的信任、隐私以及机密性管理。与传统架构相比,该架构在硬件支持的基础上,实现了对存储、网络、虚拟机、服务器各个环节的高效隔离以及高效连接,保证了多租户环境下数据的安全性以及系统的高效性,避免了以大幅度降低效率为代价的多租户隔离。但是,由于该方案具有较强的硬件依赖性,尽管可以实现高效的链路隔离,但较高的成本使其在已有云计算环境下难以推广。

14.3.3　安全即服务的可信架构

租户业务的差异性使得他们需要的安全措施也不尽相同,单纯地设置统一的安全配置不仅会导致资源的浪费,也难以满足所有租户的要求。目前,借鉴 SOA 的理念,把安全作为一种服务,支持用户定制化的安全即服务的云计算安全架构得到了广泛的关注,本小节将介绍 SOA 理念在云计算安全中的含义,以及基于 SOA 的云计算安全架构。

云计算平台上运行着不同的服务,需要数据库、网络传输、工作流控制以及用户交互等多种功能的支持。由于执行环境和执行目的的不同,必然面临不同的安全问题。其中,数据库面临数据存放、加密、恢复以及完整性保护等问题,网络传输面临外部通信以及云环境内部通信的安全问题,工作流控制面临访问控制等问题。因此,云计算安全架构除需要上述讨论的可信根与隔离链路保证之外,还需要在此之上构建基于 SOA 的安全服务。

SOA 旨在通过将结构化的软件功能模块(也称作服务)整合在一起,以提供完整的功能或者复杂软件应用的设计方法,主要体现了服务可以被设计为具有专门功能,并且可以在不同应用之间复用的思想。SOA 希望实现服务与系统之间的松散耦合,将整体功能分为独立的功能模块,并设计模块之间规范的数据交互模式,以满足用户通过不同服务组合的方式实现定制化的服务需求[14]。全球网格论坛(GGF,Global Grid Forum)指出 SOA 是一种可以用于搭建可靠分布式系统的体系结构风格,它以服务的形式实现各种功能,并且强调松散的服务耦合[15]。借鉴 SOA 的理念,把安全机制(或策略)看作独立的服务模块,IBM 针对云计算给出了通用的安全架构[13]，如图 14-8 所示。

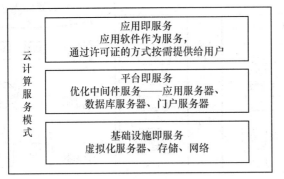

图 14-8　IBM SOA 通用可信架构

　　该架构强调云计算的各种服务模式，由于执行环境和执行目的的不同，必然面临不同的安全问题，并需要一系列具有针对性的安全机制来应对。通过把安全机制设计为安全服务模块，可以实现不同管理域或者安全域内租户的通用性。通过租户的选择，可以形成一个独立的云计算安全服务体系，满足租户在安全方面的个性化需求。该通用架构的主要优势在于可以轻松整合来自不同云计算提供商的安全服务。IBM 的安全架构不限制租户使用特定的安全协议或者机制，充分给予了租户灵活的选择空间，这也增加了租户对云计算提供商的信任。

14.3.4　可管、可控、可度量的云计算可信架构

　　基于可信根的云计算安全架构试图通过可信计算的成果从根本上解决云计算的安全问题。但是，其对硬件要求的严格性有违云计算开放性和经济性的基本要求，不利于对现有资源的继承与利用。基于隔离的云计算安全架构旨在针对所有的租户构建封闭且安全的运行环境，从而保证其定制服务的安全性。但是，其势必导致资源的不充分利用，增加租户间协作的难度，引起管理成本的提高。SOA 架构充分考虑了租户的个性化需求，提出以租户服务要求为导向的云计算安全架构，但是缺乏让租户和提供商及时且明晰地获得各自安全需求的方法。鉴于此，通过吸取上述架构的优点，我们给出了一种基于云计算安全模型评价的可控、可管、可度量的安全架构，上述云计算安全架构从不同角度阐述了保证云计算安全环境的机理，但如何让云计算主体感知其安全性需求，并及时选取相应的机制仍面临巨大挑战。该部分将探讨这种可管、可控、可度量的云计算可信架构，如图 14-9 所示，并从其架构组成和实施流程两方面加以说明[13]。

1. 可信架构的组成分析

　　该架构的设计借鉴了 SOA 思想，主要包括 3 个组成部分：云计算安全服务框架、云计算安全技术框架和云计算安全度量框架。安全服务框架主要用于实现租户的定制化需求，是租户安全目标的集合；安全技术框架负责管理各种云计算安全机制，也是架构安全方法的集合；安全度量框架提供系统的安全状态分析，为租户和提供商选取安全策略提供数据支撑。

　　针对安全服务框架，应能够尽可能全面地反映云计算服务的安全需求，如 SaaS、PaaS、IaaS 3 种服务模式中的安全需求。其次，针对各种服务模式的安全需求，应能够随着租户要求的变化自适应地提供多种安全方案。通过进一步分析可知，云计算为了支持上层服务，还需要从下至上保证 5 个层次的安全：物理设备的安全，网络、服务器及终端的安全，平台、应用及进

程的安全,数据及信息的安全,租户身份授权与认证的安全[13]。

安全技术框架需要尽量全面地包含已有的安全机制供租户选用。该安全技术框架的设计参考了可信系统[16]的建立,首先要拥有基于 TPM 功能的可信根保证,然后在此基础上建立一条基于隔离的可信链路,最后再将可信链路传递到系统的各个安全模块。其中,安全模块的组织与实现,可以借鉴 SOA 的理念,应具有融合各种机制的能力,不仅能够满足云计算系统的安全要求,还能兼顾租户的个性化需求。

安全度量框架主要提供基于监控数据的安全量化分析结果,供租户和提供商选择其安全策略。这里主要强调安全指标的可度量,并通过相应的指标形式化定义及模型求解分析予以实现。

2. 可信架构的流程分析

上述基本模块是该架构的安全基础,还需要架构的运行流程将各个模块形成有机的整体。由于静态地选取上述安全技术难以保证系统服务过程中的完全安全,因此,该架构需要提供基于度量指标的管理与控制功能,通过不断完善与维护的方法实现其安全需求。具体流程为:首先,参考 SLA 确定系统的度量指标体系;然后,利用模型分析技术,建立系统行为和用户行为的安全模型,通过模型的分析和求解,获得系统需要完善与维护的安全问题以及进一步的安全优化方案。这里系统的监控机制不仅可以获得系统当前的状态,还可以获得系统和用户的统计数据,这些数据将是安全度量的基础[13]。

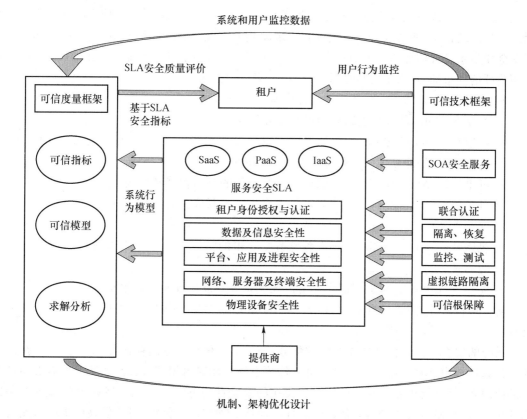

图 14-9　可管、可控、可度量的云计算可信架构

总之,模型分析可以评价系统在攻击环境下的安全程度,帮助确定系统的安全漏洞,指导

安全机制的优化设计,并且可以用较小的代价评价新安全机制的效果。这里以安全服务框架为核心,安全度量框架和安全技术框架可以形成一个良性的闭环循环,实现系统安全性的不断优化。

14.4　云计算中的可信模型

云计算可信模型是实现可管、可控、可度量云计算安全的核心技术,该部分从云计算可信指标体系、指标的形式化描述、可信模型与分析方法等方面展开论述,并提出了一种以多队列多服务器模型为基础的云计算可信建模方法[13]。

14.4.1　可度量的指标体系

云计算安全性的研究不应单独从传统安全角度出发,作为一个服务系统,需要全方位地考虑服务质量。事实表明,将安全包含在可信性里进行研究,不仅有利于明确安全与系统其他属性之间的关系,还可以制定平衡性更好的安全策略。因此,下面将首先从可信角度出发,介绍系统的可度量指标体系,再进一步讨论云计算环境下安全性的新特点以及与其他可信属性的关系[13]。

系统的可信性一直是工业界和学术界关注的热点,Bernstein[17]把可信系统定义为:在出现人为和系统错误、恶意攻击以及设计和实现缺陷的情况下,系统仍可以按预期完成任务,可见安全性是系统可信性的一方面体现。Avižienis 等[18]总结了可信系统应关注的问题,并讨论了相关可信性指标,从系统的角度看,可信指标可以归纳为:

- 可用性(Availability),强调正常提供服务的能力;
- 可靠性(Reliability),强调提供正确服务的连续性;
- 可生存性(Survivability),强调抵御非正常操作的能力,可以用在遭受攻击、故障或意外事故时,仍能提供关键服务的能力来描述;
- 可维护性(Maintainability),强调更新和维护的难易程度和影响范围;
- 可扩展性(Scalability),强调应对负载变化自我调节和适应的能力;
- 安全性(Security),强调抵御恶意攻击的能力;
- 机密性(Confidentiality),强调系统遭受攻击的情况下信息不被未授权的用户获知的能力;
- 完整性(Integrity),强调遭受攻击情况下系统不被篡改和替换的能力。

通常从机密性、完整性和可用性的变化来衡量安全性的高低,上述属性关系如图 14-10 所示。

系统的安全性是可信性的重要组成部分,与可信其他属性之间存在着对立与统一的关系,在云计算环境中这种现象更加突出。由于传统系统是相对封闭、独立的,系统的拥有者即是系统的使用者,系统提供者与系统使用者所关注的安全性指标基本一致。然而云计算维护和使用的相互分离,使得安全性与其他可信属性的矛盾更加突出。例如,可扩展性的提高可能对安全造成严重的威胁,隔离性虽然强化了安全却也降低了系统的效率。因此,从服务提供商的角度看,其不仅要关注传统系统所需的安全指标,还需从租户的角度来扩充更为丰富的安全指标,既要考虑全体租户的基本安全保证,还应兼顾任意个体的不同安全需要,公平性(Fairness)、隔离性(Isolation)[19]等也成为必须考虑的指标。Catteddu[20]分析了影响租户选择云计算服务的具体因素,但是目前针对云计算系统的安全性指标体系的研究仍然不够完善[13]。

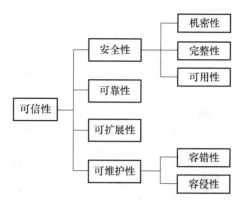

图 14-10　可信指标体系关系示意图

14.4.2　可信指标的形式化描述方法

目前,云计算系统提供了实时监控功能,系统维护人员可以实时获得系统运行状态。合理的安全指标形式化描述既需要支持平均值、即时值的度量需求,也要涵盖不同角度、不同粒度以及多维度分析需要,这样可以方便系统维护人员优化系统安全策略。

云计算环境中可度量指标的形式化描述,需要根据系统具体的运行状态求得。文献[21]提出了从用户角度出发的指标形式化描述方法,文献[22-23]进一步从服务计算的角度提出了系统可信性的分析方法,其具体过程为:根据不同系统的运行特点,抽象出系统经历的主要运行状态,通过分析系统中的相关事件,可以获得各个状态之间的转移关系,最后获得如图 14-11所示的系统状态转移模型。模型中系统的状态可以分为可运行(Operational)和失效(Failed)两大类,其中 Operational 状态又可以细化为恢复中(Recovering)和就绪(Ready)等状态。系统处于可达(Accessible)状态时,虽然完整性完好,但是可能遭到 DOS 等的安全攻击并转移到不可达(Inaccessible)状态中。另外需要攻击移除等安全恢复机制使系统重新转移到 Accessible 状态,因此,可以通过攻击移除(Attack Removal)或者 DOS 攻击等事件将两个系统状态连接起来。系统状态转移图描述了系统安全的相关状态以及事件,不同的安全指标对应了系统不同的状态集合,据此可以获得该系统的安全指标形式化描述。

以可用性为例,可用性的定义为一个特定时间内系统能够安全运行的时间比率。可用性是系统安全状态变化过程的一种量化描述,明确描述了系统在自身缺陷或者外部攻击情况下仍然能安全运行的可能性。从定义出发根据系统状态转移图,可以进一步确定其数学描述,可用性一般分为稳态可用性和瞬态可用性。假设 S_A 为系统安全状态的集合,则系统瞬态可用性,即系统瞬时处于安全状态的概率为

$$A_1(t) = P\{X(t) \in S_A\} \tag{14-1}$$

对于系统来说,系统的稳态可用性更加重要,即稳定状态下系统处于安全状态的概率:

$$A_S = \lim_{t \to \infty} A_t = \lim_{t \to \infty} \frac{\int_0^t A_t(u)\,\mathrm{d}u}{t} \tag{14-2}$$

另外,还可以通过求解状态转移图中状态的稳态概率向量获得,其中 π_i 为系统处于 i 状

态的稳定状态概率,则稳态可用性可以表示为

$$A_S = \sum_{t \in S_A} \pi_i \tag{14-3}$$

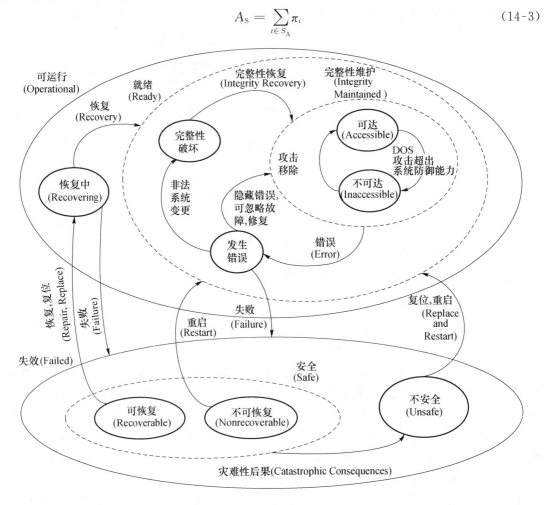

图 14-11　系统状态转移模型

针对其他可信相关指标的形式化描述,文献[13]对其进行了总结,如表 14-1 所示。

表 14-1　可信指标形式化描述

概念	定义	指标形式化公式	含义以及变量说明
可靠性	网络系统在一个特定的时间内能持续执行特定功能的概率	$X(0) \in S_R, \tau = \inf\{t : X_t \notin S_R\}$ 则 $R_\tau = P\{\tau > t\}$ 或者平均失效时间为 $E[\tau]$	假设 S_R 为网络可执行的特定功能集合,X_t 为在时刻 t 网络系统的状态可靠性,R_t 表示系统在 $[0, t]$ 时间内持续执行功能 S_R 的概率
可用性	特定时间内系统能安全运行的比率	$A_I(t) = P\{X(t) \in S_A\}$ $A_S = \lim_{t \to \infty} A_t = \lim_{t \to \infty} \dfrac{\int_0^t A_I(u)\,\mathrm{d}u}{t}$ $A_S = \sum_{t \in S_A} \pi_i$	S_A 为系统安全状态的集合,$A_I(t)$ 为瞬时可用性,A_S 为稳态可用性,π_i 为系统处于 i 状态的稳定状态概率

续 表

概念	定义	指标形式化公式	含义以及变量说明
保险性	周期时间内系统不对环境和用户造成灾难性后果的概率	$S = \sum_{t \in S_W} \pi_i$	S_W 为系统正常运行状态的集合
机密性	系统信息等不被未授权的用户获知	$C = \sum_{t \in S_C} \pi_i$	S_C 为满足机密性的状态集合
完整性	不出现错误的系统变化	$I = \sum_{t \in S_I} \pi_i$	S_I 为满足完整性的状态集合

14.4.3　云计算安全模型

云计算系统规模增长迅速,由于分析效率、分析成本等因素的影响,通过部署和测试进行系统安全性分析的方法越来越不能满足目前云计算发展的需要。与此同时,基于数学模型的分析方法越来越得到人们的重视,成为分析系统特性的重要方法,也出现了众多有效的分析模型。经过近 40 年的发展,根据分析呈现结果的不同,分析模型被分为定性分析模型和定量分析模型,定性分析模型已被成功应用于系统架构分析、系统功能分析等方向,已形成较多的成熟模型;而定量分析模型发展则相对滞后,但由于其在策略选择、SLA 制定等方面的基础性地位,该方面的研究工作成为模型分析领域的热点[13]。

安全分析模型主要可以分为基于组合的分析模型和基于状态的分析模型。基于组合的分析模型更适合于系统的静态分析,无法刻画系统的随机变化,适合于系统前期设计使用。基于状态的分析模型可以引入随机过程,模型更加接近系统实际运行过程,其度量结果可以反映系统实际运行情况。因此,本小节将主要讨论云计算环境下基于状态的可信分析模型。

1. 基于组合的安全模型

常见的组合模型分析方法包括:可靠性框图法、故障树分析法、模型检测分析法、攻击树分析法和攻击图分析法等,其中模型检测技术可以自动生成攻击树和攻击图。简单的攻击树模型如图 14-12 所示[13]。

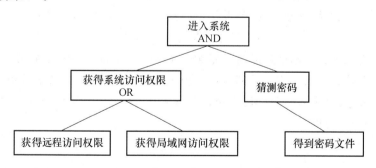

图 14-12　Unix 系统简单入侵攻击树模型

以 Unix 系统入侵为例,入侵者首先获得远程或者局域的访问权,利用密码文件对系统密码进行破解,每个非叶子节点都是入侵子目标,可以根据成功概率和难度进行赋值,最后可以递推入侵成功的概率。针对不同安全问题以及安全环境,组合安全模型有着不同的研究成果,Brall 等[24-25]直观地描述了系统各组件间的逻辑关系,在已知系统组件可靠性随线性时间变化情况的前提下,分析了系统可靠性的变化;文献[26]和[27]中由各种逻辑门组成的树状结构描述了基本组件与系统之间故障的逻辑关系,在假设故障存在概率的前提下,分析了失效的概率;而 Yager 等[28-29]则是在已知攻击集合的前提下,综合考虑功能模块间的关系构建了对应的攻击树和攻击图模型,不仅分析了系统被成功攻击的可能性,还得到了针对性的保障措施;Besson 等[30]用模型检测方法成功进行了软件安全性和可靠性的缺陷检测;Jhala 等[31]给出了软件模型检测最新进展的综述。

2. 基于状态的可信模型

基于状态的分析模型包括马尔可夫链、马尔可夫回报模型、马尔可夫更新过程、补充变量分析法、随机 Petri 网[32-33]等。马尔可夫过程是基于状态分析模型的数学理论基础,在系统安全性分析方面发挥了巨大作用,图 14-13 所示是一个基于马尔可夫过程的 DOS 攻击模型。

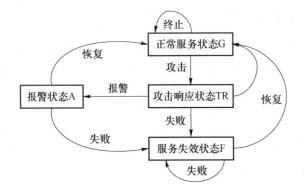

图 14-13　基于马尔可夫过程的 DOS 攻击模型

攻击过程可以描述为 4 个状态,在给定状态之间转移速率的条件下,利用马尔可夫过程求得稳态概率分布,并由此进行系统的安全评价[23]。另外,Petri 网模型由于其具有精确描述系统并行、异步、分布等特性的优势,在软件可达性、死锁、功能验证等方面有着广泛的应用。另外,引入随机延迟时间后的 Petri 网,称随机 Petri 网,不仅继承了 Petri 网在模型描述方面的优势,还具备了随机量化分析能力,在与随机过程对应转化关系的支撑下,成为量化分析包括可用性、可靠性及安全性的有力工具。

为解决复杂化的系统安全问题,基于状态的安全模型在建模与求解上都取得了新的进展。Wang 等[34]构建了一个多队列模型来整体地描述 3 种攻击,并研究了系统安全的性能度量,有系统可用性、平均队列长度与信息泄露可能性。文献[35]中涉及量化不同容侵系统安全性的问题,安全入侵事件以及入侵响应被模型化为随机过程,通过分析和量化系统的安全属性,可以求得系统的平均安全失效时间(MTTSF,Mean Time to Security Failure),以及不同安全属性对安全事件的影响程度。

14.5　可信云计算中的多级管理机制

在前面的介绍中,我们对云计算环境下的可信问题以及相关的可信模型有了整体上的认识,在本节中,我们将以如何提高云计算服务的透明度为切入点,介绍一种云计算中的多级管理机制,使用该机制能够有效提高云计算服务的透明度,从而使用户可以参与到对自己的服务和数据的管理中,进而提高用户对云计算服务的信心;同时该机制也可以有效降低云服务提供商的运维负担。

14.5.1　云计算服务中的管理权限

借助图 14-4 的概念,可以将云计算服务分为 3 层:基础设施层、平台层和应用层。其中基础设施层主要包括提供云计算服务所需的基础硬件平台、网络、存储设施等,由服务提供商拥有并管理,用户只具有对基础设施层的使用权而不具有相应的控制权;平台层则包括一些保证上层应用正常运行的组件如操作系统、协议栈、中间件等,该层仍归服务提供商所有,但是对用户而言,在不同模式的云计算服务中,用户所拥有的权限也不同。例如,在 IaaS 下用户可以自由配置协议栈和中间件,但是在 PaaS 下则不允许控制。应用层则主要包括用户的应用、服务以及数据,这一层完全由用户拥有和管理,服务提供商无法查看该层数据[36]。图 14-14 描述了在云计算服务环境中服务提供商和用户的管理权限。

在这种模式下,由于服务提供商的管理权限和用户的管理权限存在交叉,因此难免会出现权限混淆、用户数据泄露等隐患。该模型是一种多级管理机制,采用权限委托模式实现服务提供商和用户的管理分工,在用户租用了云计算服务后,服务提供商为该用户创建管理员角色,界定管理员的权限范围、职责等,并将用户的管理权限交付给该管理员角色;而用户则自主选择具体的管理员,接受管理权限,制定并实施自己的内部管理策略。图 14-15 简要说明了这种多级管理机制[36]。

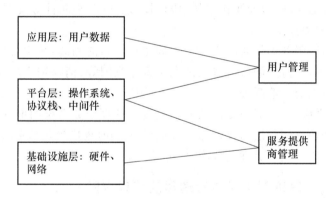

图 14-14　云计算服务管理权限示意图

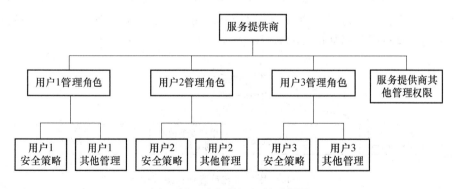

图 14-15　多级管理机制示意图

这种多级管理机制可以有效加强用户对自己的云计算服务的控制力,提升了用户对云计算服务的信任度,同时也降低了服务提供商的运维开销。

14.5.2 多级管理机制中服务提供商的权限

在多级管理机制中,应当详细界定服务提供商的权限范围和用户管理员的权限范围,确保两者各司其职,同时不存在交叉,从而避免安全隐患。服务提供商的权限范围应当主要限定在用户的角色管理、云计算基础设施管理、用户隔离管理以及云计算服务系统审计等。服务提供商管理权限范围如图 14-16 所示[36]。

图 14-16　服务提供商管理权限范围

其中各项权限的详细描述如下。

- 用户的角色管理:服务提供商应当负责管理所有注册用户的管理角色的管理,如创建管理角色、定义管理角色的权限范围、为用户管理角色授权、更改用户管理角色等。
- 云计算基础设施管理:服务提供商应当负责管理其拥有的云计算基础设施,包括硬件资源、网络等的管理,以及操作系统、协议栈、数据库、中间件等资源的调度和分配等,保障上层用户服务的可用性。
- 用户隔离管理:服务提供商应当负责不同用户之间的隔离,采用相应技术手段限制用户的计算资源占有量、网络带宽以及安全策略范围等,消除用户之间无意或有意的干扰、破坏和数据交叉泄露等。
- 云计算服务系统审计:服务提供商应当负责云计算服务系统的审计,包括服务平台的运行状态、资源分配状态以及资源回收状态等,同时也应当包括系统管理行为,包括用户注册、注销以及用户管理员分配、变更等。

14.5.3 多级管理机制中用户管理员的管理权限

用户管理员在多级管理机制中的权限应当限定在用户自己的应用、服务以及数据等方面,主要包括云服务平台类型选择、云服务可信性验证、用户安全策略管理、用户应用系统审计等。用户管理员的管理权限范围如图 14-17 所示[36]。

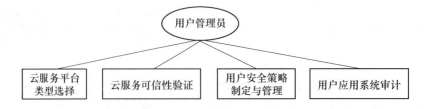

图 14-17　用户管理员管理权限范围

其中各项权限的详细描述如下。

- 云服务平台类型选择:用户通过其管理员向服务提供商申请符合自己要求的硬件平台、虚拟化层、虚拟机配置、网络、操作系统、数据库、中间件等。

- 云服务可信性验证：用户管理员负责验证服务提供商的可信程度，包括服务提供商自身的安全性以及服务提供商提供的服务的可信性，如服务提供商是否将用户的业务交付给可信的软、硬件平台运行，或用户的平台请求是否被服务提供商准确满足。
- 用户安全策略制定与管理：用户管理员负责制定、实施和管理其自身应用、系统和数据所需的安全策略。
- 用户应用系统审计：用户管理员负责自身应用、系统和数据的状态、操作、变更等的审计信息。

14.5.4　多级管理机制的优点

在这种多级管理的机制下，服务提供商的管理权限和用户管理员的权限仍然随着云计算服务模式的不同而有所区别。在 IaaS 中，服务提供商需要管理硬件基础设施、宿主机操作系统、虚拟化层、网络、用户虚拟机隔离以及底层系统审计等，用户管理员则需要管理虚拟机操作系统、虚拟网络、数据库、上层应用和自身安全策略等；在 PaaS 中，服务提供商则需要额外管理虚拟机操作系统、平台层用户隔离等，而用户则只需要管理其平台上的内容，包括数据库、应用、数据以及平台层安全策略等；而在 SaaS 中，服务提供商则需要额外管理应用以及应用层的用户隔离，而用户则只需管理其应用数据、应用用户身份认证和应用层安全策略等。这种多级管理机制有两个优点[36]：

（1）细化并明确了服务提供商和用户管理员的权限，避免了权限交叉，使用户可以参与到自身服务的管理中，增强了服务提供商的透明度，提高了用户对服务提供商的信心；

（2）将部分服务提供商的运维任务转移到了用户上，可以有效降低服务提供商的运维开销，提高了服务提供商的服务质量。

14.5.5　多级管理机制的可信证明

在多级管理机制下，为了增强云计算用户对云计算环境的信任，服务提供商应当向云计算用户提供其职责范围以内功能的可信证明，其中主要包括基础设施、动态资源分配、抽象资源、云计算服务接口以及云计算服务管理等，将这些信息经过可信度量后交付给用户，使得用户可以验证其租用的云计算服务是否可信。其中每一部分都对应了服务提供商承担的职责，具体体现在以下几个方面[36]。

（1）基础设施

对基础设施的可信性度量包括对物理硬件平台的度量，如 CPU、内存、硬盘、存储、网络等；对软件平台的可信性度量，如 BIOS、虚拟化层软件的版本、宿主操作系统版本、云平台中关键的软件等；以及对基础设施的安全控制措施的可信性度量，如宿主操作系统的安全认证策略、防火墙策略、访问控制策略、审计策略、虚拟机配置、虚拟网络配置等。另外，为了衡量基础设施的可信度是否受过影响，基础设施的安全控制措施的历史变更也应当作为一个可信因素进行度量。

（2）动态资源分配

动态资源分配是云计算服务资源的调度和分配核心，无法保证动态资源分配的可信将直接导致 SLA 遭到破坏。因此，负责动态资源分配的软件及配置信息应当作为可信因素进行度量。同样地，与基础设施类似，动态资源分配的变化历史也应当在可信度量的过程中加以考虑，作为衡量动态资源分配的可信度的一个因子。

（3）抽象资源

抽象资源的可信指标信息与基础设施中的可信指标类似，但主要是在抽象资源也就是虚拟化层之上的资源的信息，包括虚拟机中的 GuestOS、数据库、中间件、应用软件等版本信息，同时也包括虚拟机中的 GuestOS、数据库、中间件、应用软件中的安全配置信息，如 GuestOS 的安全认证策略、防火墙策略、访问控制策略、审计策略、网络配置等。同样与基础设施类似，抽象资源的历史信息也应当作为可信指标的一部分进行度量。

（4）云计算服务接口

云计算服务接口的功能主要包括云计算服务类型检查和云计算用户隔离，前者要求云计算服务接口根据客户定制的服务类型、服务范围和服务内容对客户的服务请求进行检查，以确定是否响应客户的服务请求；后者要求云计算服务接口需要对用户进行身份认证，并防止其进入其他用户的地址空间。因此云计算服务接口本身以及其安全策略配置应当作为可信度量的一部分加以验证。

（5）云计算服务管理

云计算服务管理主要响应来自多级管理模型中服务提供商和用户管理员不同的管理请求，其自身与其策略配置也应当是云平台的可信指标的一部分。

服务提供商提供给用户的可信证明应当以远程证明的形式给出。远程证明是可信计算平台技术的另一个关键技术机制。远程证明是质询方通过安装在被验证平台中的可信代理对被验证平台中相关指标进行度量的；这些度量结果再由被验证平台中的 TPCM/TCM/TPM 签名，然后被报告给质询方；质询方对报告结果进行验证，判断被验证平台是否可信。远程平台可信证明包括平台可信度量和验证指标的定义、度量和结果报告和状态验证等过程。

与独立可信平台的远程证明不同，云环境的分布式的特性使得服务提供商的可信证明需要从不同的宿主机（物理服务器）、虚拟机以及组件中获取。因此需要不同的宿主机、虚拟机或其他模块对所要求的云服务可信指标进行度量，并在相应计算环境和模块中的 TPCM/TCM/TPM 或 vTPM 签名后将度量报告进行汇总经由提供可信证明的计算平台的 TPCM/TCM/TPM 进行二次签名后，呈现给云计算用户。这一过程体现在：

（1）当需要进行可信证据收集以汇总成可信证明时，每个物理平台会首先要求各虚拟机进行可信证据收集，并使用虚拟机的 vTPM 中的 AIK 签名后，集中到该物理平台上；

（2）当所有需要给出可信证明的物理平台收集完成可信指标的证据后，就可以将其汇总成可提供给用户的可信证明；

（3）服务提供商可以根据用户的口令信息（如登录云平台的口令的散列值），为每个用户生成一个独有的密钥用于为可信证明加密；

（4）当用户收到该可信证明时，使用相同的密钥对其进行解密即可查看。可信证明从提高透明度的角度为服务提供商提供的云计算服务的可信度提供了更可靠的保证，使得用户能够验证云服务环境的可信以及云服务自身的可信，保证了 SLA 不被破坏，提高了用户对云计算的信任程度。

14.6　本章小结

本章主要对云计算环境下的可信管理问题进行归纳阐述，给出云计算中的 3 种信任问题，分别对云计算中的信任框架和信任模型进行了说明,最后以如何提高云计算服务的透明度为切入点,介绍一种云计算中的多级管理机制。

本章参考文献

［1］　吴旭. 云计算环境下的信任管理技术［M］. 北京：北京邮电大学出版社,2015.

［2］　Hoff C. Incomplete thought-cloud anatomy：infrastructure metastructure&infostructure. ［EB/OL］. (2009-06-19)［2018-03-30］. http：//www. rationalsurvivability. com/blog/2009/06/incomplete-thought-cloudanatomy-infrastructure-metastructure-infostructure/.

［3］　Peterson G. Don't trust. And verify：a security architecture stack for the cloud［J］. IEEE Security and Privacy，2010，8(5)：83-86.

［4］　Kaufman L M. Can a trusted environment provide security［J］. IEEE Security & Privacy，2010，8(1)：50-52.

［5］　Santos N，Gummadi K P，Rodrigues R. Towards trusted cloud computing［C］//The 2009 Conference on Hot Topics in Cloud Computing. Berkeley：USENIX Association，2009.

［6］　Berger S，Cáceres R，Goldman K，et a1. Security for the cloud infrastructure：trusted virtual data center implementation［J］. IBM Journal of Research and Development，2009，53(4)：6：1-6：12.

［7］　Sailer R，Valdez E，Jaeger T，et a1. sHype：secure hypervisor approach to trusted virtualized systems：RC23511［R］. ［S. l. ］：IBM，2005.

［8］　Krautheim J F. Private virtual infrastructure for cloud computing［C］//The 2009 Conference on Hot Topic in Cloud Computing. San Diego：ACM，2009：1-5.

［9］　Chow R，Golle P，Jakobsson M，et a1. Controlling data in the cloud：outsourcing computation without outsourcing control［C］//The 2009 ACM Workshop on Cloud Computing Security. New York：ACM，2009：85-90.

［10］　Cachin C，Keidar I，Shraer A. Trusting the cloud［J］. ACM SIGACT News，2009，40(2)：81-86.

［11］　Wang Cong，Wang Qian，Ren Kui，et a1. Privacy-preserving public auditing for data storage security in cloud computing［C］//IEEE INFOCOM. San Diego：IEEE，2010：1-9.

［12］　Khan K M，Malluhi Q. Establishing trust in cloud computing［J］. IT professional，2010，12(5)：20-27.

［13］　林闯,苏文博,孟坤,等. 云计算安全：架构、机制与模型评价［J］. 计算机学报，2013，36(9)：1765-1784.

［14］　Bell M. SOA Modeling Patterns for Service Oriented Discovery and Analysis［M］. New York：John Wiley & Sons，2009.

［15］　Treadwell J. Open grid services architecture glossary of terms［EB/OL］. (2006-07-24)［2018-03-30］. https：//www. ogf. org/documents/GFD. 81. pdf.

［16］ 张旻晋，桂文明，苏涤生，等. 从终端到网络的可信计算技术［J］. 信息技术快报，2006，4（2）：21-34.

［17］ Bernstein L. Trustworthy software systems［J］. ACM SIGSOFT Software Engineering Notes，2005，30（1）：4-5.

［18］ Avižienis A，Laprie J C，Randell B，et al. Basic concepts and taxonomy of dependable and secure computing［J］. IEEE Transactions on Dependable and Secure Computing，2004，1（1）：11-33.

［19］ Krebs R，Momm C，Kounev S. Metrics and techniques for quantifying performance isolation in cloud environments［J］. Science of Computer Programming，2014，90：116-134.

［20］ Catteddu D. Cloud computing：benefits，risks and recommendations for information security［M］//Web Application Security. Berlin：Springer，2010：17.

［21］ Heddaya A，Helal A. Reliability，availability，dependability and performability：a user-centered view［R］. Boston：Boston University，1997.

［22］ Huang Jiwei，Lin Chuang，Kong Xiangzhen，et al. Modeling and analysis of dependability attributes for services computing systems［J］. IEEE Transactions on Services Computing，2014，7(4)：599-613.

［23］ Lin Chuang，Wang Yang，Li Quanlin. Stochastic modeling and evaluation for network security［J］. Chinese Journal of Computers：Chinese Edition，2005，28（12）：1943.

［24］ Brall A，Hagen W，Tran H. Reliability block diagram modeling—comparisons of three software packages［C］//The 2007 Annual Reliability and Maintainability Symposium. Washington DC：IEEE，2007：119-124.

［25］ Abd-Allah A. Extending reliability block diagrams to software architectures［J］. System，1997，97(80)：93.

［26］ Leveson N G，Cha S S，Shimeall T J. Safety verification of Ada programs using software fault trees［J］. IEEE software，1991，8(4)：48-59.

［27］ Dugan J B，Sullivan K J，Coppit D. Developing a low-cost high-quality software tool for dynamic fault-tree analysis［J］. IEEE Transactions on reliability，2000，49(1)：49-59.

［28］ Yager R R. OWA trees and their role in security modeling using attack trees［J］. Information Sciences，2006，176(20)：2933-2959.

［29］ Saini V，Duan Q，Paruchuri V. Threat modeling using attack trees［J］. Journal of Computing Sciences in Colleges，2008，23(4)：124-131.

［30］ Besson F，Jensen T，Le Métayer D，et al. Model checking security properties of control flow graphs［J］. Journal of Computer Security，2001，9(3)：217-250.

［31］ Jhala R，Majumdar R. Software model checking［J］. ACM Computing Surveys，2009，41(4)：21.

［32］ Martinez J，Muro P，Silva M. Modeling，validation and software implementation of production systems using high level Petri nets［C］// 1987 IEEE International Conference on Robotics and Automation. Raleigh：IEEE，1987，4：1180-1185.

［33］ Hong J E，Bae D H. Software modeling and analysis using a hierarchical object-oriented Petri net［J］. Information Sciences，2000，130(1-4)：133-164.

［34］ Wang Yang，Lin Chuang，Li Quanlin. Performance analysis of email systems under three types of attacks［J］. Performance Evaluation，2010，67(6)：485-499.

［35］ Madan B B，Goševa-Popstojanova K，Vaidyanathan K，et al. A method for modeling and quantifying the security attributes of intrusion tolerant systems［J］. Performance Evaluation，2004，56(1-4)：167-186.

［36］ 马威，韩臻，成阳. 可信计算中的多级管理机制研究［J］. 信息网络安全，2015(7)：20-25.

第15章

边缘计算环境下的可信管理

边缘计算作为一种新兴的网络服务计算模式,通过就近提供智能互联服务,满足行业在数字化变革过程中对业务实时、业务智能、数据聚合与互操作、安全与隐私保护等方面的关键需求。由于边缘计算服务模式的复杂性、实时性,数据的多源异构性、感知性以及终端的资源受限特性,传统云计算环境下的数据安全和隐私保护机制不再适用于边缘设备产生的海量数据防护。数据的存储安全、共享安全、计算安全、传播和管控以及隐私保护等问题变得越来越突出。

15.1 边缘计算

15.1.1 边缘计算的发展背景

随着物联网技术和 5G 网络架构的快速发展,智能交通、智慧城市、位置服务、移动支付等新型服务模式和业务不断涌现。智能手机、可穿戴设备、联网电视以及其他传感设备数量将会呈现爆炸式增长趋势,随之而来的是物联网终端产生的"海量级"数据。根据思科云指数(GCI)的预测,到 2021 年,全球数据中心流量将达到 19.5 ZB。同时,近几年的物联网设备连接数也呈现出线性增长趋势,华为预测 2025 年物联网设备数量将接近 1 000 亿个。如今,我们已经从物联网时代迈进万物互联的时代,相比物联网而言,万物互联除了"物"与"物"的互联,还增加了更高级别的"人"与"物"的互联,其突出特点是任何"物"都将具有语境感知的功能、更强的计算能力和感知能力。将人和信息融入互联网中。"信息感知"的概念开始逐步延伸至物联网系统中,万物互联的边缘大数据处理时代已经到来。随着万物互联的飞速发展及广泛应用,处于网络边缘的设备节点正在从以数据使用者为主的单一角色转变为数据生产者和数据消费者的双重角色。同时边缘设备节点也逐渐向兼顾数据采集、模式识别、执行预测分析或优化、智能处理、数据挖掘等大数据处理能力的计算节点转变。这些边缘设备节点提供了丰富的服务接口,与云计算中心一起为用户提供协同式计算服务。

传统的云计算模型无法满足万物互联的应用需求,单纯依靠云计算这种集中式的计算处理方式,将不足以支持以物联网感知为背景的应用程序运行和海量数据处理。同时云计算的中心化能力在网络边缘存在诸多不足。一是计算能力不足,线性增长的集中式云计算能力无法匹配爆炸式增长的海量边缘数据;二是传输能力不足,传输带宽负载急剧增加造成较长网络延迟,难以满足控制类数据、实时数据传输需求;三是安全能力不足,云计算的安全与应用软件、平台、操作系统、多段网络、权限管理等多方面因素有关,边缘数据安全隐私受到极大关注;四是能源消耗较大,边缘设备传输数据到云平台消耗较大电能,从云平台获取数据到设备现场也需要二次消耗电能。因此,边缘计算应运而生,与现有的云计算集中式处理模型相结合,能有效解决云中心和网络边缘的大数据处理问题。

边缘计算是一种新的生态模式,通过在网络边缘侧汇聚网络、计算、存储、应用、智能 5 类资源,提高网络服务性能、开放网络控制能力,从而激发类似于移动互联网的新模式、新业态。边缘计算的技术理念与特定网络接入方式无关,可以适用于固定互联网、移动通信网、消费物联网、工业互联网等不同场景,形成各自的网络架构。这一概念最早可以追溯到 2003 年,Akamai 与 IBM 开始合作在 Web Sphere 服务器上提供基于边缘的服务。

15.1.2　边缘计算体系架构

边缘计算是指数据或任务能够在靠近数据源头的网络边缘侧进行计算和执行计算的一种新型服务模型。边缘计算中边缘的下行数据表示云服务,上行数据表示万物互联服务,而这里所提的网络边缘侧可以是从数据源到云计算中心之间的任意功能实体,这些实体搭载着融合网络、计算、存储、应用核心能力的边缘计算平台,为终端用户提供实时、动态和智能的服务计算[1-2]。

边缘计算中的"边缘"是个相对的概念,指从数据源到云计算中心数据路径之间的任意计算资源和网络资源。边缘计算允许终端设备将存储和计算任务迁移到网络边缘节点中,如基站、无线接入点、边缘服务器等,既满足了终端设备的计算能力扩展需求,同时能够有效地节约计算任务在云服务器和终端设备之间的传输链路资源。

边缘计算的体系架构如图 15-1 所示,主要包括核心基础设施、边缘数据中心、边缘网络和移动终端这 4 个功能层次。

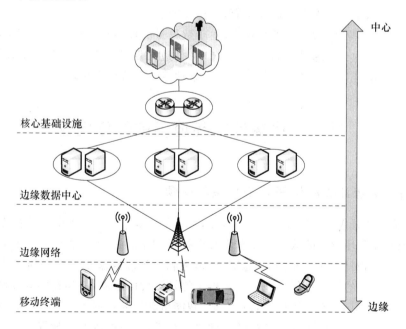

图 15-1　边缘计算体系架构

1. 核心基础设施

核心基础设施为网络边缘设备提供核心网络接入以及集中式云计算服务和管理功能。其中,核心网络主要包括互联网络、移动核心网络、集中式云服务和数据中心等。核心基础设施在很多情况下并不是完全可信的,因此,极有可能发生包括隐私泄露、数据篡改、拒绝服务攻击和服务操纵等威胁安全的攻击行为。

2. 边缘数据中心

边缘数据中心负责虚拟化服务和多个管理服务,是边缘计算中的核心组件之一,由基础设施提供商部署,搭载着多租户虚拟化基础设施。网络边缘侧往往会部署多个边缘数据中心,这些数据中心在自主行动的同时又相互协作,但不会跟传统云端断开连接。

值得一提的是,边缘数据中心的数据安全性一直是终端用户十分关注的问题。边缘计算模式下的分布式并行数据处理方式使边缘计算平台存在数据保密性问题和隐私泄露现象。面临的安全挑战主要包括物理攻击、隐私泄露、服务操纵和数据篡改等。因此,研究边缘计算环境下的数据安全与隐私保护技术(如安全数据共享、访问控制、身份认证、隐私保护等)是保证边缘计算得以持续发展的重要支撑。

3. 边缘网络

边缘网络计算通过融合多种通信网络来实现物联网设备和传感器的互联,从无线网络到移动中心网络再到互联网络,在这种融合的网络构架中,其网络基础设施极易受到攻击,因为敌手可以对其中任何一个网络单元发起攻击。边缘网络中面临的主要安全威胁包括拒绝服务攻击、中间人攻击和伪造网关等。

4. 移动终端

移动终端包括连接到边缘网络中的所有类型的设备(包括移动终端和众多物联网设备)。它不仅是数据使用者的身份,而且还可以扮演数据提供者参与到各个层次的分布式基础设施中去。移动终端中的安全威胁主要有终端安全和隐私保护等,具体包括信息注入、隐私泄露、恶意代码攻击、服务操纵和通信安全等。

在以大数据为中心的边缘计算领域中,由于数据量的增加和实时性处理需求,集中式云中心数据处理将转变为云边缘的双向计算模式。网络边缘设备不仅扮演着服务请求者的角色,而且还需要执行部分计算任务,包括数据存储、处理、搜索、管理和传输等。

15.2 边缘计算环境下的信任问题

15.2.1 边缘计算的信任与安全保障问题

由于边缘计算服务模式的复杂性、实时性,数据的多源异构性、感知性以及终端的资源受限特性,传统云计算环境下的数据安全和隐私保护机制不再适用于边缘设备产生的海量数据防护。数据的存储安全、共享安全、计算安全、传播和管控以及隐私保护等问题变得越来越突出。此外,边缘计算的另一个优势在于其突破了终端硬件的限制,使移动终端等便携式设备大量参与到服务计算中来,实现了移动数据存取、智能负载均衡和低管理成本。但这也极大地增加了接入设备的复杂度,由于移动终端的资源受限特性,其所能承载的数据存储计算能力和安全算法执行能力也有一定的局限性。边缘计算中的数据安全和隐私保护主要面临以下4点新挑战[3-7]。

(1)边缘计算中基于多授权方的轻量级数据加密与细粒度数据共享新需求

由于边缘计算是一种融合了以授权实体为信任中心的多信任域共存的计算模式,使传统的数据加密和共享策略不再适用。因此,设计针对多授权中心的数据加密方法显得尤为重要,同时还应考虑算法的复杂性问题。

(2) 分布式计算环境下的多源异构数据传播管控和安全管理问题

在边缘式大数据处理时代,网络边缘设备中信息产生量呈现爆炸性增长。用户或数据拥有者希望能够采用有效的信息传播管控和访问控制机制,来实现数据的分发、搜索、获取以及控制数据的授权范围。此外,由于数据的外包特性,其所有权和控制权相互分离,因此有效的审计验证方案能够保证数据的完整性。

(3) 边缘计算的大规模互联服务与资源受限终端之间的安全挑战

由于边缘计算的多源数据融合特性、移动和互联网络的叠加性以及边缘终端的存储、计算和电池容量等方面的资源限制,使传统较为复杂的加密算法、访问控制措施、身份认证协议和隐私保护方法在边缘计算中无法适用。

(4) 面向万物互联的多样化服务以及边缘计算模式对高效隐私保护的新要求

网络边缘设备产生的海量级数据均涉及个人隐私,使隐私安全问题显得尤为突出。除需要设计有效的数据、位置和身份隐私保护方案之外,如何将传统的隐私保护方案与边缘计算环境中的边缘数据处理特性相结合,使其在多样化的服务环境中实现用户隐私保护是未来的研究趋势。

本书将边缘计算中数据安全与隐私保护研究体系划分为 4 个部分,分别是数据安全、身份认证、隐私保护和访问控制,如图 15-2 所示。

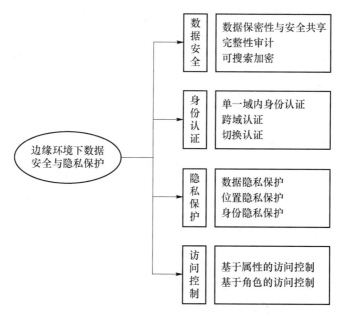

图 15-2　边缘计算数据安全与隐私保护研究体系

数据安全是创建安全边缘计算环境的基础,其根本目的在于保障数据的保密性和完整性。主要针对外包数据的所有权和控制权分离化、存储随机化等特性,用于解决数据丢失、数据泄露、非法数据操作等问题。同时,在此基础上允许用户进行安全数据操作。数据安全的主要内容包括数据保密性与安全共享、完整性审计和可搜索加密。

用户要想使用边缘计算所提供的计算服务,首先要进行身份认证。由于边缘计算是一种多信任域共存的分布式交互计算环境,因此,不仅需要为每一个实体分配身份,还需要考虑不同信任域之间的相互认证。身份认证的主要研究内容包括单一域内身份认证、跨域认证和切换认证。

边缘计算中的授权实体并不都是可信的,而用户的身份信息、位置信息和私密数据都存储在这些半可信实体中,极易引发隐私问题。因此,在以开放式互联为背景的边缘计算中,隐私保护是一个备受关注的研究体系。其主要内容包括数据隐私保护、位置隐私保护和身份隐私保护。

访问控制是确保系统安全性和保护用户隐私的关键技术和方法,当前比较热门的访问控制方案包括基于属性和基于角色的访问控制,其中,基于属性的访问控制能够很好地适用于分布式架构,并实现细粒度的数据共享。

在信任与安全管理方面,在边缘计算中,涉及边缘服务器、大量终端参与到资源访问、提供资源完成计算与数据传输等,这些资源具有动态性、异构性的特点,而边缘计算往往缺乏像云计算集中控制的安全机制,也使得参与者的安全风险加大。因此,边缘计算中的可信管理也成为一个实现安全可信的资源共享环境的关键要素之一。

可信管理在其他包括云计算、对等计算中得到了广泛的关注和研究,但目前在边缘计算领域研究不多,且大多数研究只集中在移动云计算的领域,主要是分析用户之间的信任关系。

15.2.2 基于边缘计算的综合信任模型

鉴于边缘计算的研究仍处于起步阶段,很多方面存在着不足,且相关技术尚待完善,因此,本节基于现有研究情况,分别介绍以身份信任、行为信任、能力信任为核心内容的边缘计算综合信任保障体系[1]。

构造边缘计算模型如图 15-3 所示,该模型中边缘计算环境(ECE,Edge Computing Environment)由一个三元组表示,为

$$ECE = (ECU, ECC, ECX) \tag{15-1}$$

其中:ECU 是指边缘计算单元(ECU,Edge Computing Unit)的集合,表示边缘计算环境中有不同应用需求和不同应用场景驱动的各种资源的总和,边缘计算单元有 3 种不同的类型,分别是边缘设备(ED,Edge Device)、边缘服务器(ES,Edge Server)、中心节点(CN,Central Node);ECC 是指边缘计算联合体(ECC,Edge Computing Combo)的集合,表示为完成某应用服务而符合信任条件边缘计算单元集合;ECX 是指边缘计算执行体(ECX,Edge Computing Executor)的集合,即为完成特定计算应用或任务通过信任评估符合条件,并且参与资源共享的边缘计算单元的集合。

根据系统状态和应用需求形成对系统的信任预期,构造保障边缘计算单元的身份信任、行为信任、能力信任的基本框架,协调和控制边缘计算单元的活动,支持系统服务目标的实现,信任保障体系结构如图 15-4 所示。

从图 15-4 中可以看到用户发起的服务请求实际上是对资源的身份、行为的信任,以及其对于资源性能服务质量(QoS,Quality of Service)等能力指标是有要求的,信任保障体系则实现需求到资源的协同与匹配,因此边缘计算信任保障体系要对资源进行信任评估,确保符合条件的资源参与到请求服务的任务完成中来,同时还需要信任状态监测保持相对比较新的状态,每一个资源所属的类型互不相同,个体差异大,资源供给能力也不相同,具有不同的约束门限。根据边缘计算环境的基于信任的资源共享与协同过程中的边缘计算单元、边缘计算执行体的相互关系以及内在的特征与属性,结合有关的计算模式,建立基于综合信任保障的边缘计算模型。

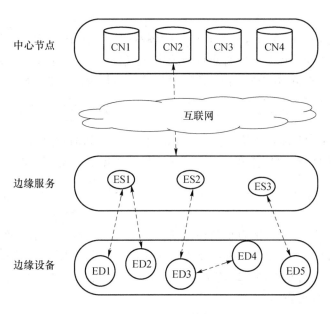

图 15-3　边缘计算模型

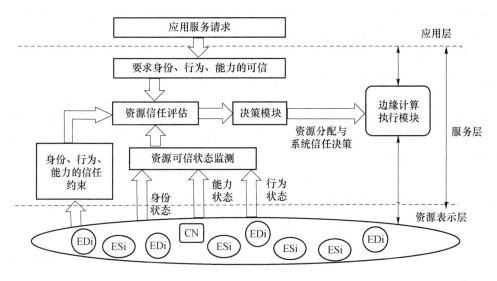

图 15-4　边缘计算信任保障体系示意图

边缘计算单元 ECU 通过公共属性、信任属性来建模,

$$e=(p,t) \tag{15-2}$$

其中:e 表示 ECU,p 表示 ECU 的公共属性,即所有边缘计算元素均有的属性描述;信任度 t 表示 ECU 的信任属性,即在边缘计算联合体以及构建边缘计算执行体时信息交互过程中表现出来的信任度。

信任度 t 则由身份、行为、能力 3 部分进行建模,即可表示为

$$t=(a,b,c) \tag{15-3}$$

(1) 身份信任度

身份信任度 a 指 ECU 的关于身份认证、授权以及授权委托等身份可靠性保障机制所确定的身份合法性,其取值往往有二值性,0 或 1。

（2）行为信任度

行为信任度 b 指 ECU 在边缘计算环境中的各不同联合体中所要遵守的组织约定,既包含边缘计算环境对于边缘计算单元的特定行为约束,也包括在边缘计算元素相互间自主协同过程中所应遵循的交互规范,还有移动性、持续时间等社会行为的属性,令

$$b_{e_i} = w_1 b_{e_i}^1 + w_2 b_{e_i}^2 + \cdots + w_n b_{e_i}^n \quad \text{和} \quad \sum_{i=1}^n w_i = 1 \tag{15-4}$$

行为信任展示 ECU 的历史行为表现特征,该特征与时间演化过程、资源用户互评等指标一起,指示反馈信任度、演化信任度。反馈信任度指资源提供的反馈是否真实可信,可表示为

$$b_{ij}(t_{e_i}^n) = \lambda \times b_{ij}^d(t_{e_i}^n) + (1-\lambda) \times \sum_{e_r \in N(i)} \frac{b_{ir}^f(t_{ir}^n) \times b_{rj}^d(t_{e_i}^n)}{\sum_{e_r \in N(i)} b_{ir}^f(t_{e_i}^n)} \tag{15-5}$$

其中: b_{ij}^d 为时间段 n 内 e_i 对 e_j 的直接信任评估; b_{ir}^f 为 e_i 对 e_r 的反馈信任度; $N(j)$ 为时间段 n 内和 e_j 进行交互的节点集合,不包括 e_i; λ 为信任评价的可靠性因子,取值在 0 和 1 之间,与发生交互的数目有关,数目越多则 λ 取值越大。演化信任度指边缘计算节点随时间变化的动态演进,可通过平滑指数更新,表示为

$$b_{ij}^n = (1-\beta) \times b_{ij}^{n-1} + \beta \times b_{ij}^n \tag{15-6}$$

其中: b_{ij}^n, b_{ij}^{n-1} 分别为第 n, $n-1$ 时间段内的行为信任度, β 为信任平滑更新因子。 e_i 的最终行为信任度 $b_{e_i}^n$ 则通过各多个行为信任度加权求平均可得。

（3）能力信任度

能力信任度 c 是一组 QoS 相关指标的向量,可以表示为

$$\boldsymbol{c}_{e_i} = \langle c_{e_i}^1, c_{e_i}^2, \cdots, c_{e_i}^k \rangle \tag{15-7}$$

可以包括 ECU 在边缘计算中声称的功能、与功能相关的性能属性以及提供服务所具备的可用性、可访问性、响应时间、吞吐量、可用带宽、存储空间大小、CPU 计算能力等信息。可以设定 $U = \{e_i | i \in N\}$ 为边缘计算元素集, e_i 的 QoS 相关的能力隶属度矩阵定义为

$$\boldsymbol{\rho}_{e_i} = (c_{Q_1}, c_{Q_2}, \cdots, c_{Q_k}) \tag{15-8}$$

e_i 的 QoS 属性的权重系数具有归一化特征,其向量定义为

$$\boldsymbol{W}_{e_i} = (W_{Q_1}, W_{Q_2}, \cdots, W_{Q_k}, \cdots, W_{Q_N}) \quad \text{使得} \quad \sum_{k=1}^N W_{Q_k} = 1 \tag{15-9}$$

边缘计算元素 e_i 的能力信任度向量由 e_i 的 Q 属性 Q_k 的信任度向量和 e_i 的 QoS 属性的权重系数向量确定:

$$\boldsymbol{c}_{e_i} = \boldsymbol{W}_{e_i} \times \boldsymbol{\rho}_{e_i} = W_{Q_1} c_{Q_1} + W_{Q_2} c_{Q_2} + \cdots + W_{Q_k} c_{Q_k} \tag{15-10}$$

实际的信任评估非常难基于所有信息来完整、精确评估 ECU 的综合信任度,要根据应用请求对于资源的信任需求情况,将资源与请求的匹配度或相似度进行计算,从而确定 ECU 是否属于某一 ECC 的 ECU 的集合,进一步确定是否可以成为 ECX 的一部分被调度去协同完成任务。

边缘计算联合体表示为

$$\text{ECC} = (\text{ECU}, \text{req}) \tag{15-11}$$

其中 ECU 为面向某一特定服务请求 req 而查询和满足 req 要求的所有的边缘计算单位 ECU 的集合。它们实质上一般为参与某一互联网服务中来的边缘设备（ED）、边缘服务器（ES）或其他中心节点（CN）;req 为成功实现某一边缘计算应用服务对于资源的功能、服务质量、可信安全等需求的集合。

边缘计算执行体表示为

$$ECX = (ECU, sat) \tag{15-12}$$

该式指为响应用户的请求,提供网络应用服务,达到一组综合信任满意度 sat 要求而相互协同,共同完成任务的一组边缘计算单元 ECU 的集合。同时,信任满意度 sat 是指通过服务请求的信任约束条件,能够协同参与完成某一计算任务、服务达到的可信约束条件的程度,反映了 ECU 之间交互信息后对对方的可信任状况做出的满意度评判。

用综合信任度向量来表示一个边缘计算元素的可信程度能够充分反映用户的评价意见,但也存在如何比较多个信任度向量的问题。基于上述信任保障体系结构和模型,进一步设计边缘计算单元的信任度度量与局部信任度更新方法,利用边缘计算联合体共享信任度信息的信任覆盖网以及全局信任度更新方法,从而实现基于综合信任的高效边缘计算。

15.3　本 章 小 结

作为一种新兴的网络服务计算模式,边缘计算通过就近提供智能互联服务,满足行业在数字化变革过程中对业务实时、业务智能、数据聚合与互操作、安全与隐私保护等方面的关键需求。本章首先介绍了边缘计算的发展背景和体系结构;然后详细分析了边缘计算中的信任与安全问题;最后根据边缘计算的现状,结合现有的边缘计算可信管理研究成果,着重介绍了一种边缘计算环境下的综合信任模型。

本章参考文献

[1]　邓晓衡,关培源,万志文,等. 基于综合信任的边缘计算资源协同研究[J]. 计算机研究与发展,2018(3):449-477.

[2]　施巍,孙辉,曹杰,等. 边缘计算:万物互联时代新型计算模型[J]. 计算机研究与发展,2017(5):907-924.

[3]　Figueroa M,Uttecht K,Rosenberg J. A SOUND approach to security in mobile and cloud-oriented environments[C]//2015 IEEE International Symposium on Technologies for Homeland Security. Waltham:IEEE,2015:1-7.

[4]　Bennani N,Boukadi K,Ghedira-Guegan C. A trust management solution in the context of hybrid clouds[C]//The 23rd IEEE International WETICE Conference. Parma:IEEE,2014:339-344.

[5]　Jang M,Lee H,Schwan K,et al. An edge-cloud system for mobile applications in a sensor-rich world[C]//IEEE/ACM Symposium on Edge Computing. Washington DC:IEEE,2016:155-167.

[6]　Echeverría S,Klinedinst D,Williams K,et al. Establishing trusted identities in disconnected edge environments[C]//IEEE/ACM Symposium on Edge Computing. Washington DC:IEEE,2016:51-63.

[7]　Cicirelli F,Guerrieri A,Spezzano G,et al. Edge computing and social Internet of things for large-scale smart environments development[EB/OL]. [2017-10-23]. http://ieeexplore.ieee.org/document/8115262/.